アクセスノート化学　もくじ

1章　物質の状態と平衡

2章　物質の変化と平衡

3章　無機物質

4章　有機化合物

5章　高分子化合物

1 物質の構造と融点・沸点

1 物質の三態と状態変化・エネルギー　基礎

◉**固体**…細かく振動しているが粒子の位置は一定である。
◉**液体**…粒子が運動して位置が入れかわる。
◉**気体**…すべての粒子が空間を自由に動く。

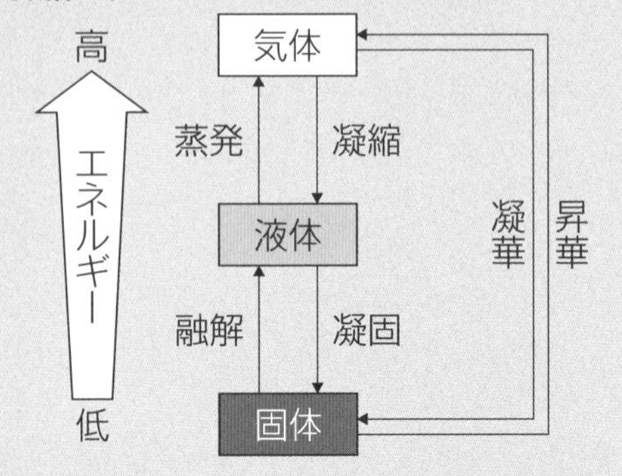

2 状態変化と熱

◉**融点**…融解するときの温度
◉**沸点**…沸騰するときの温度
＊ 1 気圧(1.013×10^5 Pa)における値を示すことが多い。
◉**融解熱**…固体 1 mol が融解するときに吸収する熱量。
固体→液体の状態変化に使われるエネルギー。
◉**蒸発熱**…液体 1 mol が蒸発するときに吸収する熱量。
液体→気体の状態変化に使われるエネルギー。

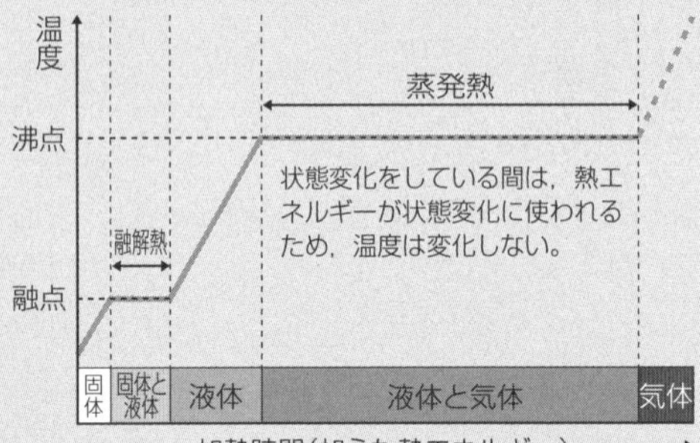

3 粒子間にはたらく力と融点・沸点

(1) 分子間力には，次の 2 つの力がある。
① **ファンデルワールス力**…極性の有無によらず，すべての分子間にはたらく弱い引力
② **水素結合**…電気陰性度の大きい F，O，N などの水素化合物の分子間にはたらく結合

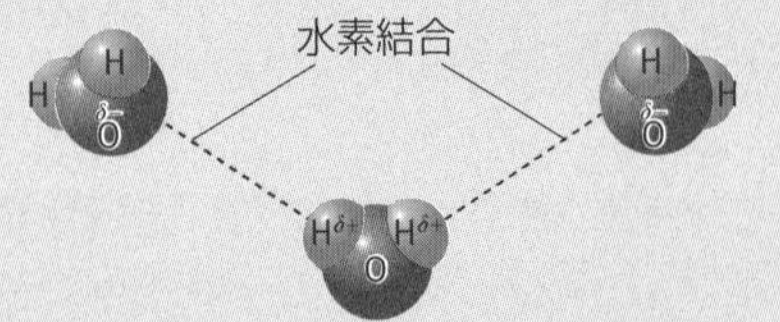

(2) 一般に，物質の融点・沸点は，粒子間にはたらく結合が強いほど高くなる。

結合の強さ
共有結合，イオン結合，金属結合＞分子間力
分子間力の中では，水素結合＞ファンデルワールス力
ファンデルワールス力の中では，極性分子＞無極性分子
分子量が大きい＞分子量が小さい

ポイントチェック

基礎
□(1) 物質の三態とはア(　　　　)，イ(　　　　)，ウ(　　　　)の三つの状態をいう。
□(2) 物質を構成している粒子は熱エネルギーによって常に不規則な運動をしている。この運動を何というか。(　　　　)
□(3) 物質の三態の中で，粒子は細かく振動しているが位置は一定の状態は(　　　　)である。
□(4) 物質の三態の中で，粒子が空間を自由に動いている状態は(　　　　)である。
□(5) 固体から液体への状態変化を何というか。(　　　　)
□(6) 液体から気体への状態変化を何というか。(　　　　)
□(7) 気体から液体への状態変化を何というか。(　　　　)
□(8) 液体から固体への状態変化を何というか。(　　　　)
□(9) 固体から液体を経由しないで気体へ直接変化する状態変化を何というか。(　　　　)
□(10) 気体から液体を経由しないで固体へ直接変化する状態変化を何というか。(　　　　)
□(11) 融解するときの温度を何というか。(　　　　)
□(12) 沸騰するときの温度を何というか。(　　　　)
□(13) 固体から液体に変化するときにア(吸収・発生)する熱量をイ(　　　　)という。
□(14) 液体から気体に変化するときにア(吸収・発生)する熱量をイ(　　　　)という。
□(15) 極性の有無によらず，すべての分子間にはたらく弱い引力を何というか。(　　　　)
□(16) H_2O，HF では，O，F 原子と，近くの分子中の水素原子の間に強い分子間力がはたらく。この分子間力を何というか。(　　　　)
□(17) 一般に粒子間に強い引力がはたらく物質では，融点・沸点が(低く・高く)なる。
□(18) 貴ガスやハロゲンの無極性分子では，分子量が大きいほど融点・沸点が(低く・高く)なる。
□(19) 極性分子は，分子量が同程度の無極性分子と比べ融点・沸点が(低く・高く)なる。

EXERCISE

原子量 H＝1.0, C＝12

基礎 ▶**1〈状態変化〉** 物質は，温度や圧力に応じて固体，液体，気体の3つの状態をとる。右図の(ア)～(カ)の状態変化をそれぞれ何というか。

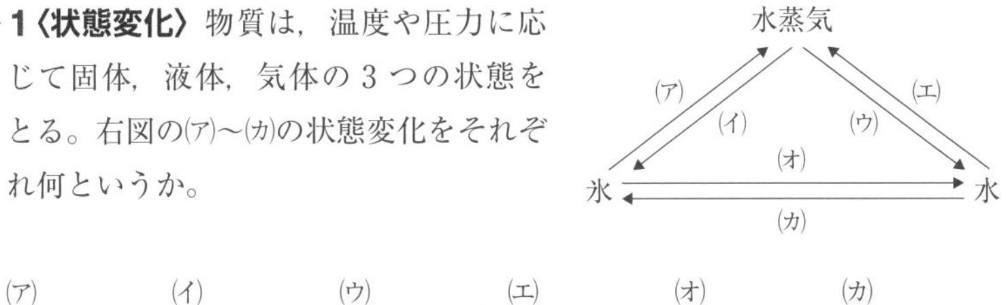

(ア)　　(イ)　　(ウ)　　(エ)　　(オ)　　(カ)

基礎 ▶**2〈身のまわりの現象〉** 身のまわりに見られる現象に関する次の(1)～(5)の記述について，それぞれと関係の深い状態変化の名称を記せ。

(1) 洗濯物を干しておくと乾く。　(　　　)
(2) ドライアイスを室内に放置しておくと，小さくなる。(　　　)
(3) 氷水を入れたコップの外側に水滴がつく。　(　　　)
(4) 冬になると地面に霜柱が立つことがある。　(　　　)
(5) 氷の入っているジュースがだんだんうすくなった。　(　　　)

基礎 ▶**3〈状態変化〉** 右図は，一定量の氷を1気圧のもとで，一定の割合で加熱したときの温度と加えた熱エネルギーの関係を表したものである。次の問いに答えよ。

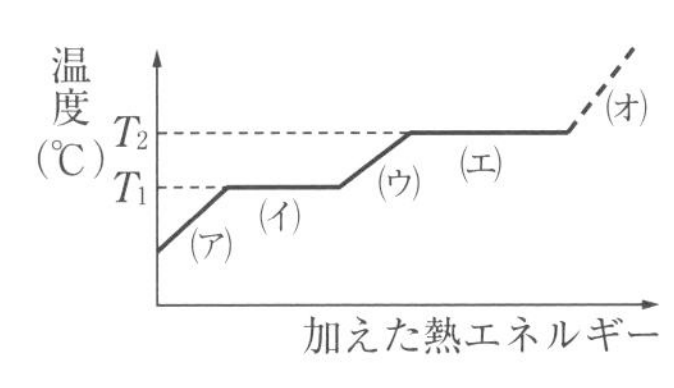

(1) T_1, T_2 の温度をそれぞれ何というか。また，それぞれ何℃か。

T_1：　　　　　℃　　T_2：　　　　　℃

(2) 図の(ア)～(オ)はそれぞれ次の①～⑤のどの状態にあるか。

① 固体　② 液体　③ 気体
④ 固体と液体が共存　⑤ 液体と気体が共存

(ア)　　(イ)　　(ウ)　　(エ)　　(オ)

▶**4〈沸点と分子間力〉** 次の問いに答えよ。

(1) 次の物質の分子量を求め，沸点の最も高い物質を次の(ア)～(ウ)から選べ。

(ア) メタン CH_4　(イ) エタン C_2H_6　(ウ) プロパン C_3H_8

分子量 (ア)　　(イ)　　(ウ)　　(　　　)

(2) 次の物質の常温・常圧での状態(固体，液体，気体)を答え，沸点の最も高い物質を次の(ア)～(ウ)から選べ。

(ア) HCl　(イ) H_2O　(ウ) NH_3

状態 (ア)　　(イ)　　(ウ)　　(　　　)

(3) 次の物質の常温・常圧での状態(固体，液体，気体)を答え，融点の最も低い物質を次の(ア)～(ウ)から選べ。

(ア) Hg　(イ) Fe　(ウ) $NaCl$

状態 (ア)　　(イ)　　(ウ)　　(　　　)

(4) 水素結合をつくることができる物質を次の(ア)～(ウ)から選べ。

(ア) C_6H_6　(イ) CH_4　(ウ) NH_3　(　　　)

アドバイス

▶**2**
(1) 水→水蒸気
(2) ドライアイス(固体)→二酸化炭素(気体)
(3) 水蒸気→水
(4) 水→氷
(5) 氷→水

▶**3**
(2) 固体を加熱していくと，融点，沸点で温度が一定になる。
状態変化をしている間は，熱エネルギーが状態変化に使われるため，温度は変化しない。

▶**4**
(1) 無極性分子では，分子量が大きいほど融点・沸点が高い。
(4) 水素結合…電気陰性度の大きいF，O，Nなどの水素化合物の分子間にはたらく結合

2 状態間の平衡と熱運動

1 気体の熱運動とエネルギー

ある一定のエネルギーをもつ分子の割合は，温度によって決まっており，これを気体分子のエネルギー分布という。

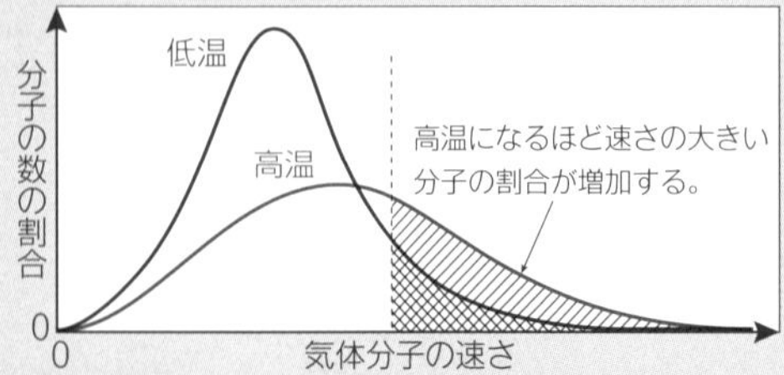

2 気体の圧力

気体分子の衝突によって容器の壁が受ける，単位面積あたりの力を**圧力**という。圧力の単位は **Pa(パスカル)** を用いる。1 Pa は 1 m^2 あたりに 1 N(ニュートン)の力がはたらいたときの圧力で，1 Pa＝1 N/m^2 となる。

◉1 気圧(atm)＝1.013×10^5 Pa＝1013 hPa

3 水銀柱

1 気圧(atm)の大気圧で，水銀柱の高さは 760 mm になる。この高さ h〔mm〕は圧力 p〔Pa〕に比例し，次式がなりたつ。

◉p〔Pa〕$=1.013\times10^5$ Pa $\times\dfrac{h\,\text{〔mm〕}}{760\,\text{mm}}$

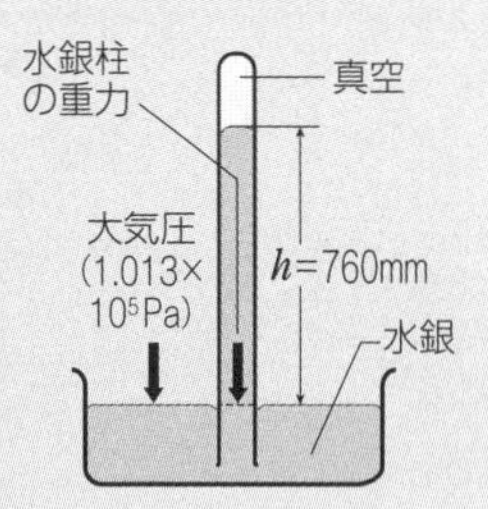

4 蒸気圧

◉**気液平衡**…一定温度で密閉した容器に液体を入れてしばらくすると，蒸発して気体になる分子の数と，凝縮して液体になる分子の数が等しくなる状態

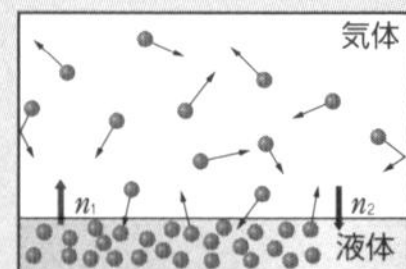

n_1：単位時間に蒸発する分子の数
n_2：単位時間に凝縮する分子の数
気液平衡のとき
$n_1=n_2$ (0ではない)

◉**飽和蒸気圧(蒸気圧)**…気液平衡で蒸気が示す圧力

- 分子間力が強い物質ほど，蒸発しにくく，蒸気圧は小さくなる
- 温度が高くなると，蒸気圧は大きくなる
- 一定温度では，液体の体積・気体の体積に関係なく，蒸気圧は一定である

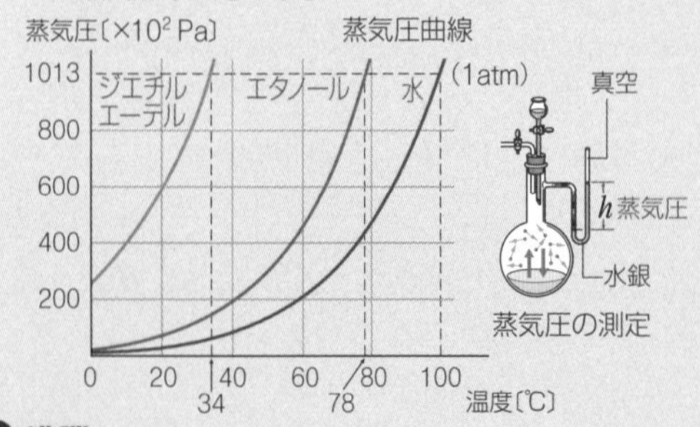

5 沸騰

液体を加熱すると，はじめは液体表面だけから蒸発が起こるが，温度を上げていくと，蒸気圧と外圧が等しくなり，液体内部からも蒸発が起こる現象

ポイントチェック

□(1) 一般に，温度が高くなるほど，大きなエネルギーをもつ粒子の割合が^{ア}(増加・減少)し，粒子の熱運動は^{イ}(弱くなる・激しくなる)。

□(2) 気体分子の衝突によって容器の壁が受ける力を何というか。　(　　　　)

□(3) 圧力の単位は，1 m^2 あたりに 1 N の力がはたらいたときの圧力，1 N/m^2＝1^{ア}(記号　　　　)^{イ}(読み方　　　　)を用いる。

□(4) 1 気圧(atm)は 1.013×10^5 Pa であるが，hPa で表すといくつか。　(　　　　)hPa

□(5) 一端を閉じた 1 m のガラス管に水銀を満たし，水銀の入った容器に倒立させた。大気圧が 1.013×10^5 Pa のとき，水銀柱の高さは何 mm になるか。　(　　　　)mm

□(6) 水銀柱の高さが h〔mm〕のときの大気圧 p〔Pa〕は，p〔Pa〕$=\dfrac{^{ア}(\qquad)}{^{イ}(\qquad)}$ で表される。

□(7) 水銀柱の高さが，684 mm のときの大気圧は何 Pa か。　(　　　　)Pa

□(8) 一定の温度で密閉した容器に液体を入れてしばらくすると，蒸発して気体になる分子の数と，凝縮して液体になる分子の数が等しくなり，見かけ上変化が止まって見える。この状態を何というか。　(　　　　)

□(9) 気液平衡で蒸気が示す圧力を何というか。　(　　　　)

□(10) 分子間力が強い物質ほど，蒸発^{ア}(しやすく・しにくく)，蒸気圧が^{イ}(大きく・小さく)なる。また，温度が高くなると，蒸気圧は^{ウ}(大きく・小さく)なる。

□(11) 温度と蒸気圧の関係を示す曲線を何というか。　(　　　　)

□(12) 一定圧力のもとで，温度を上げると，液体内部からも蒸発が起こり，気泡が発生する。この現象を何というか。　(　　　　)

□(13) 外圧が大きくなると，蒸気圧が外圧と等しくなる温度が高くなるので，沸点は(高く・低く)なる。

EXERCISE

▶5〈圧力の単位〉 次の(1)～(5)の圧力を［　］内の単位で表せ。ただし，1気圧(atm)＝1.0×10^5 Pa＝760 mmHg とする。(有効数字2桁)

(1)　1.2×10^5 Pa　［気圧］　(　　　)気圧
(2)　0.80気圧　［Pa］　(　　　)Pa
(3)　1.2×10^5 Pa　［mmHg］　(　　　)mmHg
(4)　836 mmHg　［Pa］　(　　　)Pa
(5)　722 mmHg　［気圧］　(　　　)気圧

▶6〈蒸気圧曲線と沸点〉 右図は，3種の物質A，B，Cの温度と蒸気圧の関係を示した蒸気圧曲線である。次の問いに答えよ。

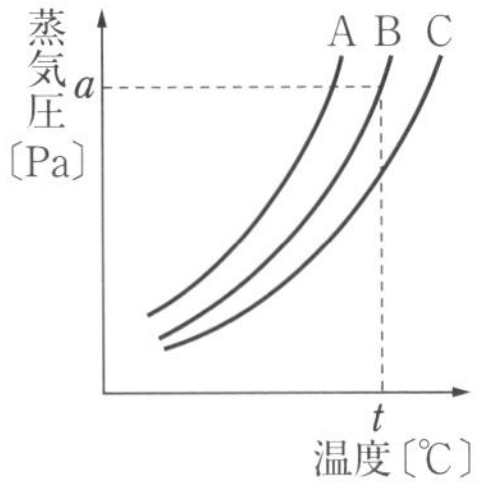

(1)　A～Cのうち，沸点の最も高いものを選べ。
(2)　A～Cのうち，最も蒸発しやすい物質を選べ。
(3)　Bを水とし，t を100℃とすると，a の値は何Paになるか。また，何mmHgになるか。

(1)　　　　(2)
(3)　　　　Pa　　　　mmHg

▶7〈蒸気圧曲線と沸点〉 右図の蒸気圧曲線について，次の問いに答えよ。

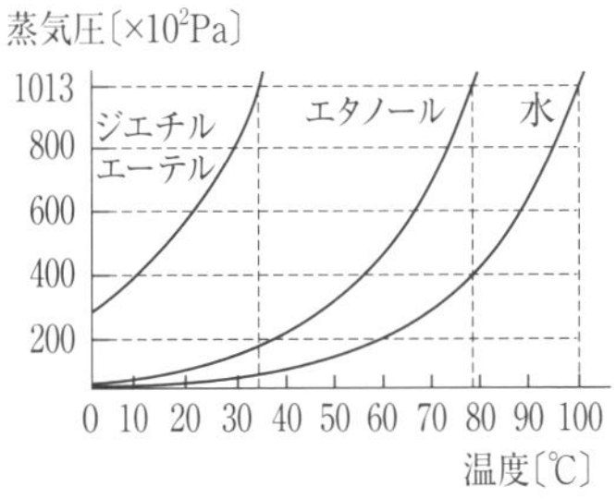

(1)　ジエチルエーテル・エタノール・水の沸点は，それぞれ何℃か
(2)　大気圧が 8.0×10^4 Pa の山頂で，水が沸騰するのは何℃か。
(3)　水をエタノールの沸点と同じ温度で沸騰させるには，外圧を何Paにすればよいか。

(1)ジエチルエーテル：　　℃　エタノール：　　℃　水：　　℃
(2)　　　℃　(3)　　　Pa

▶8〈状態図〉 右図は，水の状態と温度，圧力の関係を示した状態図である。曲線a，b，cは，固体・気体，固体・液体，液体・気体が平衡状態で混在している温度・圧力の関係を示している。次の問いに答えよ。

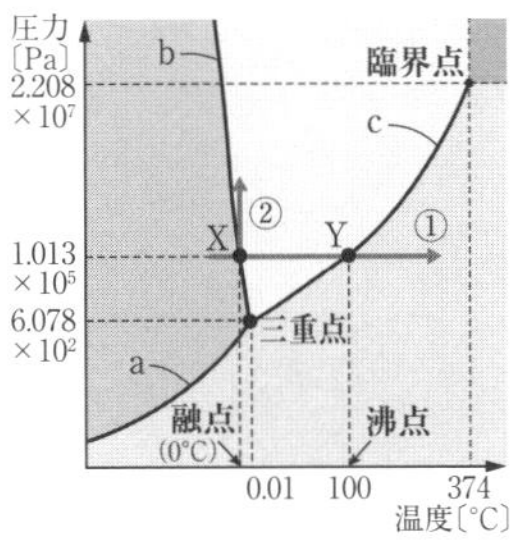

(1)　矢印①上の点X，XY間，および三重点の状態を次の(ア)～(カ)から1つずつ選べ。
(ア)　氷　(イ)　水　(ウ)　水蒸気　(エ)　氷と水　(オ)　水と水蒸気
(カ)　氷と水と水蒸気　点X(　　)　XY間(　　)　三重点(　　)

(2)　矢印②と最も関係のある現象を次の(ア)～(ウ)から1つ選べ。
(ア)　氷の入っているジュースがだんだんうすくなった。
(イ)　スケート靴の圧力がかかる氷上では，氷が融けて水になる。
(ウ)　冬になると池の水が凍る。　(　　)

アドバイス

▶6
蒸気圧が外圧と等しくなるときに沸騰し，このときの温度が沸点である。
水の蒸気圧が 1.0×10^5 Pa (1気圧)になるときの温度が，水の沸点＝100℃である。

▶8
曲線a上：固体と気体
曲線b上：固体と液体
曲線c上：液体と気体
(蒸気圧曲線と同じ)
三重点では，固体と液体と気体が混在している。
矢印②では，圧力を上げると，固体から液体に変化する。

3 固体の構造

1 結晶と結晶格子，配位数

物質の構成粒子が規則的に配列している固体を**結晶**といい，この配列構造を**結晶格子**という。結晶格子の最小単位を**単位格子**という。

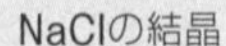

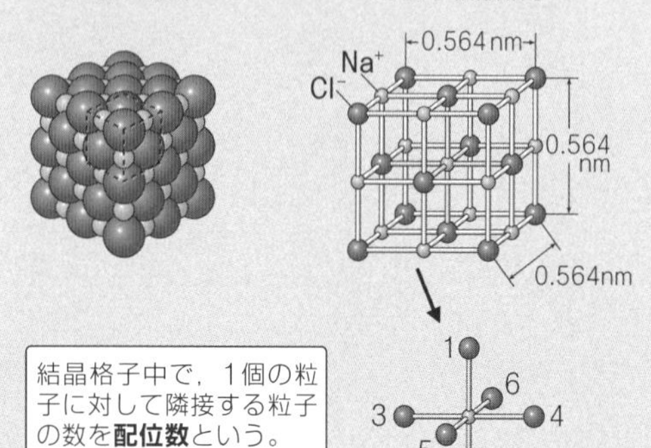

結晶格子中で，1個の粒子に対して隣接する粒子の数を**配位数**という。

結晶は構成粒子や粒子間の引力の違いにより，**金属結晶**，**イオン結晶**，**共有結合の結晶**，**分子結晶**に分類される。

2 金属の結晶格子

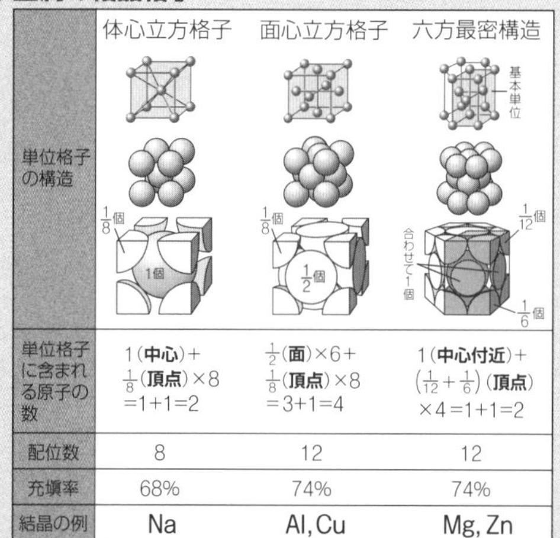

	体心立方格子	面心立方格子	六方最密構造
単位格子の構造			
単位格子に含まれる原子の数	1(**中心**)＋$\frac{1}{8}$(**頂点**)×8＝1+1=2	$\frac{1}{2}$(**面**)×6＋$\frac{1}{8}$(**頂点**)×8＝3+1=4	1(**中心付近**)＋$\left(\frac{1}{12}+\frac{1}{6}\right)$(**頂点**)×4＝1+1=2
配位数	8	12	12
充塡率	68%	74%	74%
結晶の例	Na	Al, Cu	Mg, Zn

面心立方格子と六方最密構造は，空間に粒子を最も密に詰め込んだ構造に相当する。

◉結晶格子の一辺の長さ a と原子半径 r の関係

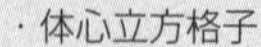

$r=\frac{\sqrt{3}}{4}a$

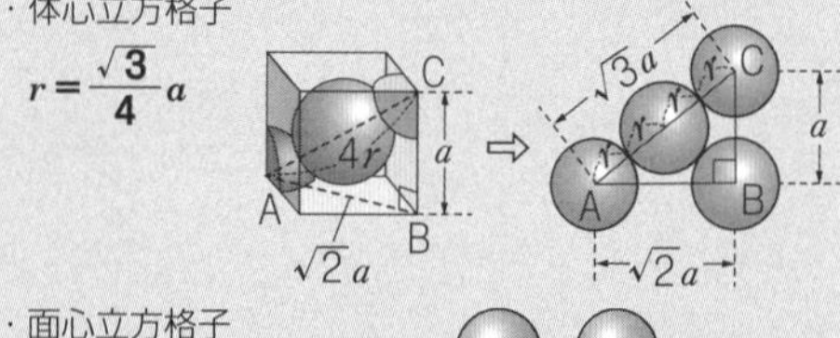

・面心立方格子

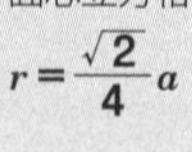

$r=\frac{\sqrt{2}}{4}a$

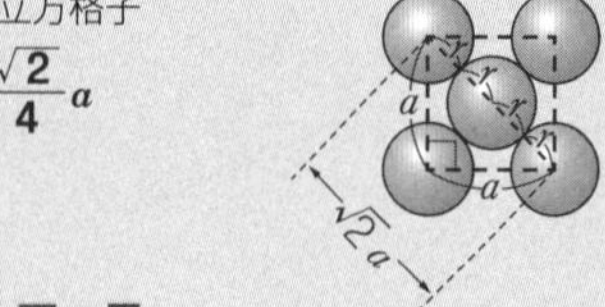

3 アモルファス

構成粒子の配列に規則性のない固体を**アモルファス(非晶質)**という。例 ガラス

ポイントチェック

基礎 □(1) 物質の構成粒子が規則的に配列している固体を何というか。（　　　）

□(2) (1)の配列構造を何というか。（　　　）

□(3) (2)の中で，1個の粒子に対して隣接する粒子の数を何というか。（　　　）

基礎 □(4) 結晶の種類は，銅のようなア（　　　）結晶，塩化ナトリウムのようなイ（　　　）結晶，ダイヤモンドのような構成粒子の原子が共有結合してできているウ（　　　）の結晶，ヨウ素のように分子でできているエ（　　　）結晶に分類される。

(5) 右図の結晶格子について

□① この結晶格子を何というか。（　　　）

□② この結晶格子中に含まれる原子の数は，中心にア（　　）個，8つの頂点にイ（　　）個ずつあり，合計ウ（　　）個である。

□③ 配位数はいくつか。（　　　）

(6) 右図の結晶格子について

□① この結晶格子を何というか。（　　　）

□② この結晶格子中に含まれる原子の数は，6つの面の中心にア（　　）個ずつと，8つの頂点にイ（　　）個ずつあり，合計ウ（　　）個である。

□③ 配位数はいくつか。（　　　）

(7) 右図の結晶格子について

□① この結晶格子を何というか。（　　　）

□② 単位格子である四角柱に含まれる原子の数はいくつか。（　　　）個

□③ この六角柱に含まれる原子の数はいくつか。（　　　）個

□④ 配位数はいくつか。（　　　）

□(8) 構成粒子の配列に規則性のない固体を何というか。（　　　）

E X E R C I S E

▶**9〈面心立方格子と体心立方格子の特徴〉** 同じ大きさの球を用いて，面心立方格子と体心立方格子をつくった。右図は，それぞれの結晶格子の単位格子を示したものである。次の(1)～(5)の記述が正しければ○，誤っていれば×を記せ。

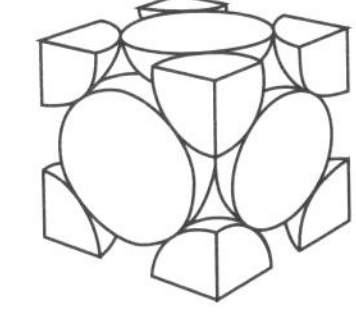

面心立方格子

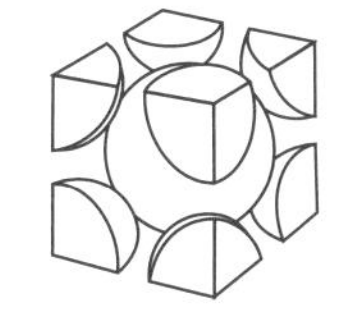

体心立方格子

(1) 単位格子に含まれる球の数は，面心立方格子のほうが体心立方格子よりも多い。（　　）

(2) 面心立方格子よりも体心立方格子のほうが，同じ体積で比べると球が密に詰め込まれている。（　　）

(3) 一つの球に接する球の数(配位数)は，面心立方格子のほうが体心立方格子より多い。（　　）

(4) 単位格子の一辺の長さは，面心立方格子のほうが体心立方格子より長い。（　　）

(5) 面心立方格子は，単位格子の中心に隙間がない。（　　）

▶**10〈イオン結晶の構造〉** 1個のイオンから見て最も近くにある反対符号のイオンの個数を配位数という。次の図を参考にして，下の問いに答えよ。

(1) ①図　塩化ナトリウムでは，ナトリウムイオンの配位数はいくつか。（　　）

(2) ②図　塩化セシウムでは，セシウムイオンの配位数はいくつか。（　　）

①図

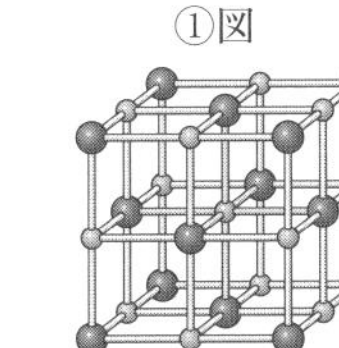

○ナトリウムイオン
●塩化物イオン

②図

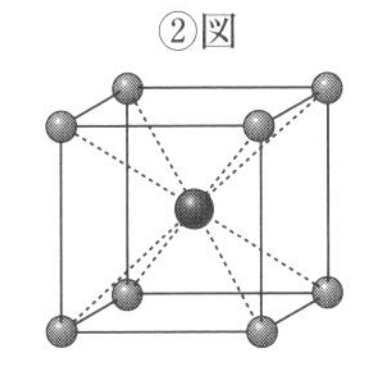

● セシウムイオン
● 塩化物イオン

▶**11〈結晶格子の一辺の長さと原子半径〉** 次の図を参考にして，体心立方格子・面心立方格子の原子半径 r の長さを求めよ。ただし，単位格子の一辺の長さを a とする。

体心立方格子

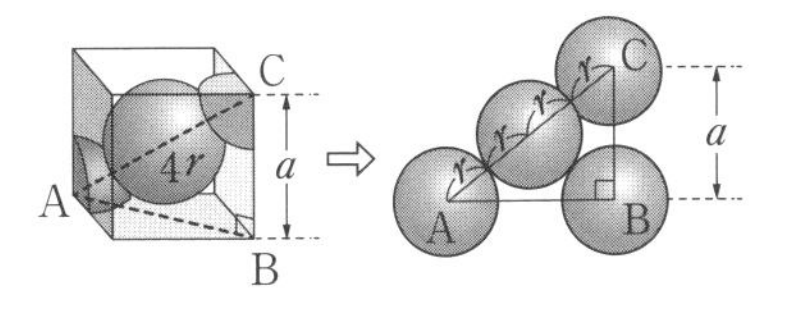

面心立方格子

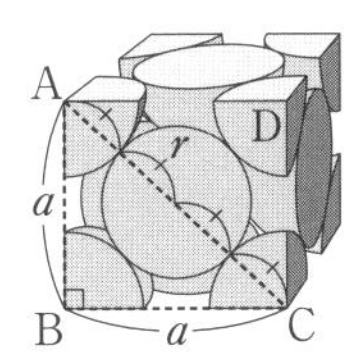

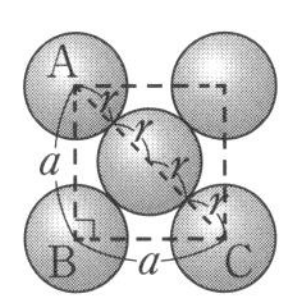

r=（　　）　　r=（　　）

アドバイス

▶**9**

(2) 面心立方格子は空間に粒子を最も密に詰めこんだ構造である。

(4) 結晶格子の一辺の長さ a と原子半径 r の関係

(面心立方格子)

$$r=\frac{\sqrt{2}}{4}a$$

(体心立方格子)

$$r=\frac{\sqrt{3}}{4}a$$

▶**11**

体心立方格子

$AC^2=AB^2+BC^2$
$=2a^2+a^2$

よって，$(4r)^2=3a^2$

面心立方格子

$AC^2=AB^2+BC^2$

よって，$(4r)^2=2a^2$

例題 1 体心立方格子の原子数と原子量 ▶12，13，14

ナトリウムは体心立方格子からできている。この立方体の一辺の長さを 4.3×10^{-8} cm，ナトリウムの密度を $0.97\,g/cm^3$ とし，ナトリウムの原子量を求めよ。

ここがポイント

体心立方格子では，単位格子中に 2 個の原子を含んでいる。
質量＝体積×密度に代入し，単位格子中のナトリウム原子 2 個の質量を計算し，この値とアボガドロ定数からモル質量を求め，原子量を求める。

◆解法◆

単位格子あたりの質量＝体積×密度より，

$(4.3\times10^{-8})^3\,cm^3\times0.97\,g/cm^3$

この単位格子中にナトリウム原子 2 個が含まれるので，

ナトリウム原子 1 個の質量は，$\dfrac{(4.3\times10^{-8})^3\times0.97}{2}$ g

モル質量＝原子 1 個の質量×アボガドロ定数

$$\frac{(4.3\times10^{-8})^3\times0.97}{2}\times6.0\times10^{23}=23.1\cdots\fallingdotseq23\,g/mol$$

よって，原子量は23

答 23

▶12〈面心立方格子の原子数と原子量〉 アルミニウムは面心立方格子からできている。この立方体の一辺の長さを 4.0×10^{-8} cm，アルミニウムの密度を $2.8\,g/cm^3$ とし，次の問いに答えよ。

(1) 単位格子あたりの質量は何 g か。

(　　　　　　　　)g

(2) 面心立方格子では，単位格子中にアルミニウム原子は何個含まれているか。

(　　　　　　)個

(3) アルミニウムの原子量を求めよ。

(　　　　　　)

▶13〈体心立方格子の原子半径とアボガドロ定数〉 鉄の結晶は一辺が 2.9×10^{-8} cm の体心立方格子からできている。鉄の原子を球とみなすとその半径は何 cm か。ただし，$\sqrt{3}=1.7$ とする。また，密度 $7.9\,g/cm^3$，原子量 56 として，アボガドロ定数を求めよ。

原子半径(　　　　　　　　)cm　　アボガドロ定数(　　　　　　　　)/mol

アドバイス

▶12
(1) 質量＝体積×密度
(3) モル質量
＝原子 1 個の質量
×アボガドロ定数
で求める。

▶13
体心立方格子の結晶格子の一辺の長さ a と原子半径 r の関係

$$r=\frac{\sqrt{3}}{4}a$$

アボガドロ定数

$$=\frac{モル質量}{原子\ 1\ 個の質量}$$

▶14〈結晶格子中の原子数とアボガドロ定数・式量〉 塩化ナトリウムの結晶の結晶格子は右図に示すとおりである。次の文章中の（　　）内に適する語句・数値を記し，下の問いに答えよ。

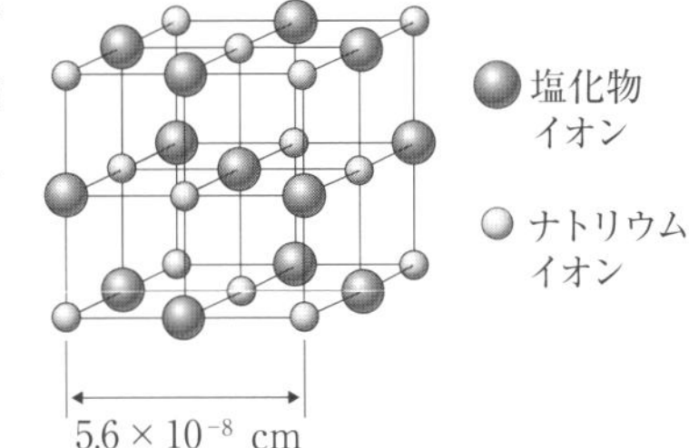

塩化ナトリウムの結晶は，ナトリウムイオン Na^+ と塩化物イオン Cl^- が^{ア}（　　　　　）力により，3次元的に規則正しく配列している。1個の Na^+ に隣接している Cl^- は^{イ}（　　　　　）個，1個の Cl^- に隣接している Na^+ は^{ウ}（　　　　　）個である。また，一辺の長さが 5.6×10^{-8}cm の単位格子の中には^{エ}（　　　　　）個の Na^+ と^{オ}（　　　　　）個の Cl^- が含まれている。

(1) 塩化ナトリウムの結晶 1.0cm^3 の中に含まれる単位格子は何個か。

（　　　　　　）個

(2) 塩化ナトリウムの結晶 1.0cm^3 の中に含まれる Na^+ の数を求めよ。

（　　　　　　）個

(3) 塩化ナトリウムの結晶 1.0cm^3 の中に含まれる Cl^- の数を求めよ。

（　　　　　　）個

(4) 塩化ナトリウムの結晶の密度が 2.2g/cm^3 であった。アボガドロ定数を求めよ。

（　　　　　　）/mol

▶15〈原子の結晶格子を占める割合(充塡率)〉 原子を球として考えたとき，原子の球が結晶格子を占めている体積の割合(充塡率)を％で求めよ。ただし，結晶格子の一辺の長さを a としたときの半径 r は，体心立方格子では，$r=\dfrac{\sqrt{3}}{4}a$，面心立方格子では，$r=\dfrac{\sqrt{2}}{4}a$ とし，また，半径を r としたときの球の体積は $\dfrac{4}{3}\pi r^3$，$\sqrt{2}=1.41$，$\sqrt{3}=1.73$，$\pi=3.14$ とする。

体心立方格子（　　　　）%　　面心立方格子（　　　　）%

アドバイス

▶14
イオン結合では，陽イオンと陰イオンがクーロン力(静電気的引力)で結合している。
●には○が上下左右前後の6個隣接している。
(1) 結晶 1.0cm^3 中の単位格子の数は，
$\left(\dfrac{1.0\,\text{cm}}{\text{単位格子一辺の長さ}}\right)$
の3乗で求める。
(2)(3) 単位格子中に Na^+，Cl^- はそれぞれ4個含まれている。
(4)
アボガドロ定数
$=\dfrac{\text{NaCl のモル質量}}{(Na^+ + Cl^-)\ 1\ \text{個の質量}}$

$(Na^+ + Cl^-)$ 1個の質量
$=\dfrac{\text{NaCl の密度}}{1.0\text{cm}^3\ \text{中に含まれる}(Na^+ + Cl^-)\text{の数}}$

▶15
充塡率〔%〕
$=\dfrac{\text{球が占めている体積}}{\text{結晶格子の体積}(a^3)}\times100$
○体心立方格子
単位格子中に2個の球を含む。
○面心立方格子
単位格子中に4個の球を含む。

4 ボイル・シャルルの法則

1 ボイルの法則

温度一定のとき，一定量の気体の体積 V は圧力 p に反比例する。

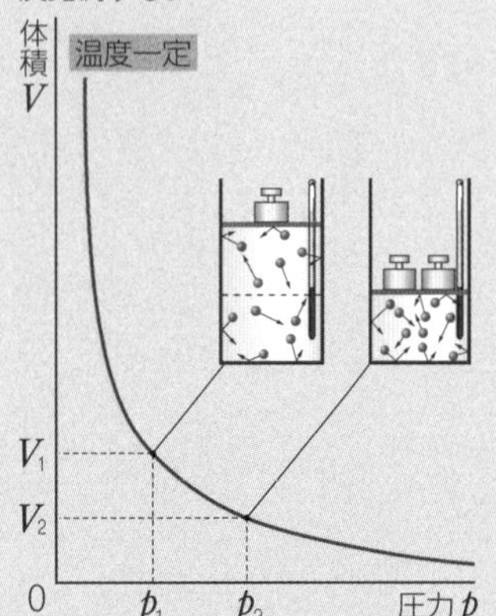

温度一定のとき，圧力 p_1 で体積 V_1 の気体が，圧力 p_2 で体積 V_2 になったとき，

$p_1V_1 = p_2V_2$

の関係がなりたつ。

2 シャルルの法則と絶対温度

絶対零度（−273℃）を原点とした温度目盛りを**絶対温度**といい，単位には**ケルビン（K）**を用いる。セルシウス温度を t〔℃〕とすると，絶対温度 T〔K〕は，

$T = t + 273$ の関係になる。

圧力一定のとき，一定量の気体の体積 V は，絶対温度 T に比例する。

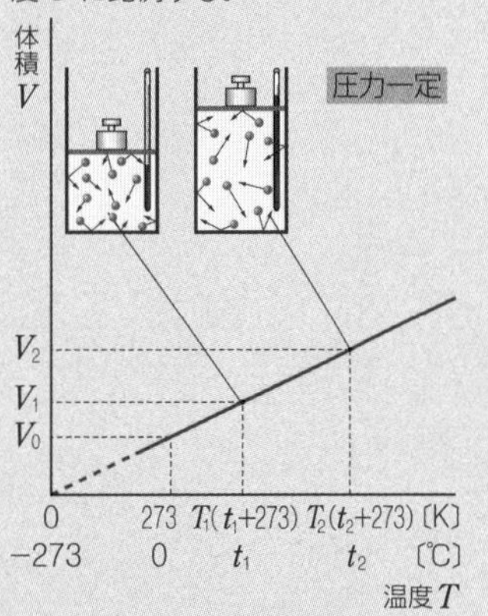

圧力一定のとき，絶対温度 T_1 で体積 V_1 の気体が，絶対温度 T_2 で体積 V_2 になったとき，

$$\frac{V_1}{T_1} = \frac{V_2}{T_2}$$

の関係がなりたつ。

3 ボイル・シャルルの法則

一定量の気体の体積 V は圧力 p に反比例し，絶対温度 T に比例する。

圧力 p_1，絶対温度 T_1 で体積 V_1 の気体が，圧力 p_2，絶対温度 T_2 で体積 V_2 になったとき，

$\dfrac{p_1V_1}{T_1} = \dfrac{p_2V_2}{T_2}$ の関係がなりたつ。

状態1 (p_1, T_1, V_1) ⇨ 状態2 (p_2, T_2, V_2)

$$\frac{p_1V_1}{T_1} = \frac{p_2V_2}{T_2}$$

ポイントチェック

□(1) 温度一定のとき，一定量の気体の体積は，圧力に（比例・反比例）する。

□(2) 1.0×10^5 Pa で 10 L の気体が，同温で圧力を 2 倍（2.0×10^5 Pa）にしたときの体積は何 L か。
（　　　　　）L

□(3) (1)の法則を何というか。（　　　　　）の法則

□(4) 絶対零度を原点とした温度目盛りを何というか。（　　　　　）

□(5) (4)の単位には何を用いるか。
ア（記号　　　　）　イ（読み方　　　　　　）

□(6) セ氏温度を t〔℃〕とすると，絶対温度 T〔K〕はどのような式で表せるか。
T =（　　　　　）

□(7) 27℃は絶対温度で何 K か。（　　　　　）K

□(8) 圧力一定のとき，一定量の気体の体積は，絶対温度に（比例・反比例）する。

□(9) 200 K で 10 L の気体が，同圧で絶対温度を 2 倍（400 K）にしたときの体積は何 L か。
（　　　　　）L

□(10) (8)の法則を何というか。
（　　　　　）の法則

□(11) 一定量の気体の体積は，圧力に ア（比例・反比例）し，絶対温度に イ（比例・反比例）する。

□(12) 1.0×10^5 Pa，200 K で 10 L の気体が，2.0×10^5 Pa，300 K になったときの体積は何 L か。
（　　　　　）L

□(13) (11)の法則を何というか。
（　　　　　　　　）の法則

□(14) 温度一定のとき，圧力 p_1 で体積 V_1 の気体が，圧力 p_2 で体積 V_2 になったとき，
p_1V_1 =（　　　　　）の関係がなりたつ。

□(15) 圧力一定のとき，絶対温度 T_1 で体積 V_1 の気体が，絶対温度 T_2 で体積 V_2 になったとき，
$\dfrac{V_1}{T_1}$ =（　　　　　）の関係がなりたつ。

□(16) 圧力 p_1，絶対温度 T_1 で体積 V_1 の気体が，圧力 p_2，絶対温度 T_2 で体積 V_2 になったとき，
$\dfrac{p_1V_1}{T_1}$ =（　　　　　）の関係がなりたつ。

EXERCISE

▶16〈ボイルの法則〉 1.0×10^5 Pa で 2.0L の容器に入っている気体を，温度を変えずに 10L の容器に入れかえると，圧力は何 Pa になるか。

(　　　　　　)Pa

▶17〈絶対温度〉 次の(1)〜(4)の温度を［　　］内の単位で表せ。

(1) 0℃ ［K］ (　　　　　　)K　(2) 127℃ ［K］ (　　　　　　)K

(3) 0K ［℃］ (　　　　　　)℃　(4) 300K ［℃］ (　　　　　　)℃

▶18〈シャルルの法則〉 0℃，1.0×10^5 Pa で 3.0L の気体を，圧力を変えずに 100℃ にすると，何 L になるか。

(　　　　　　)L

▶19〈ボイル・シャルルの法則〉 次の問いに答えよ。

(1) 27℃，5.0×10^4 Pa で 1.0L の気体は，0℃，1.0×10^5 Pa では何 L になるか。

(　　　　　　)L

(2) 7℃，1.0×10^5 Pa で 2.8L の気体を，27℃で 2.0L にすると圧力は何 Pa になるか。

(　　　　　　)Pa

▶20〈ボイルの法則とシャルルの法則〉 (1)ボイルの法則，(2)シャルルの法則に最も適する式をⅠ群から，グラフをⅡ群から 1 つずつ選べ。

［Ⅰ群］ ① pV＝一定　② pT＝一定　③ VT＝一定　④ $\dfrac{V}{p}$＝一定

⑤ $\dfrac{p}{T}$＝一定　⑥ $\dfrac{V}{T}$＝一定　⑦ $\dfrac{p}{V}$＝一定　⑧ $\dfrac{T}{p}$＝一定

［Ⅱ群］

(1) ボイルの法則　Ⅰ群(　　　　)　Ⅱ群(　　　　)

(2) シャルルの法則　Ⅰ群(　　　　)　Ⅱ群(　　　　)

▶21〈ボイル・シャルルの法則〉 気温 27℃，1.0×10^5 Pa(1 気圧)で 6.0L の風船を水深 30m，水温 7℃の海底まで沈めた。風船の容積は何 L になるか。ただし，水深 10m ごとに，水圧が 1.0×10^5 Pa(1 気圧)ずつ増すものとし，また，風船は容易に容積が変化できるものとする。

(　　　　　　)L

アドバイス

▶20
ボイルの法則より，
温度一定では，圧力 p と体積 V は反比例の関係にある。
シャルルの法則より，
圧力一定では，絶対温度 T と体積 V は比例の関係にある。

5 気体の状態方程式

1 気体の状態方程式

ボイル・シャルルの法則より，
圧力 p〔Pa〕，絶対温度 T〔K〕，体積 V〔L〕としたとき，

$$\frac{pV}{T} = k \text{（一定）}$$

0 ℃(273K)，1 気圧(1.013×10^5 Pa)で 1 mol の気体は 22.4L であることより，

1 mol のとき，$\frac{pv}{T} = \frac{1.013 \times 10^5 \times 22.4}{273} = 8.31 \times 10^3$

n〔mol〕のとき，$\frac{pV}{T} = 8.31 \times 10^3 \times n$

ここで，**8.31×10^3〔Pa・L/(K・mol)〕$= R$**
（気体定数）とおくと，

$\frac{pV}{T} = nR$　気体の量と圧力・温度・体積との関係を表している。

$pV = nRT$　（気体の状態方程式）

2 気体の状態方程式を用いた分子量測定

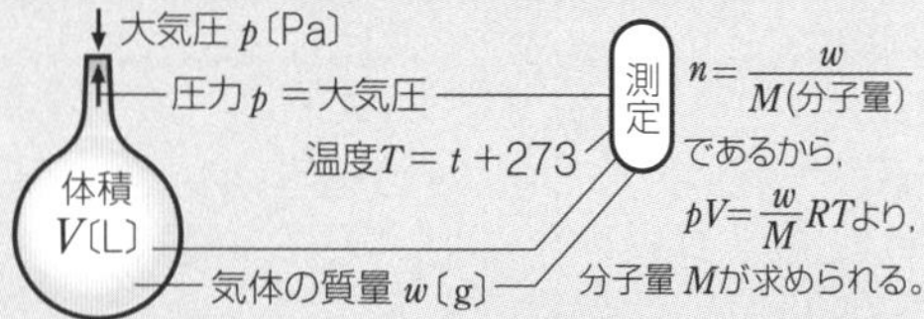

3 混合気体

互いに反応しない気体 A と B が絶対温度 T において，容積 V の容器に気体 A だけを入れたとき圧力 p_A，B だけを入れたとき圧力 p_B を示したとする。次に，気体 A と気体 B を容積 V の容器に入れて混合したとき，圧力 p を示したとすると，$p = p_A + p_B$ となる。

◉気体の混合と混合気体の圧力

	容器Ⅰ(気体A)	容器Ⅱ(気体B)	容器Ⅲ(AとBの混合気体)
気体の種類			
圧力〔Pa〕	p_A	p_B	p
絶対温度〔K〕	T	T	T
体積〔L〕	V	V	V
物質量〔mol〕	n_A	n_B	$n_A + n_B$
状態方程式	$p_AV = n_ART$	$p_BV = n_BRT$	$pV = (n_A + n_B)RT$

成分気体の物質量の比＝成分気体の分圧の比

4 理想気体と実在気体

	理想気体	実在気体
分子の体積・分子間力	ない	ある
状態変化	常に気体	凝縮・凝固する
気体の状態方程式	従う	従わない(低温・高圧では，ずれが生じる)

実在気体は高温・低圧では理想気体とみなしてよい。

ポイントチェック

□(1)　ボイル・シャルルの法則によると，一定量の気体では，$\frac{圧力 \times 体積}{絶対温度}$ ＝一定（である・ではない）。

□(2)　1 mol の気体の体積は，0℃(273 K)，1.013×10^5 Pa(標準状態)では，気体の種類に関係なく何 L か。　（　　　　　）L

□(3)　(2)の数値を用いて，$\frac{圧力 \times 体積}{絶対温度}$ を計算すると，何 Pa・L/(K・mol)になるか。
（　　　　　　　　　）Pa・L/(K・mol)

□(4)　(3)の値を何というか。　（　　　　　　）

□(5)　圧力 p，絶対温度 T，1 mol の気体の体積 v，気体定数を R で表すと，$pv = RT$。ここで，物質量 n〔mol〕の気体の体積 V は，$V = nv$ で示されるので，$v = \frac{V}{n}$ を代入すると，次式になる。
$pV =$（　　　　　　）

□(6)　(5)の式を何というか。（　　　　　　）

□(7)　モル質量 M〔g/mol〕の気体が w〔g〕あるときの物質量 n は $\frac{w}{M}$〔mol〕であるから，気体の状態方程式に代入すると，次式になる。
$M =$（　　　　　　）

□(8)　互いに反応しない気体 A と B があるとき，絶対温度 T，体積 v の容器に入れたときのそれぞれの圧力(分圧)を p_A，p_B とすると，混合したときの圧力(全圧)は，
$p = (p_A + p_B \cdot p_A \times p_B)$ となる。

□(9)　「混合気体の成分気体の物質量の比(体積比)＝成分気体の分圧の比」となるので，気体 A が 40 %，気体 B が 60 %の混合気体の全圧が 5.0×10^5 Pa のとき，
気体 A の分圧は^ア（　　　　　　）$\times 10^5$ Pa，
気体 B の分圧は^イ（　　　　　　）$\times 10^5$ Pa となる。

□(10)　理想気体では温度を下げても常に気体であるが，実在気体では，温度を下げると凝縮して^ア（　　　　　　）になったり，凝固して^イ（　　　　　　）になったりするので，気体の状態方程式を用いることができなくなる。

□(11)　実在気体では，圧力が^ア(高い・低い)ほど，温度が^イ(高い・低い)ほど，気体の状態方程式とのずれが生じる。

EXERCISE

$O=16$，気体定数 $R=8.3\times10^3\,\mathrm{Pa\cdot L/(K\cdot mol)}$

例題 2 気体の状態方程式と物質量，質量 ▶22，23，24

次の問いに答えよ。

(1) 27℃，1.2×10^5 Pa で気体の体積が 300 mL であった。

① 27℃は，絶対温度にすると何 K か。　② この気体の物質量は何 mol か。

(2) 10 L のボンベに 17℃，5.0×10^5 Pa の酸素が入っている。この酸素の質量は何 g か。

ここがポイント

セルシウス温度 t〔℃〕と絶対温度 T〔K〕の関係は，$T=t+273$

圧力 p〔Pa〕，絶対温度 T〔K〕，気体の体積 V〔L〕，物質量 n〔mol〕，気体定数を R で表すと，

気体の状態方程式 $pV=nRT$ の関係になる。

気体の質量 w〔g〕，気体の分子量 M を気体の状態方程式に代入すると，$pV=\frac{w}{M}RT$ になる。

◆解法◆

(1)① $T=t+273$ に数値を代入する。

$T=27℃+273=300$ (K)

② この気体の物質量を n〔mol〕とし，

$p=1.2\times10^5$ Pa，$T=300$ K，

$V=300$ mL $=0.300$ L を，$pV=nRT$ に代入する。

$1.2\times10^5\times0.300=n\times8.3\times10^3\times300$

$n=0.014\cancel{4}\cdots\fallingdotseq1.4\times10^{-2}$ (mol)

(2) 酸素の質量を w〔g〕とし，

$pV=\frac{w}{M}RT$ に数値を代入する。

17℃は，17℃$+273=290$ K，$M=16\times2=32$

$5.0\times10^5\times10=\frac{w}{32}\times8.3\times10^3\times290$

よって，$w=66.\cancel{4}\cdots\fallingdotseq66$ (g)

答 (1) ① **300 K** ② **1.4×10^{-2} mol** (2) **66 g**

▶**22〈気体の状態方程式と物質量〉** 27℃，2.0×10^5 Pa において，10 L の酸素の物質量は何 mol か。

(　　　　　)mol

▶**23〈気体の状態方程式と分子量〉** 12℃，740 mmHg で 200 mL の気体の質量が 0.60 g であった。次の問いに答えよ。

(1) 740 mmHg は何 Pa か。ただし，1 気圧$=1.0\times10^5$ Pa とする。

(　　　　　)Pa

(2) この気体の分子量を求めよ。

(　　　　　)

▶**24〈気体の状態方程式と分子量〉** ある液体物質 10 mL を内容積 500 mL の丸底フラスコに入れ，小さな穴をあけたアルミ箔でふたをして，沸騰水 (100℃)中で完全に蒸発させた。その後放冷して凝縮させたところ，質量が空の容器のときより 1.2 g 増加した。この物質の分子量を求めよ。ただし，大気圧$=1.0\times10^5$ Pa とする。

(　　　　　)

アドバイス

▶23
1 気圧$=1.0\times10^5$ Pa
$=760$ mmHg

原子量と定数　H＝1.0，C＝12，N＝14，O＝16，Ar＝40，
気体定数 $R=8.3\times10^3\,\mathrm{Pa\cdot L/(K\cdot mol)}$

例題 3 混合気体の成分気体の質量と分圧

▶25，26

窒素 0.70 g と酸素 1.6 g を容器に入れたところ，全圧が 6.0×10^5 Pa になった。窒素の分圧は何 Pa か。

ここがポイント

成分気体の物質量の比＝成分気体の分圧の比
分圧＝全圧×モル分率

◆解法◆

分子量　窒素 $N_2=14\times2=28$，
　　　　酸素 $O_2=16\times2=32$ より，

窒素 0.70 g の物質量は，$\dfrac{0.70\,\mathrm{g}}{28\,\mathrm{g/mol}}=0.025\,\mathrm{mol}$

酸素 1.6 g の物質量は，$\dfrac{1.6\,\mathrm{g}}{32\,\mathrm{g/mol}}=0.050\,\mathrm{mol}$

　窒素の分圧：酸素の分圧
＝窒素の物質量：酸素の物質量＝0.025：0.050＝1：2
窒素の分圧＝全圧×窒素のモル分率　より，

窒素の分圧＝$6.0\times10^5\times\dfrac{1}{1+2}=2.0\times10^5$ (Pa)

答 $\mathbf{2.0\times10^5}$ **Pa**

▶25〈混合気体の成分気体の質量と分圧〉 二酸化炭素 CO_2 2.2 g と一酸化炭素 CO 2.1 g を混合した気体がある。この混合気体の圧力を 1.5×10^5 Pa とする。次の問いに答えよ。

(1) 二酸化炭素，一酸化炭素の物質量はそれぞれ何 mol か。

二酸化炭素(　　　　　)mol　一酸化炭素(　　　　　)mol

(2) 二酸化炭素の分圧は何 Pa か。

(　　　　　)Pa

▶26〈混合気体〉 0.32 g のメタン CH_4，0.20 g のアルゴン Ar，0.28 g の窒素 N_2 からなる混合気体がある。この混合気体の 500 K における窒素の分圧は 1.0×10^5 Pa である。この混合気体について，次の問いに答えよ。

(1) メタン，アルゴン，窒素の物質量はそれぞれ何 mol か。

メタン(　　　　)mol　アルゴン(　　　　)mol　窒素(　　　　)mol

(2) 500 K における混合気体の体積は何 L か。

(　　　　　)L

(3) 500 K における混合気体の全圧は何 Pa か。

(　　　　　)Pa

アドバイス

▶26
(2) 気体の状態方程式 $pV=nRT$ に，窒素についての値を代入する。

例題 4 混合気体

▶27，28

右図に示すように，容積 2.0L の容器 A と容積 3.0L の容器 B をコックで連結した装置がある。すべてのコックが閉じている状態で，容器 A には 2.0×10^5Pa の窒素が，容器 B には 4.0×10^5Pa の酸素が入っている。温度を一定に保ったまま中央のコックを開き，十分な時間を経過させると，均一に混じりあった。このとき，容器内の(1)窒素の分圧，(2)酸素の分圧，(3)混合気体の全圧は何 Pa か。

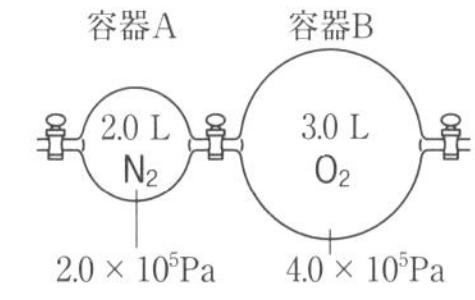

ここがポイント

一定温度であるから，ボイルの法則 $p_1V_1=p_2V_2$ がなりたつ。
気体 A と気体 B を容積 V の容器に入れて混合したとき，気体 A の分圧を p_A，気体 B の分圧を p_B とすると，全圧 p は，$p=p_A+p_B$ となる。

◆解法◆

ボイルの法則 $p_1V_1=p_2V_2$ に数値を代入
V_2 は，全容積なので，(2.0＋3.0)L

(1) 窒素の分圧を p_{N_2} とすると，
$2.0\times10^5\times2.0=p_{N_2}\times(2.0+3.0)$　$p_{N_2}=8.0\times10^4$(Pa)

(2) 酸素の分圧を p_{O_2} とすると，
$4.0\times10^5\times3.0=p_{O_2}\times(2.0+3.0)$　$p_{O_2}=2.4\times10^5$(Pa)

(3) 全圧 p は，
$p=p_{N_2}+p_{O_2}=8.0\times10^4+2.4\times10^5=3.2\times10^5$(Pa)

答 (1) **8.0×10^4 Pa**　(2) **2.4×10^5 Pa**
(3) **3.2×10^5 Pa**

▶27〈混合気体〉 右図に示すように，容積 3.0L の容器 A と容積 2.0L の容器 B をコックで連結した装置がある。すべてのコックが閉じている状態で，容器 A に 2.0×10^5Pa の酸素，容器 B に 3.0×10^5Pa の窒素が入っている。温度を一定に保ったまま中央のコックを開き，十分な時間を経過させると，均一に混じりあった。容器内の酸素・窒素の分圧および混合気体の全圧は何 Pa か。

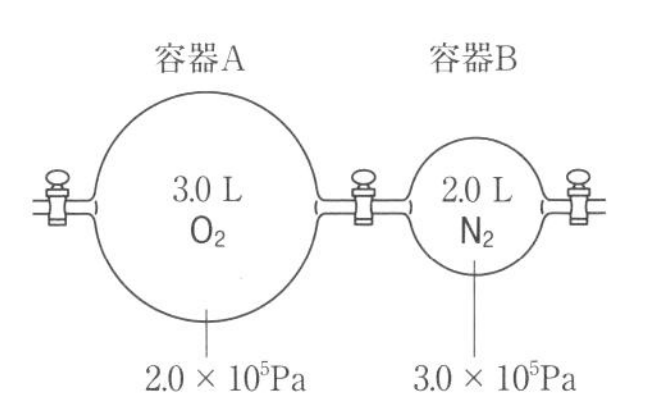

酸素(　　　　　)Pa　窒素(　　　　　)Pa　全圧(　　　　　)Pa

アドバイス

▶27
それぞれの気体に対して，ボイルの法則 $p_1V_1=p_2V_2$ に数値を代入する。
V_2 は全容積なので，
3.0＋2.0＝5.0L
全圧
＝酸素の分圧＋窒素の分圧

▶28〈混合気体〉 容積が 2.0L，2.5L，0.50L の容器 A～C を右図のように連結し，A には 2.0×10^5Pa の窒素，C には4.0×10^5Pa の酸素を入れた。B は真空である。温度一定のまま，中央の 2 つのコックを開き，十分に長い時間がたったとき，窒素，酸素のそれぞれの分圧，ならびに全圧は何 Pa になるか。

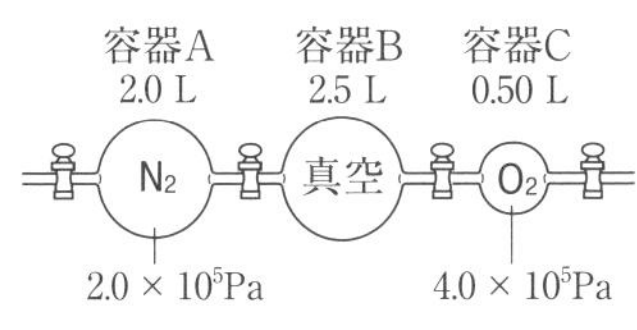

窒素(　　　　　)Pa　酸素(　　　　　)Pa　全圧(　　　　　)Pa

例題 5 混合気体の平均分子量　▶29，30，31

2.0×10^5 Pa の酸素 3.0L と 1.0×10^5 Pa の窒素 4.0L を 5.0L の容器に入れた。混合気体の平均分子量を求めよ。

ここがポイント

成分気体の物質量の比＝成分気体の分圧の比

$$\text{平均分子量}=\text{気体 A の分子量}\times\frac{\text{気体 A の物質量}}{\text{混合気体 AB の全物質量}}+\text{気体 B の分子量}\times\frac{\text{気体 B の物質量}}{\text{混合気体 AB の全物質量}}$$

$$=\text{気体 A の分子量}\times\frac{\text{気体 A の分圧}}{\text{混合気体 AB の全圧}}+\text{気体 B の分子量}\times\frac{\text{気体 B の分圧}}{\text{混合気体 AB の全圧}}$$

◆解法◆　酸素の分圧を p_{O_2}，窒素の分圧を p_{N_2} とすると，ボイルの法則 $p_1V_1=p_2V_2$ より，

$2.0\times10^5\times3.0=p_{O_2}\times5.0$　$p_{O_2}=1.2\times10^5$ Pa

$1.0\times10^5\times4.0=p_{N_2}\times5.0$　$p_{N_2}=8.0\times10^4$ Pa

よって，全圧＝2.0×10^5 Pa

酸素 O_2 の分子量＝32，窒素 N_2 の分子量＝28 より，

平均分子量

$$=32\times\frac{1.2\times10^5\text{ Pa}}{2.0\times10^5\text{ Pa}}+28\times\frac{8.0\times10^4\text{ Pa}}{2.0\times10^5\text{ Pa}}$$

$=19.2+11.2=30.4\fallingdotseq30$　**答 30**

▶29〈空気の平均分子量〉 1.0×10^5 Pa の空気は，窒素の分圧 8.0×10^4 Pa，酸素の分圧 2.0×10^4 Pa である。空気の平均分子量を求めよ。ただし，空気は窒素と酸素の混合気体とみなす。

(　　　　　)

▶30〈混合気体の平均分子量〉 1.0×10^5 Pa の空気中，5.0×10^4 Pa のヘリウムと 5.0×10^4 Pa の二酸化炭素を入れたシャボン玉を膨らませた。このシャボン玉は空気中に浮かぶか，沈むか。ただし，空気の平均分子量を 29 とし，シャボン溶液の質量は無視できるものとする。

(　　　　　)

▶31〈混合気体の平均分子量〉 右図のように，容積 3.0L の容器 A と容積 2.0L の容器 B をコックで連結した装置がある。すべてのコックが閉じている状態で，容器 A に 2.0×10^5 Pa の酸素，容器 B に 5.0×10^5 Pa の窒素が入っている。温度を一定に保ったまま，中央のコックを開き十分な時間が経過した。次の問いに答えよ。

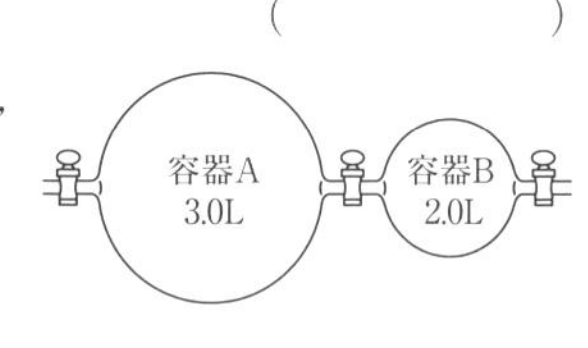

(1)　酸素，窒素のそれぞれの分圧を求めよ。

酸素(　　　　　)Pa　窒素(　　　　　)Pa

(2)　全圧を求めよ。

(　　　　　)Pa

(3)　平均分子量を求めよ。

(　　　　　)

アドバイス

▶30
混合気体の平均分子量が，空気の平均分子量 29 より大きいと沈み，小さいと浮く。

例題 6 気体の状態方程式と蒸気圧 ▶32

容積 20L の真空容器に 1.8g の水を入れ，温度を 27℃にした。(1)このとき容器内の圧力は何 Pa か。(2)次に容器の温度を 57℃に上げると，圧力は何 Pa になるか。ただし，27℃，57℃における水の蒸気圧は，それぞれ 3.5×10^3Pa，1.7×10^4Pa である。

ここがポイント

すべて気体と仮定して，気体の状態方程式から，求めた圧力 p と蒸気圧を比較して，$p \leqq$ 蒸気圧のとき，すべて気体であり，圧力 $= p$ となる。$p >$ 蒸気圧のとき，蒸気圧を超えた分が凝縮し，圧力＝蒸気圧となる。

◆解法◆　$pV = \dfrac{w}{M}RT$ の式から圧力 p を求める。

1.8g の水がすべて気体になると仮定し，その圧力を x〔Pa〕として，上式に以下を代入する。

$V = 20$L，$w = 1.8$g，$M = 18$g/mol
$R = 8.3 \times 10^3$ Pa·L/(K·mol)
$T = 27$℃$+ 273 = 300$K　$T = 57$℃$+ 273 = 330$K

(1)　27℃ のとき，$x \times 20 = \dfrac{1.8}{18} \times 8.3 \times 10^3 \times 300$

よって，$x = 1.24\cdots \times 10^4 \fallingdotseq 1.2 \times 10^4$Pa　ただし，蒸気圧を超えたときは水蒸気の一部が水に凝縮してしまうので，答えは 27℃の水の蒸気圧と等しい 3.5×10^3(Pa)である。

(2)　57℃ のとき，$x \times 20 = \dfrac{1.8}{18} \times 8.3 \times 10^3 \times 330$

よって，$x = 1.36\cdots \times 10^4 \fallingdotseq 1.4 \times 10^4$Pa　57℃の水の蒸気圧を超えていないので，答えも 1.4×10^4(Pa)となる。

答　(1)　$\mathbf{3.5 \times 10^3}$ **Pa**　(2)　$\mathbf{1.4 \times 10^4}$ **Pa**

▶32〈気体の状態方程式と蒸気圧〉 右図は水の蒸気圧曲線を示す。水 0.20mol を容積 22.4L の真空容器に入れた。次の問いに答えよ。

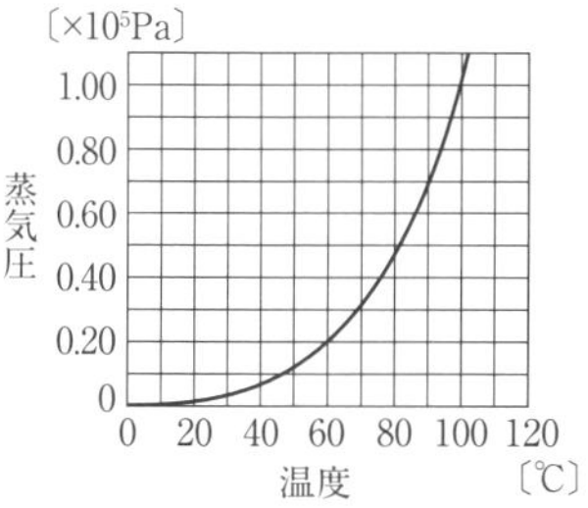

(1)　このとき，60℃において容器内の圧力は何 Pa になるか。(　　　　　　)Pa

(2)　このとき，80℃において容器内の圧力は何 Pa になるか。

(　　　　　　)Pa

▶33〈分圧と蒸気圧〉 水素を水上置換で捕集し，容器と水槽の水面を一致させて体積を測定したところ，17℃，1.00×10^5Pa で，290mL であった。ただし，17℃における水の蒸気圧は 2.0×10^3Pa とする。次の問いに答えよ。

(1)　捕集した水素の分圧は何 Pa か。

(　　　　　　)Pa

(2)　捕集した水素の物質量は何 mol か。

(　　　　　　)mol

▶34〈理想気体と実在気体〉 実在気体では，条件によって気体の状態方程式からずれが生じる。このずれに関する次の(ア)〜(オ)の記述のうち，正しいものを 2 つ選べ。

(ア)　低温になるほど大きい。
(イ)　低圧になるほど大きい。
(ウ)　分子量が小さいものほど大きい。
(エ)　極性が大きいものほど大きい。
(オ)　沸点が低いものほど大きい。
(　　，　　)

アドバイス

▶32
計算で求めた圧力 p と蒸気圧を比較して，
$p \leqq$ 蒸気圧のとき，すべて気体であり，圧力 $= p$ となる。
$p >$ 蒸気圧のとき，蒸気圧を超えた分が凝縮し，圧力＝蒸気圧となる。

▶33
シリンダー内の全圧
＝大気圧
＝水素の分圧＋水の蒸気圧

6 溶解

1 溶解と溶液 基礎

液体中にほかの物質が均一に混じる現象を**溶解**といい，溶解により生じた液体を**溶液**という。溶媒が水の場合は**水溶液**という。

溶液 ┬ **溶媒**…物質を溶かしている液体
　　 └ **溶質**…溶けている物質（固体・液体・気体）

2 電解質の溶解

◉**電離**…物質がイオンに分かれる現象
◉**電解質**…水に溶けてイオンを生じる物質
・すべて陽イオンと陰イオンに電離する。
　→**強電解質**（NaCl など）
・一部が陽イオンと陰イオンに電離し，それ以外は分子のまま存在する。
　→**弱電解質**（CH_3COOH など）
◉**水和**…溶質の粒子が水分子に囲まれる現象

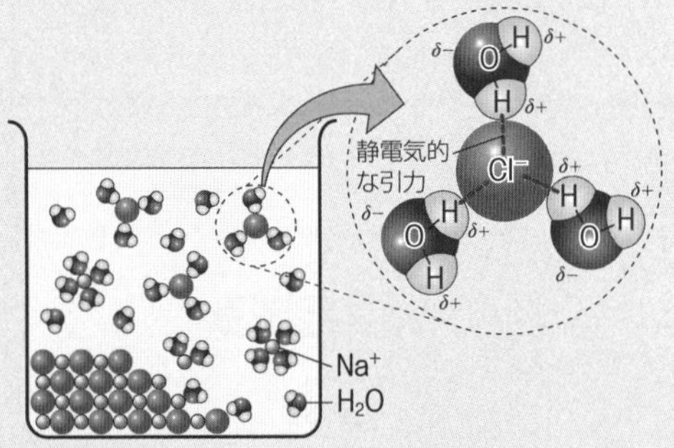

3 非電解質の溶解

◉**非電解質**…水溶液中で電離しない物質
◉**親水基**…極性が大きく，水和されやすい基
◉**疎水基**…極性が小さく，水和されにくい基。疎水基が大きいと水に溶けにくい。

〈溶解しやすさの一般的傾向〉

溶質 例 ＼ 溶媒 例	イオン結晶（NaCl）	極性分子（グルコース）	無極性分子（ヨウ素）
極性分子（水）	よく溶ける	よく溶ける	溶けにくい
無極性分子（ヘキサン）	溶けにくい	溶けにくい	よく溶ける

エタノールのように，水とヘキサンの両方によく溶ける物質もある。

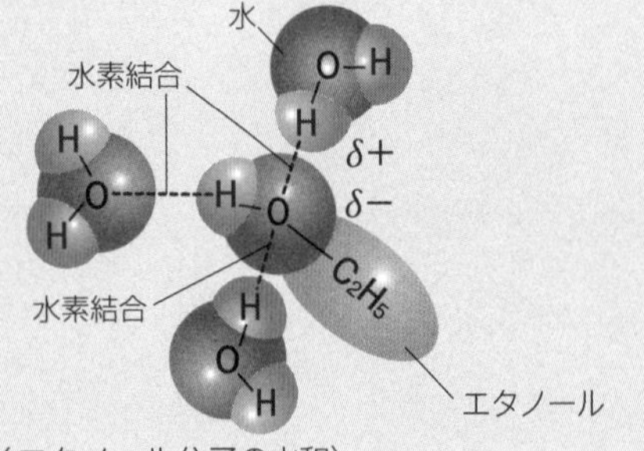

〈エタノール分子の水和〉

ポイントチェック

基礎

□(1) 液体中にほかの物質が均一に混じる現象を何というか。（　　　）

□(2) 物質を溶かしている液体を何というか。（　　　）

□(3) 溶け込んだ物質を何というか。（　　　）

□(4) 溶解によってできた混合物の液体を何というか。（　　　）

□(5) 物質がイオンに分かれる現象を何というか。（　　　）

□(6) 水に溶けてイオンを生じる物質を何というか。（　　　）

□(7) 水に溶けてイオンを生じない物質を何というか。（　　　）

□(8) NaCl など，水に溶けるとすべて陽イオンと陰イオンに電離する物質を何というか。（　　　）

□(9) CH_3COOH など，水に溶けると一部が陽イオンと陰イオンに電離し，それ以外は分子のまま存在する物質を何というか。（　　　）

□(10) 溶質の粒子が水分子に囲まれる現象を何というか。（　　　）

□(11) 一般に，（イオン・分子）結晶は水に溶けやすい。

□(12) 一般に，極性の（大きい・小さい）分子は水に溶けにくく，ヘキサンなどの極性の小さい溶媒によく溶ける。

□(13) 一般に，極性の（大きい・小さい）分子は水に溶けやすく，極性の小さい溶媒に溶けにくい。

□(14) 塩化ナトリウムはヘキサンに（よく溶ける・溶けにくい）。

□(15) グルコースは（水・ヘキサン）によく溶ける。

□(16) ヨウ素は（水・ヘキサン）によく溶ける。

□(17) エタノールは水とヘキサンの両方に（よく溶ける・溶けにくい）。

□(18) 親水基と疎水基の両方をもつアルコールなどの分子の場合，疎水基の部分が大きくなるほど，水に溶け（やすく・にくく）なる。

EXERCISE

基礎 ▶ **35〈溶液〉** 次の(1)～(4)の溶液の溶媒と溶質の名称を記せ。

(1) 食塩水　(2) 塩酸　(3) 希硫酸　(4) 炭酸水

(1)溶媒：　　溶質：　　(2)溶媒：　　溶質：

(3)溶媒：　　溶質：　　(4)溶媒：　　溶質：

▶ **36〈水への溶解〉** 次の文章の空欄に適する語句を下の語群から選べ。

一般に，NaCl などのア(　　　)結晶は，水に溶けやすい。これは，(**ア**)がイ(　　　)して水中に分散するためである。しかし，ウ(　　　)などのように，結合の強い(**ア**)結晶は，結晶格子がくずれにくく，水に溶けにくい。また，(**ア**)結晶からなる物質はベンゼンなどのエ(　　　)の溶媒にはなじみにくく，(**ア**)結晶は(**エ**)の溶媒には溶けにくい。

エタノールは分子中に極性の大きいヒドロキシ基 −OH をもち，水によく溶ける。これはヒドロキシ基がオ(　　　)結合することで，(**イ**)されるためである。このように(**イ**)されやすい基をカ(　　　)基という。

（語群）分子　硫酸バリウム　塩化カリウム　親水　疎水
極性分子　無極性分子　イオン　配位　水素　水和

▶ **37〈物質の溶解性〉** 次の(ア)～(オ)のうち，**互いに溶け合わない**組み合わせを１つ選べ。

(ア) 塩化ナトリウムとベンゼン　(イ) 塩化ナトリウムと水
(ウ) メタノールと水　(エ) ヨウ素とベンゼン　(オ) 塩化水素と水

(　　)

▶ **38〈物質の溶解性〉** 次の(ア)～(カ)の物質のうち，下の(1)，(2)にあてはまるものをすべて選べ。ただし，同じものを２回選んでもよい。

(ア) 塩化カルシウム　(イ) ナフタレン　(ウ) エタノール
(エ) ヨウ素　(オ) アンモニア　(カ) ベンゼン

(1) 水によく溶けるもの　(　　　)
(2) ヘキサンによく溶けるもの　(　　　)

▶ **39〈物質の溶解性〉** 下の(ア)～(シ)の物質の水に対する溶解性について，次表の(1)～(6)に分類せよ。

常温・常圧における状態	気体	液体	固体
水によく溶ける	(1)	(2)	(3)
水にほとんど溶けない	(4)	(5)	(6)

(ア) アンモニア　(イ) エタノール　(ウ) 塩化カルシウム
(エ) 塩化水素　(オ) 塩化ナトリウム　(カ) 酢酸　(キ) グルコース
(ク) ヘキサン　(ケ) 水素　(コ) 炭酸カルシウム
(サ) 二酸化ケイ素　(シ) メタン

(1)　　(2)　　(3)
(4)　　(5)　　(6)

アドバイス

▶ **36**
一般に，NaCl などのイオン結晶は水に溶けやすい。イオン結晶は水溶液中でイオンになって溶解している。溶解しているイオンは，極性分子である水と結合(水和)している。

▶ **37・38・39**
ベンゼンやヘキサンは無極性分子の液体なので，無極性分子をよく溶かす。
親水基と疎水基の両方をもつアルコールでは，疎水基の部分が大きくなるほど水に溶けにくくなる。メタノールやエタノールは疎水基の部分が小さく，水によく溶ける。

7 溶解度

1 固体の溶解度

飽和溶液(一定量の溶媒に限度まで溶質を溶かした溶液)に溶質の固体が共存するとき，**溶解平衡**になっている。

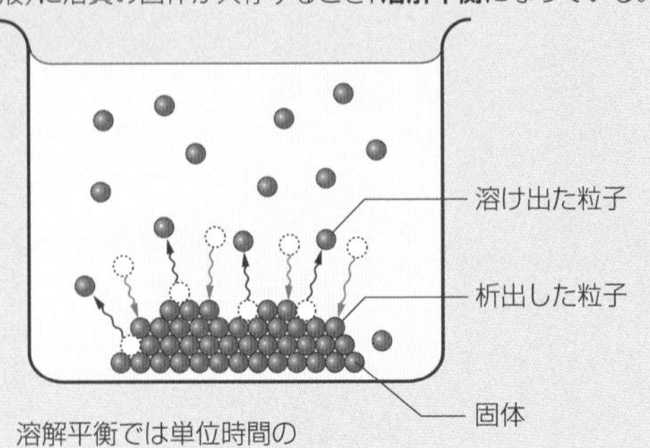

溶解平衡では単位時間の

溶け出す粒子の数=析出する粒子の数

固体の**溶解度**は，溶媒 100g に溶ける溶質の限界の量であり，質量〔g〕の値で表す。

◉**溶解度曲線**…温度と溶解度の関係を表すグラフ。多くの固体の溶解度は，温度が高くなるほど大きくなるので，右上がりの曲線になる。

水和物の溶解度は，飽和溶液中の水 100g に溶けている無水物の質量〔g〕の値で表す。

2 気体の溶解度

気体の溶解度は，1 L の溶媒に溶ける気体の物質量の値で表す。

気体の水への溶解度は，温度が高くなるほど小さくなる。(温度が高くなるほど，溶質分子の熱運動が激しくなり，溶液から飛び出しやすくなるため)

◉**ヘンリーの法則**

水に溶けにくい(溶解度の小さい)気体では，溶ける気体の質量(または物質量)は，その気体の圧力(混合気体の場合は分圧)に比例する。

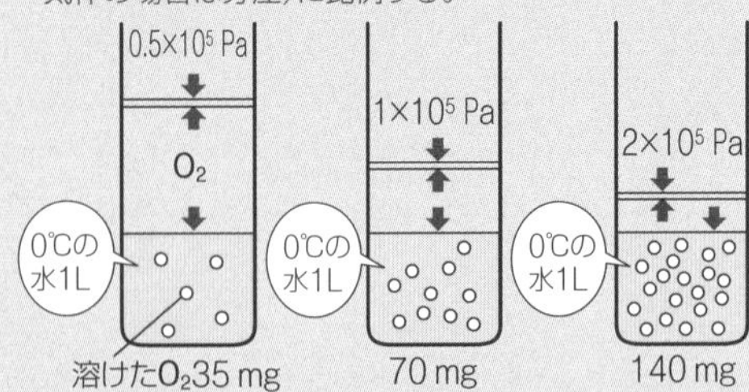

※水への溶解度の大きいアンモニアでは，ヘンリーの法則は成立しない。

◉**混合気体の溶解度は分圧に比例**

混合気体において，その中の気体 A の溶解度(質量)は，その気体の分圧 P_A に比例する。

例 1×10^5Paの空気が1Lの水に接しているときのO_2の溶解量

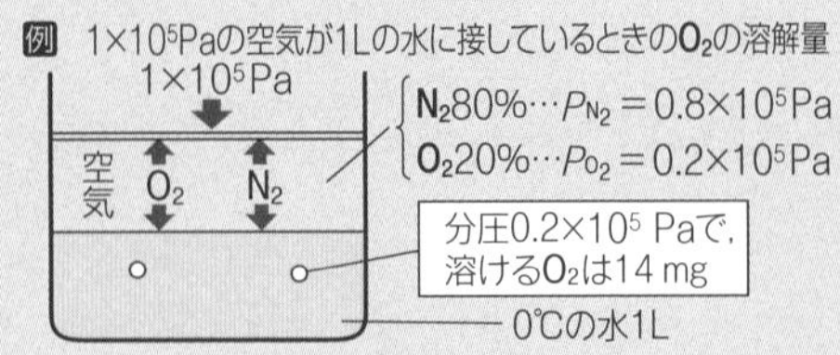

(水に溶けているN₂分子は省略)

ポイントチェック

基礎 □(1) 一定量の溶媒に限度まで溶質を溶かした溶液を何というか。　(　　　　　)

□(2) 飽和溶液に溶質の固体が共存するとき，単位時間に固体から溶け出す粒子の数と，溶液中から析出する粒子の数が同じになる。この状態を何というか。　(　　　　　)

基礎 □(3) 溶媒 100g に溶ける溶質の限界の質量〔g〕の値を何というか。　(　　　　　)

□(4) 温度と溶解度の関係を表すグラフを何というか。　(　　　　　)

□(5) 一般に，温度が上昇すると，固体の溶解度は(大きく・小さく)なる。

□(6) 水和物の溶解度は，飽和溶液中の水 100g に溶けている(無水物・水和物)の質量〔g〕の数値で表す。

□(7) 一般に，気体の溶解度は，溶媒 1 (L・kg)に溶ける気体の物質量で表す。

□(8) 気体の溶解度を体積で表す場合は，溶媒 1L に溶ける気体の体積を標準状態，すなわち(0・25)℃，1.0×10^5Pa に換算する。

□(9) 一般に，温度が上昇すると，気体の溶解度は(大きく・小さく)なる。

□(10) (9)の理由は，温度が高くなるほど，溶質分子の熱運動が激しくなり，溶液から飛び出し(やすく・にくく)なるためである。

□(11) 溶解度の小さい気体では，一定量の溶媒に溶ける気体の質量(または物質量)は，一定温度のもとでは，その気体の(　　　　　)に比例する。

□(12) (11)を(　　　　　)の法則という。

□(13) 水への溶解度の大きい気体では，(12)は成立(する・しない)。

□(14) 0℃，1.0×10^5Pa で 1L の水に酸素は 70mg まで溶ける。0℃で 1.0×10^5Pa の空気が 1L の水に接しているとき，酸素の溶解量は何 mg か。ただし，空気中の酸素の体積の割合は 20% である。

(　　　　　)mg

EXERCISE

基礎 ▶ **40〈固体の溶解度と温度〉** 右図は硝酸カリウムの水に対する溶解度(水 100 g に溶ける溶質の質量〔g〕の数値)と温度の関係を表すグラフである。次の問いに答えよ。

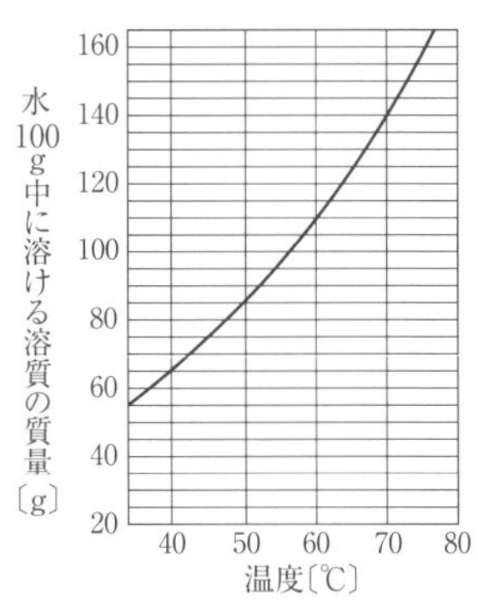

(1) 右図のようなグラフを何というか。

(　　　　　　　　)

(2) 70 ℃で水 100 g に硝酸カリウムは何 g まで溶けるか。

(　　　　　)g

(3) 70 ℃の飽和溶液 100 g には，何 g の硝酸カリウムが溶解しているか。

(　　　　　)g

(4) 70 ℃の飽和溶液 240 g を 40 ℃まで冷却するとき，析出する硝酸カリウムの結晶の質量は何 g か。

(　　　　　)g

(5) 70 ℃の飽和溶液 100 g を 40 ℃まで冷却するとき，析出する硝酸カリウムの結晶の質量は何 g か。

(　　　　　)g

(6) 60 ℃で水 200 g に硝酸カリウムを飽和させ，40 ℃まで冷却するとき，析出する硝酸カリウムの結晶の質量は何 g か。

(　　　　　)g

基礎 ▶ **41〈無水物の溶解度〉** 硝酸ナトリウムの水 100 g に対する溶解度は，60 ℃で 124，20 ℃で 88 である。次の(1)，(2)の硝酸ナトリウムの析出量は何 g か。

(1) 60 ℃で水 400 g に硝酸ナトリウムを飽和させ，20 ℃まで冷却したとき

(　　　　　)g

(2) 60 ℃の硝酸ナトリウム飽和溶液 100 g をつくり，20 ℃まで冷却したとき

(　　　　　)g

アドバイス

▶40

(3) 70 ℃の飽和溶液 (100＋140) g 中に硝酸カリウムは 140 g 溶解している。

(4)(5) 70 ℃の飽和溶液 (100＋140) g を 40 ℃まで冷却すると，(140－65) g の硝酸カリウムが析出する。

(6) 60 ℃では水 100 g に硝酸カリウムが 110 g 溶解できるが，40 ℃では水 100 g に 65 g しか溶解できない。

▶41

水 100 g でつくった飽和溶液を冷却すると，溶解度の差の質量の溶質が再結晶として析出する。
水の量が 100 g でない場合は，水 100 g の場合と比較して比例計算をする。

原子量 H＝1.0，O＝16，S＝32，Cu＝64

例題 7 水和物の溶解度と結晶の析出量 ▶42，43，44，45，46

次の文章を読み，下の問いに答えよ。

固体の溶解度は溶媒 100 g に溶ける溶質の質量〔g〕で表され，一般に温度が高くなるほど大きくなる。右図は無水硫酸銅(Ⅱ)の水に対する溶解度曲線である。

(1) 60 ℃の硫酸銅(Ⅱ)の飽和水溶液 100 g をつくるのに必要な硫酸銅(Ⅱ)五水和物 $CuSO_4\cdot5H_2O$ は何 g か。

(2) (1)の飽和水溶液を 0 ℃まで冷却すると，析出する硫酸銅(Ⅱ)五水和物 $CuSO_4\cdot5H_2O$ は何 g か。

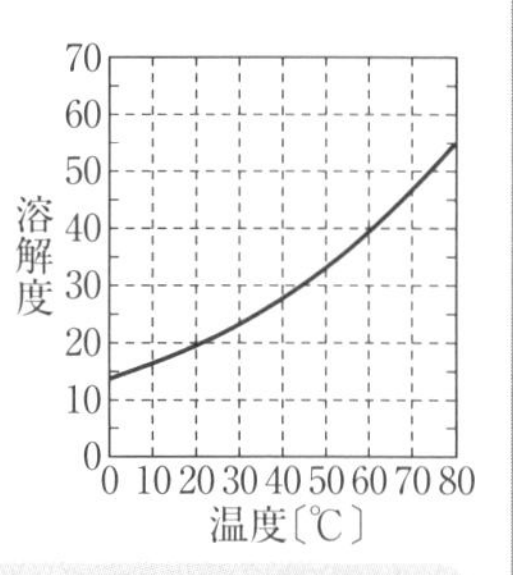

ここがポイント

(1) 溶解度曲線から 60 ℃の溶解度を求める。次に，求める硫酸銅(Ⅱ)五水和物 $CuSO_4\cdot5H_2O$ の質量を x〔g〕として，飽和水溶液中の無水硫酸銅(Ⅱ)の質量を x で表し，水 100 g の場合との比較から x を求める。

(2) 溶解度曲線から 0 ℃の溶解度を求める。60 ℃から 0 ℃に冷却したときに析出する硫酸銅(Ⅱ)五水和物 $CuSO_4\cdot5H_2O$ の質量を y〔g〕として，溶液中の無水硫酸銅(Ⅱ)と水和水の質量を y で表し，水 100 g の場合との比較から y を求める。

◆解法◆

(1) 溶解度曲線から，60 ℃の溶解度は 40 である。
求める硫酸銅(Ⅱ)五水和物 $CuSO_4\cdot5H_2O$ の質量を x〔g〕として，60 ℃の飽和水溶液中の無水硫酸銅(Ⅱ)の質量を x で表す。
硫酸銅(Ⅱ)五水和物 $CuSO_4\cdot5H_2O$ の式量は，
$160+18\times5=250$ より，
無水硫酸銅(Ⅱ)の質量は，$\dfrac{160}{250}x$〔g〕

60 ℃では，水 100 g に無水硫酸銅(Ⅱ)が 40 g 溶けるので，飽和溶液の質量と無水硫酸銅(Ⅱ)の質量に関して，次の比例式がなりたつ。

$$\frac{溶質〔g〕}{溶液〔g〕}=\frac{40}{100+40}=\frac{\frac{160}{250}x}{100}$$

よって，$x=44.6\cdots\fallingdotseq45$ (g)

(2) 溶解度曲線から，0 ℃の溶解度は 14 である。
求める硫酸銅(Ⅱ)五水和物 $CuSO_4\cdot5H_2O$ の質量を y〔g〕とすると，0 ℃の飽和水溶液中の無水硫酸銅(Ⅱ)の質量は，$\dfrac{160(x-y)}{250}=\dfrac{160(44.6-y)}{250}$〔g〕

一方，飽和溶液の質量は，$(100-y)$〔g〕となるので，0 ℃において，飽和溶液の質量と無水硫酸銅(Ⅱ)の質量に関して，次の比例式がなりたつ。

$$\frac{溶質〔g〕}{溶液〔g〕}=\frac{14}{100+14}=\frac{\frac{160(44.6-y)}{250}}{100-y}$$

よって，$y=31.4\cdots\fallingdotseq31$ (g)

答 (1) 45 g (2) 31 g

▶42〈水和物の溶解度と結晶の析出量〉 硫酸銅(Ⅱ)$CuSO_4$ の水に対する溶解度は 30 ℃で 25，0 ℃で 14 である。次の問いに答えよ。

(1) 30 ℃の硫酸銅(Ⅱ)飽和水溶液 100 g 中に含まれている無水硫酸銅(Ⅱ)$CuSO_4$ は何 g か。

(　　　　　　)g

(2) (1)の飽和水溶液を 0 ℃まで冷却すると，析出する硫酸銅(Ⅱ)五水和物 $CuSO_4\cdot5H_2O$ は何 g か。

(　　　　　　)g

アドバイス

▶42
水に対する水和物の溶解度は，飽和溶液中の水 100 g に溶けている無水物の質量の値で表される。

▶43〈飽和水溶液と濃度〉 硫酸銅(Ⅱ)五水和物 $CuSO_4\cdot5H_2O$ 25g を 20℃の水に溶かして，飽和溶液をつくりたい。何 g の水に溶かせばよいか。ただし，硫酸銅(Ⅱ)$CuSO_4$ の水に対する溶解度は 20℃で 20 である。

(　　　　　)g

▶44〈水和物の溶解度〉 結晶水をもつ物質の溶解度は，溶媒 100g を飽和させるのに必要な無水物のグラム数で表され，硫酸銅(Ⅱ)の水への溶解度は 30℃で 25，60℃で 40 である。次の問いに整数値で答えよ。

(1) 硫酸銅(Ⅱ)五水和物 $CuSO_4\cdot5H_2O$ 100g を完全に溶解させて 60℃の飽和溶液をつくるには，何 g の水を加えればよいか。

(　　　　　)g

(2) (1)で得られた飽和溶液の温度を 30℃まで下げると，析出する硫酸銅(Ⅱ)五水和物 $CuSO_4\cdot5H_2O$ の結晶は何 g か。

(　　　　　)g

▶45〈水和物の溶解度と結晶の析出量〉 30℃の硫酸銅(Ⅱ)飽和溶液 100g を加熱して 50g の水を蒸発させてから，再び 30℃にすると硫酸銅(Ⅱ)五水和物 $CuSO_4\cdot5H_2O$ は何 g 析出するか。ただし，硫酸銅(Ⅱ)$CuSO_4$ の水に対する溶解度は 30℃で 25 である。

(　　　　　)g

▶46〈飽和水溶液と濃度〉 硫酸銅(Ⅱ)五水和物 $CuSO_4\cdot5H_2O$ 250g を水 1000g に完全に溶かした。この水溶液を 30℃で飽和溶液にするには，$CuSO_4\cdot5H_2O$ をさらに何 g 加えればよいか。ただし，30℃での水に対する $CuSO_4$ の溶解度は 25 である。

(　　　　　　　　)g

アドバイス

▶43・44
水に水和物を溶解させると，結晶水の分だけ溶媒の水が増加する。
x〔g〕の $CuSO_4\cdot5H_2O$ が溶解すると，増加する水は，
$\frac{90}{250}x$〔g〕
水和物の溶解度は，水 100g に溶解している無水物 $CuSO_4$ の質量〔g〕である。
x〔g〕の $CuSO_4\cdot5H_2O$ が溶解すると，溶解している無水物 $CuSO_4$ の質量〔g〕は，
$\frac{160}{250}x$〔g〕

▶45
50g の水を蒸発させると，溶液，溶媒の質量が 50g 減少する。

例題 8 圧力と気体の溶解体積

▶47，48，49

0℃，1.0×10^5 Pa で，1.0 L の水に溶ける窒素の物質量を 1.1×10^{-3} mol として，次の問いに答えよ。

(1) 0℃，3.0×10^5 Pa の状態で，1.0 L の水に溶ける窒素の物質量は何 mol か。

(2) 0℃，3.0×10^5 Pa の状態で，1.0 L の水に溶ける窒素の体積は何 L か。

ここがポイント

ヘンリーの法則より，「一定量の溶媒に溶ける気体の質量(または物質量)は圧力に比例する。」
しかし，ボイルの法則より，「温度が一定のとき，気体の体積は圧力に反比例する。」
したがって，「温度が一定のとき，一定量の溶媒に溶ける気体の体積は圧力に関係なく一定となる。」

◆解法◆

(1) ヘンリーの法則より，0℃，3.0×10^5 Pa で 1.0 L の水に溶ける窒素の物質量は，0℃，1.0×10^5 Pa で 1.0 L の水に溶ける窒素の物質量の 3 倍である。
よって，$1.1\times10^{-3}\,\text{mol}\times3=3.3\times10^{-3}\,\text{mol}$

(2) ボイルの法則より，3.0×10^5 Pa で溶けた窒素の体積は，1.0×10^5 Pa で溶けた窒素の体積の $\frac{1}{3}$ となるので，求める体積は，

$22.4\,\text{L/mol}\times3.3\times10^{-3}\,\text{mol}\times\frac{1}{3}=0.025\,\text{L}$

答 (1) 3.3×10^{-3} mol (2) 0.025 L

▶47〈気体の溶解度〉 水 2.0 L に，5.0×10^5 Pa で飽和した酸素がある。圧力を 1.0×10^5 Pa にすると，放出される酸素は何 mol か。ただし，温度は一定で，水 1.0 L に 1.0×10^5 Pa で酸素は 1.6×10^{-3} mol 溶けるものとする。

(　　　　　　)mol

▶48〈圧力と気体の溶解体積〉 0℃，1.0×10^5 Pa で，1.0 L の水に溶ける水素の体積は 0.022 L である。次の問いに答えよ。

(1) 0℃，3.0×10^5 Pa の状態で，500 mL の水に溶ける水素の体積は何 L か。

(　　　　　　)L

(2) (1)で溶けた水素は，0℃，1.0×10^5 Pa に換算すると何 L か。

(　　　　　　)L

▶49〈圧力と気体の溶解体積〉 メタン CH_4 は，0℃，1.0×10^5 Pa で水 1.0 L に 2.5×10^{-3} mol (56 mL)溶ける。次の問いに答えよ。

(1) 0℃，3.0×10^5 Pa で水 2.0 L に溶けるメタンの物質量，この圧力で溶けている体積を求めよ。

物質量(　　　　　　)mol　体積(　　　　　　)L

(2) (1)で溶けているメタンの標準状態での物質量，体積を求めよ。

物質量(　　　　　　)mol　体積(　　　　　　)L

アドバイス

▶49
(1) 温度一定のとき，一定量の溶媒に溶ける気体の体積は，その気体にかけた圧力のもとではかると，常に一定である。

例題 9 混合気体の溶解度

▶50，51，52

気体の圧力が 1.0×10^5 Pa のとき，20℃の水 1.0L に酸素は 0.048g，窒素は 0.020g 溶ける。20℃で圧力 1.0×10^5 Pa の空気が水 1.0L と接しているとき，この水に溶けている酸素と窒素はそれぞれ何 g か。ただし，空気中の酸素と窒素の体積比は 1：4 とし，水の蒸気圧は無視する。

ここがポイント

溶解する気体の質量は，圧力(混合気体ではその気体の分圧)に比例する。

◆解法◆

空気の圧力が 1.0×10^5 Pa のとき，

酸素の分圧は，$1.0\times10^5\,\text{Pa}\times\dfrac{1}{1+4}$，

窒素の分圧は，$1.0\times10^5\,\text{Pa}\times\dfrac{4}{1+4}$ となる。

ヘンリーの法則より，気体の溶解量(質量，物質量)は気体の圧力に比例する。

よって，求める気体の質量は，

$$\text{酸素}:0.048\,\text{g}\times\frac{1.0\times10^5\,\text{Pa}\times\dfrac{1}{1+4}}{1.0\times10^5\,\text{Pa}}=9.6\times10^{-3}\,(\text{g})$$

$$\text{窒素}:0.020\,\text{g}\times\frac{1.0\times10^5\,\text{Pa}\times\dfrac{4}{1+4}}{1.0\times10^5\,\text{Pa}}=1.6\times10^{-2}\,(\text{g})$$

答 酸素：9.6×10^{-3} g　窒素：1.6×10^{-2} g

▶50〈混合気体の溶解度〉 気体の圧力が 1.0×10^5 Pa のとき，20℃の水 1.0L に酸素は 1.4×10^{-3} mol，窒素は 7.1×10^{-4} mol 溶ける。20℃で圧力 1.0×10^5 Pa の空気が水 1.0L と接しているとき，この水に溶けている酸素と窒素はそれぞれ何 mol か。ただし，空気中の酸素と窒素の体積比は 1：4 とし，水の蒸気圧は無視する。

酸素(　　　　　)mol　窒素(　　　　　)mol

▶51〈混合気体の溶解度〉 酸素と窒素の体積比 2：1 の混合気体を，0℃，6.0×10^5 Pa で 100mL の水が入った容器に入れるとき，水に溶解する気体の全質量は何 g か。ただし，0℃，1.0×10^5 Pa で 1.0L の水に酸素は 6.8×10^{-2} g，窒素は 2.8×10^{-2} g 溶ける。

(　　　　　)g

▶52〈混合気体の溶解度〉 ある容器の中で酸素 1.0×10^5 Pa が水と接しており，20℃の水 1.0L に酸素は 0.048g 溶ける。次の(1)，(2)の条件下で窒素を加えたとき，水 1.0L に酸素は何 g 溶けるか。

(1) 気体の全体積一定で，酸素と同じ体積の窒素を加えた。

(　　　　　)g

(2) 気体の全圧一定で，酸素と同じ圧力の窒素を加えた。

(　　　　　)g

アドバイス

▶52

(1) 全体積一定で，同じ体積の気体を加えたとき，全圧は 2 倍になるが，酸素の分圧は変わらない。

(2) 全圧一定なので，同圧力の水に溶けにくいほかの気体を加えたとき，酸素の分圧は $\dfrac{1}{2}$ になる。

8 溶液の濃度

1 濃度の表し方

◉**質量パーセント濃度**：x〔%〕 基礎

〜溶液 100g 中に x〔g〕の溶質〜

$$x〔\%〕=\frac{溶質の質量〔g〕}{溶液の質量〔g〕}\times 100$$

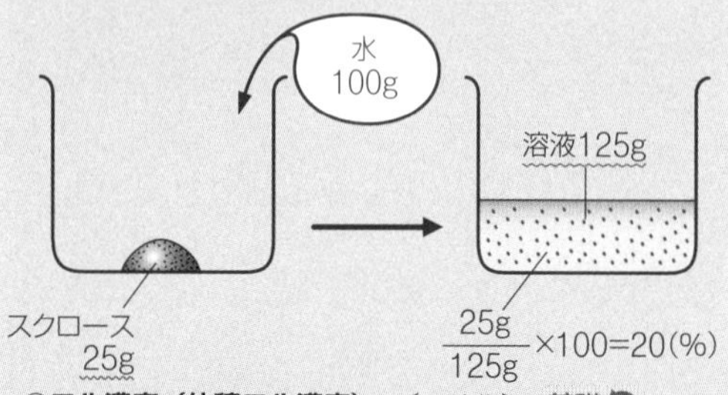

◉**モル濃度（体積モル濃度）**：y〔mol/L〕 基礎

〜溶液 1L 中に y〔mol〕の溶質〜

$$y〔mol/L〕=\frac{溶質の物質量〔mol〕}{溶液の体積〔L〕}$$

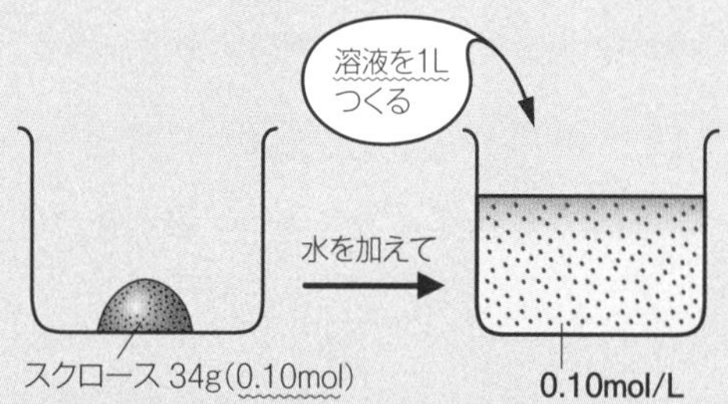

◉**質量モル濃度**：z〔mol/kg〕

〜溶媒 1kg あたりに溶けている z〔mol〕の溶質〜

$$z〔mol/kg〕=\frac{溶質の物質量〔mol〕}{溶媒の質量〔kg〕}$$

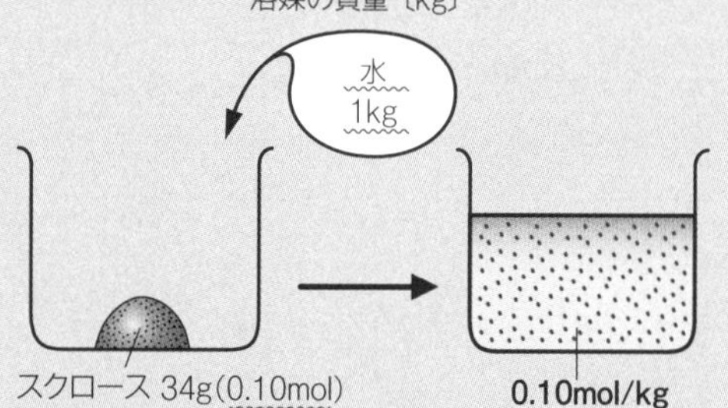

2 溶液の濃度の換算 基礎

溶液の密度を d〔g/cm³〕, 溶質のモル質量を M〔g/mol〕とすると，質量パーセント濃度 x〔%〕とモル濃度 y〔mol/L〕には次の関係がある。

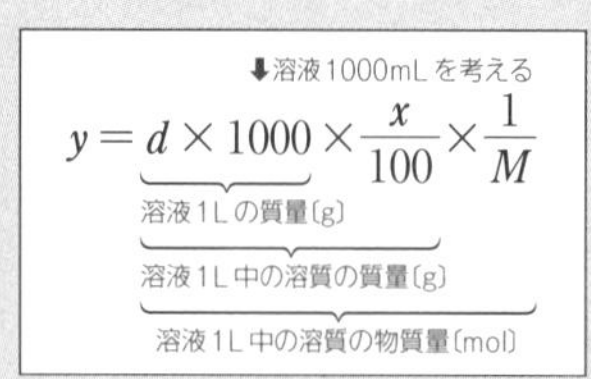

$$y=d\times 1000\times\frac{x}{100}\times\frac{1}{M}$$

ポイントチェック

（原子量）Na＝23，Cl＝35.5

基礎 □(1) 質量パーセント濃度は^{ア}(溶媒・溶液)100g 中の溶質の^{イ}(質量・物質量)である。

□(2) モル濃度は^{ア}(溶媒・溶液)1L 中の溶質の^{イ}(質量・物質量)である。

□(3) モル濃度の単位は何か。（　　　　）

□(4) 質量モル濃度は^{ア}(溶媒・溶液)1kg あたりに溶けている溶質の^{イ}(質量・物質量)である。

□(5) 質量モル濃度の単位は何か。（　　　　）

□(6) 温度が変化しても数値が変わらないのは，(モル濃度(体積モル濃度)・質量モル濃度)である。

基礎 □(7) 0.30mol の塩化ナトリウムを水に溶かして 200mL にした水溶液のモル濃度は何 mol/L か。

（　　　　）mol/L

□(8) 5.85g の塩化ナトリウムを水に溶かして 500mL にした水溶液のモル濃度は何 mol/L か。

（　　　　）mol/L

□(9) 0.10mol の塩化ナトリウムを 200g の水に溶かした水溶液の質量モル濃度は何 mol/kg か。

（　　　　）mol/kg

基礎 (10) 質量パーセント濃度(x〔%〕)をモル濃度(y〔mol/L〕)に換算するには，次の手順で行う。ただし，溶液の密度を d〔g/cm³〕，溶質のモル質量を M〔g/mol〕とする。

□① 溶液の密度 d〔g/cm³〕から溶液 1L（1000mL＝1000cm³）の質量を求める。

（　　　　）g

□② ①と質量パーセント濃度 x〔%〕から，溶液1L 中の溶質の質量を求める。

（　　　　）g

□③ ②と溶質のモル質量 M〔g/mol〕から，溶液1L 中の溶質の物質量を求める。

（　　　　）mol

□④ モル濃度 y〔mol/L〕を求める。

（　　　　）mol/L

EXERCISE

原子量 H＝1.0，O＝16，Na＝23，S＝32，Cl＝35.5，Ba＝137

▶53〈溶液の濃度〉 次の(1)～(3)の溶液の濃度を求めよ。

(1) 9.0g の NaCl が溶けている 150g の NaCl 水溶液の質量パーセント濃度

（　　　　）%

(2) NaOH 2.0g を水に溶かして 100mL とした水溶液のモル濃度

（　　　　）mol/L

(3) NaOH 2.0g を 200g の水に溶かした水溶液の質量モル濃度

（　　　　）mol/kg

基礎 **▶54〈濃度の換算〉** 質量パーセント濃度 20.0% の $BaCl_2$ 水溶液の密度は 1.20g/cm^3 である。次の問いに答えよ。

(1) この $BaCl_2$ 水溶液 1L(1000mL＝1000cm^3)の質量は何 g か。

（　　　　）g

(2) この $BaCl_2$ 水溶液 1L 中の溶質の質量は何 g か。

（　　　　）g

(3) この $BaCl_2$ 水溶液 1L 中の溶質の物質量は何 mol か。

（　　　　）mol

(4) この $BaCl_2$ 水溶液のモル濃度は何 mol/L か。

（　　　　）mol/L

▶55〈溶液の濃度〉 質量パーセント濃度 28%，密度 1.2g/cm^3 の希硫酸について，次の問いに答えよ。

(1) この希硫酸のモル濃度は何 mol/L か。

（　　　　）mol/L

(2) この希硫酸の質量モル濃度は何 mol/kg か。

（　　　　）mol/kg

アドバイス

▶54・55
質量パーセント濃度からモル濃度への換算の手順
① 溶液の密度 d〔g/cm^3〕から，溶液 1L(1000mL＝1000cm^3)の質量を求める。
② ①と質量パーセント濃度から，溶液 1L 中の溶質の質量を求める。
③ ②と溶質のモル質量 M〔g/mol〕から，溶液 1L 中の溶質の物質量を求める。
④ モル濃度を求める。

9 希薄溶液の性質

1 蒸気圧降下と沸点上昇

不揮発性物質が溶けている溶液の蒸気圧は，同温度の純粋な溶媒の蒸気圧より低い。この**蒸気圧降下**により，溶液の沸点は純粋な溶媒の沸点より高くなる(**沸点上昇**)。

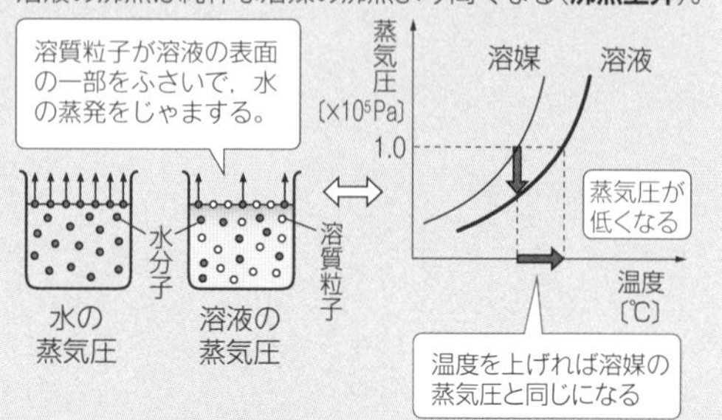

2 沸点上昇と凝固点降下

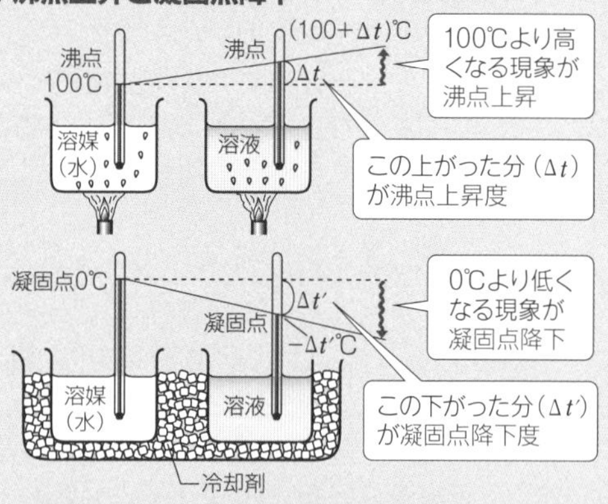

①うすい溶液では，その質量モル濃度に比例する。
(電解質の場合，イオンの物質量の和に比例する)
②溶質の種類に関係なく，溶媒の種類で決まる。

3 浸透圧

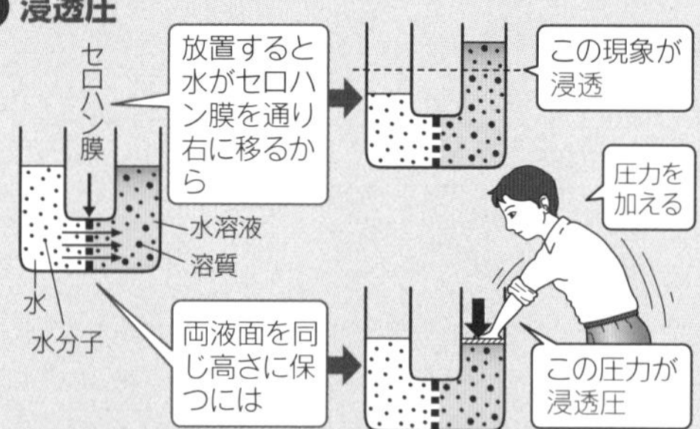

◉**ファントホッフの法則**…希薄溶液では，浸透圧 Π〔Pa〕は溶液のモル濃度 c〔mol/L〕と絶対温度 T〔K〕に比例する。このとき，比例定数は気体定数 R〔Pa·L/(K·mol)〕となる。$\Pi = cRT$

溶液の体積 V〔L〕，溶質粒子の物質量 n〔mol〕を用いて表すと，$\Pi V = nRT$ となる。

4 電解質溶液の性質

電解質溶液では，溶液中のすべての溶質粒子(イオンや電離していない分子)の物質量の合計が，沸点上昇度・凝固点降下度・浸透圧の大きさに影響する。

ポイントチェック

□(1) 液体溶媒に不揮発性の溶質を溶かすと，液体の蒸気圧が^{ア}(高く・低く)なるため，液体の沸点は^{イ}(上昇・降下)する。

□(2) (1)の沸点が変化する現象を何というか。 (　　　　)

□(3) 溶液の沸点と純粋な溶媒の沸点の差を何というか。 (　　　　)

□(4) 沸点上昇度(Δt)は，希薄溶液では質量モル濃度 m〔mol/kg〕に(比例・反比例)する。

□(5) 質量モル濃度が 1mol/kg のときの沸点上昇度を何というか。 (　　　　)

□(6) モル沸点上昇(K_b)は(溶質・溶媒)に固有の値である。

□(7) 水溶液の凝固点は，水の凝固点よりも(高・低)くなる。

□(8) (7)の現象を何というか。 (　　　　)

□(9) 溶液の凝固点と純粋な溶媒の凝固点の差を何というか。 (　　　　)

□(10) 凝固点降下度(Δt)は，希薄溶液では質量モル濃度 m〔mol/kg〕に(比例・反比例)する。

□(11) 質量モル濃度が 1mol/kg のときの凝固点降下度を何というか。 (　　　　)

□(12) モル凝固点降下(K_f)は(溶質・溶媒)に固有の値である。

□(13) 半透膜を通して，溶媒分子が溶液側に移る現象を何というか。 (　　　　)

□(14) 溶媒が溶液に浸透するのを防ぐために必要な圧力を何というか。 (　　　　)

□(15) 温度 T〔K〕で，溶液 V〔L〕中に溶質 n〔mol〕が溶けている希薄溶液の浸透圧を Π〔Pa〕，気体定数を R〔Pa·L/(K·mol)〕とすると，(　　　　＝　　　　)の関係がなりたつ。

□(16) (15)の法則を何というか。 (　　　　)

□(17) 電解質溶液では，溶液中のすべての溶質粒子(イオンや電離していない分子)の何の合計が沸点上昇度・凝固点降下度・浸透圧の大きさに影響するか。 (　　　　)

EXERCISE

原子量と定数 H＝1.0，C＝12，N＝14，O＝16，Na＝23，Cl＝35.5，Ca＝40

▶56〈溶液の沸点上昇と凝固点降下〉 次の(ア)～(ウ)の溶液を，(1)沸点の高い順，(2)凝固点の高い順に並べよ。

(ア) 0.10 mol/kg のスクロース水溶液
(イ) 0.12 mol/kg のグルコース水溶液
(ウ) 0.10 mol/kg の塩化ナトリウム水溶液

(1)　　　＞　　　＞　　　(2)　　　＞　　　＞

▶57〈溶液の沸点上昇と凝固点降下〉 次の(ア)～(オ)に示す物質 10 g をそれぞれ 1000 g の水に溶かした溶液のうち，(1)沸点の最も高いもの，(2)凝固点の最も高いものを選べ。

(ア) 塩化ナトリウム NaCl　(イ) 塩化カルシウム $CaCl_2$
(ウ) 尿素 $(NH_2)_2CO$　(エ) グルコース $C_6H_{12}O_6$
(オ) スクロース $C_{12}H_{22}O_{11}$

(1)　　　　(2)

▶58〈希薄溶液の性質〉 溶液の性質に関する次の(ア)～(オ)の記述のうち，**誤りを含むもの**を 2 つ選べ。

(ア) 不揮発性物質が溶けている溶液では，純粋な溶媒に比べて蒸気圧が高くなる。
(イ) 調理器具の圧力鍋が水の沸点 100℃より高い温度で調理できるのは，溶液の沸点上昇と関連がある。
(ウ) 水にエチレングリコールを溶かした溶液を不凍液として用いるのは，凝固点降下と関連がある。
(エ) 布が海水にぬれた場合は，水道水にぬれた場合と比べて乾きにくいが，これは蒸気圧降下と関連がある。
(オ) 海水が河川の水に比べて凍りにくいのは，凝固点降下と関連がある。

(　　　，　　　)

▶59〈凝固点降下〉 右のグラフⅠ，Ⅱは，「ベンゼンのみ」と「非電解質の 0.1 mol/kg ベンゼン溶液」の冷却曲線を表している。ベンゼンの凝固点を 5.5℃，モル凝固点降下を 5.1 K·kg/mol として，次の問いに答えよ。

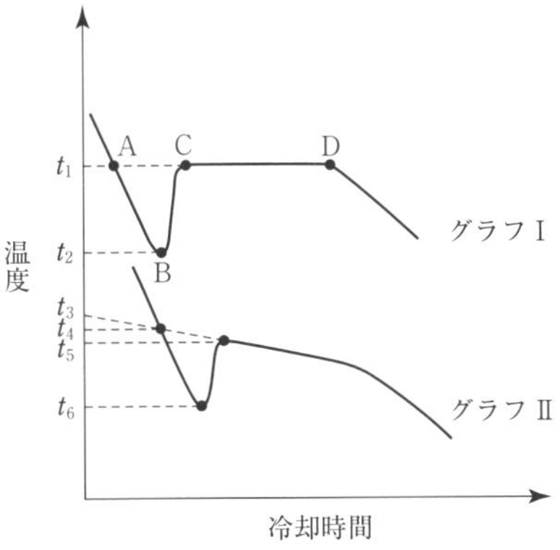

(1) ベンゼンのみのグラフはⅠ，Ⅱのどちらか。(　　　　)
(2) t_1 は何℃か。(　　　　)℃
(3) ベンゼン溶液の凝固点は t_1～t_6 のどの値か。また何℃か。(　　　　)(　　　　)℃
(4) グラフⅠで結晶が析出し始めるのは，A～D のどの点か。(　　　　)

アドバイス

▶56・57
沸点上昇度および凝固点降下度は，希薄溶液では，質量モル濃度に比例する。また，電解質溶液では，溶液中のすべての溶質粒子(イオンや電離していない分子)の質量モル濃度に相当する。

原子量 H＝1.0, C＝12, O＝16, Na＝23, Cl＝35.5

例題 10 沸点上昇と分子量 ▶60, 61

次の問いに答えよ。ただし，水のモル沸点上昇を 0.52K·kg/mol とする。

(1) グルコース $C_6H_{12}O_6$(分子量 180) 18g を水 200g に溶かした溶液の沸点は何℃か。

(2) 水 100g にある不揮発性非電解質 6.84g を溶かした溶液の沸点は，水の沸点より 0.104℃高かった。この物質の分子量を求めよ。

ここがポイント

質量モル濃度を m〔mol/kg〕，モル沸点上昇を K_b とすると，

沸点上昇度 Δt〔K〕は，$\Delta t = K_b \times m$ …①

モル質量 M〔g/mol〕の溶質(非電解質) w〔g〕を W〔g〕の溶媒に溶かした溶液の場合，

$m = \frac{w}{M} \times \frac{1000}{W}$〔mol/kg〕 …②　①，②より，$\Delta t = \frac{1000wK_b}{MW}$〔K〕，$M = \frac{1000wK_b}{W\Delta t}$ となる。

◆解法◆

(1) $\Delta t = \frac{1000wK_b}{MW}$

$= \frac{1000 \times 18 \times 0.52}{180 \times 200} = 0.26$ K より，

溶液の沸点＝100＋0.26＝100.26 (℃)

(2) $M = \frac{1000wK_b}{W\Delta t}$

$= \frac{1000 \times 6.84 \times 0.52}{100 \times 0.104} = 342$ (g/mol)

答 (1) 100.26℃ (2) 342

▶60〈沸点上昇〉 次の(1), (2)の溶液の沸点を求めよ。ただし，水のモル沸点上昇を 0.52K·kg/mol とする。

(1) グルコース $C_6H_{12}O_6$ 18g を水 500g に溶かした溶液

(　　　　　)℃

(2) 塩化ナトリウム NaCl 5.85g を水 500g に溶かした溶液

(　　　　　)℃

▶61〈沸点上昇と分子量〉 水 100g にある不揮発性非電解質 9.0g を溶かした溶液の沸点は，100.26℃であった。次の問いに答えよ。ただし，水のモル沸点上昇を 0.52K·kg/mol とする。

(1) この物質の分子量を求めよ。

(　　　　　)

(2) この溶液と同じ沸点の塩化ナトリウム水溶液をつくりたい。水 100g に塩化ナトリウムを何 g 溶かせばよいか。

(　　　　　)g

アドバイス

▶60
それぞれ，質量モル濃度〔mol/kg〕を求めて考える。

例題 11 凝固点降下と分子量①

▶62, 63, 64

次の問いに答えよ。ただし，水のモル凝固点降下を 1.85 K·kg/mol とする。

(1) 塩化ナトリウム NaCl（式量 58.5）1.17 g を水 100 g に溶かした溶液の凝固点は何℃か。

(2) 水 100 g にある不揮発性非電解質 6.84 g を溶かした溶液の凝固点は，水の凝固点より 0.370 ℃低かった。この物質の分子量を求めよ。

ここがポイント

質量モル濃度を m〔mol/kg〕，モル凝固点降下を K_f とすると，

凝固点降下度 Δt〔K〕は，$\Delta t = K_f \times m$ …①

モル質量 M〔g/mol〕の溶質（非電解質）w〔g〕を W〔g〕の溶媒に溶かした溶液の場合，

$m = \frac{w}{M} \times \frac{1000}{W}$〔mol/kg〕 …②　①，②より，$\Delta t = \frac{1000wK_f}{MW}$〔K〕，$M = \frac{1000wK_f}{W\Delta t}$〔g/mol〕となる。

◆解法◆

(1) $\Delta t = \frac{1000wK_f}{MW}$

$= \frac{1000 \times 1.17 \times 1.85}{58.5 \times 100} = 0.370\,\mathrm{K}$

ここで，$NaCl \longrightarrow Na^+ + Cl^-$ より，電離したイオンの粒子の数は NaCl の物質量の 2 倍になることから，凝固点降下度は 2 倍の $2\Delta t$〔K〕になる。

溶液の凝固点＝0－0.370×2＝－0.74（℃）

(2) $M = \frac{1000wK_f}{W\Delta t}$

$= \frac{1000 \times 6.84 \times 1.85}{100 \times 0.370} = 342$ (g/mol)

答 (1) **－0.74℃** (2) **342**

▶62〈凝固点降下〉 次の(1)，(2)の溶液の凝固点を求めよ。ただし，水のモル凝固点降下を 1.85 K·kg/mol とする。

(1) グルコース $C_6H_{12}O_6$ 9.0 g を水 250 g に溶かした溶液

（　　　　　）℃

(2) 塩化ナトリウム NaCl 4.68 g を水 200 g に溶かした溶液

（　　　　　）℃

▶63〈凝固点降下と分子量〉 次の(1)，(2)に答えよ。ただし，水のモル凝固点降下を 1.85 K·kg/mol とする。

(1) ある非電解質 34.2 g を水 200 g に溶かした溶液の凝固点が －0.925 ℃であった。この非電解質の分子量を求めよ。

（　　　　　）

(2) $AB \longrightarrow A^+ + B^-$ のように電離する物質 1.17 g を水 80 g に溶かした溶液の凝固点が －0.925 ℃であった。この電解質の式量を求めよ。

（　　　　　）

アドバイス

▶62
それぞれ，質量モル濃度〔mol/kg〕を求めて考える。

▶**64〈溶液の冷却曲線〉** 右のグラフ A は純ベンゼンを，またグラフ B は 50.0 g のベンゼンに非電解質 1.60 g を溶かした溶液をそれぞれ冷却して凝固させたときの時間と温度の関係を示している。ただし，ベンゼンのモル凝固点降下を 5.12 K·kg/mol とする。

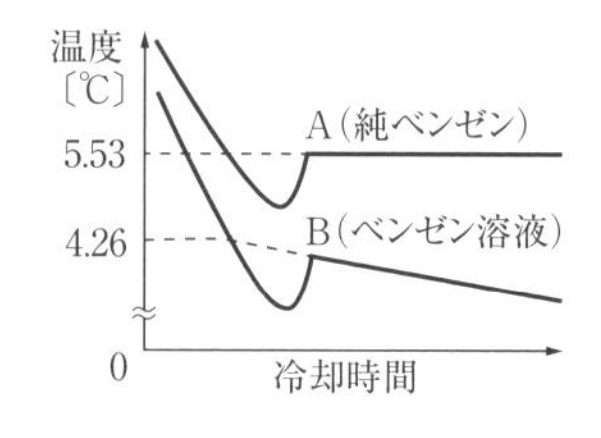

(1) このベンゼン溶液の凝固点降下度は何 K か。

（　　　　　）K

(2) この非電解質の分子量を求めよ。

（　　　　　）

アドバイス

例題 12 凝固点降下と分子量② ▶65

ある非電解質 0.240 g を 200 g のベンゼンに溶かした溶液の凝固点は，0.00200 mol のナフタレン $C_{10}H_8$ を 400 g のベンゼンに溶かした溶液の凝固点に等しい。この非電解質の分子量を求めよ。

ここがポイント

凝固点降下度 Δt〔K〕は，$\Delta t = K_f m$ …①

モル質量 M〔g/mol〕の溶質（非電解質）w〔g〕を W〔g〕の溶媒に溶かした溶液の場合，質量モル濃度 m は，

$m=\dfrac{w}{M}\times\dfrac{1000}{W}$〔mol/kg〕 …②　①，②式より，$M=\dfrac{1000wK_f}{W\Delta t}$ となる。

この問題では，$\Delta t = K_f m$ において，モル凝固点降下 K_f と凝固点降下度 Δt が等しいことから，質量モル濃度 m が等しいので，②式のみで解くことができる。

◆解法◆

ベンゼンのモル凝固点降下 K_f および凝固点降下度 Δt が等しいので，

$\Delta t = K_f m$ より，2 つの溶液の質量モル濃度 m〔mol/kg〕が等しい。求める非電解質の分子量を M とすると，

$$m=\frac{0.240}{M}\times\frac{1000}{200}=0.00200\times\frac{1000}{400}$$

よって，$M=240$

答 240

▶**65〈モル凝固点降下と分子量〉** ある溶媒 100 g に化合物 A（分子量 342）を 17.1 g 溶かすと，その溶液の凝固点は純溶媒のそれよりも 0.93 K 下がる。また，この溶媒 100 g に化合物 B を 3.0 g 溶かすと，0.93 K 下がる。このことから，次の問いに答えよ。ただし，化合物 A および B は不揮発性非電解質である。

(1) この溶媒のモル凝固点降下を求めよ。

（　　　　　）K·kg/mol

(2) 化合物 B の分子量を求めよ。

（　　　　　）

アドバイス

例題 13 浸透圧と分子量 ▶66

あるタンパク質 0.050 g を溶かした水溶液 10 mL がある。この水溶液の浸透圧を測定したところ，27 ℃で 2.4×10^2 Pa であった。このタンパク質の分子量を有効数字 2 桁で求めよ。

ここがポイント

ファントホッフの法則より，希薄溶液では，浸透圧 Π〔Pa〕は溶液のモル濃度 c〔mol/L〕と絶対温度 T〔K〕に比例する。このとき，比例定数は気体定数 R となる。 $\Pi=cRT$

この式は，溶液の体積 V〔L〕，溶質粒子の物質量 n〔mol〕を用いて表すと，$\Pi V=nRT$ となる。

ここで，溶かした溶質の質量を w〔g〕，溶質のモル質量が M〔g/mol〕とすると，溶質粒子の物質量 n は，

$n=\dfrac{w}{M}$ より，$\Pi V=\dfrac{w}{M}RT$ よって，$M=\dfrac{wRT}{\Pi V}$ となる。

◆解法◆

27 ℃は，27＋273＝300 K

10 mL＝0.010 L

求める分子量を M，質量を w〔g〕とすると，

ファントホッフの法則 $\Pi V=nRT$ より，

$$\Pi V=\frac{w}{M}RT$$

$$M=\frac{wRT}{\Pi V}=\frac{0.050\times8.3\times10^3\times300}{2.4\times10^2\times0.010}$$

$=5.18\cdots\times10^4 \fallingdotseq 5.2\times10^4$ 　**答 5.2×10^4**

▶66〈浸透圧と分子量〉 次の問いに答えよ。

(1) 0.15 mol/L のグルコース水溶液の浸透圧は 27 ℃で何 Pa か。

（　　　　　　　　）Pa

(2) ある非電解質 0.060 g を溶かした水溶液 100 mL の浸透圧が 27 ℃で 8.3×10^3 Pa であった。この非電解質の分子量を求めよ。

（　　　　　　　　）

▶67〈浸透圧と分子量〉 20 ℃において 0.80 g のデンプンを水に溶かして 100 mL にした溶液は，同じ温度における 1.0×10^{-4} mol/L のスクロース水溶液の浸透圧に等しかった。このデンプンの分子量を求めよ。

（　　　　　　　　）

▶68〈電解質水溶液の浸透圧〉 塩化ナトリウム 0.85 g を水に溶かして 100 mL にした溶液は，37 ℃において人体内の血液と同じ浸透圧を示す。この温度における血液の浸透圧は何 Pa か。ただし，塩化ナトリウムは完全に電離しているものとする。

（　　　　　　　　）Pa

アドバイス

▶68
溶質が電解質の場合，浸透圧は電離したイオンの総物質量によって決まる。
ファントホッフの法則 $\Pi V=nRT$ の n は，イオンの物質量を用いる。
NaCl 1 mol が完全に電離すると，Na^+ 1 mol と Cl^- 1 mol の合計 2 mol のイオンを生じる。

10 コロイド溶液

1 コロイド溶液

・直径が 10^{-9}～10^{-7}m(1～100nm)程度の粒子(**コロイド粒子**)が液体に分散すると**コロイド溶液**になる。

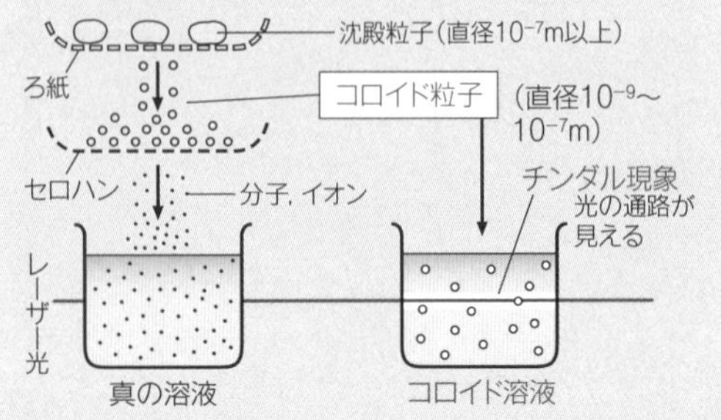

・流動性のあるコロイド溶液を**ゾル**，ゾルが流動性を失い固まったもの(ゼラチン，寒天など)を**ゲル**という。

2 コロイドの分類

ミセルコロイド(セッケンなど)	イオンや分子が多数集まってコロイド粒子をつくっている。
分子コロイド(デンプンなど)	分子1個でコロイド粒子の大きさになっている。

疎水コロイド	水分子と親和性が低く，同種の電荷の反発により分散している。
親水コロイド	水分子と親和性が高く，多数の水分子と水和して分散している。

3 コロイド溶液の性質

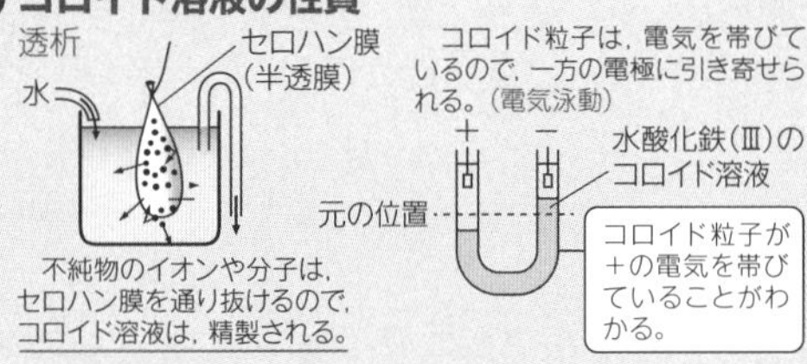

4 凝析・塩析・保護コロイド

コロイド粒子は，電解質を加えると，集合し沈殿する。

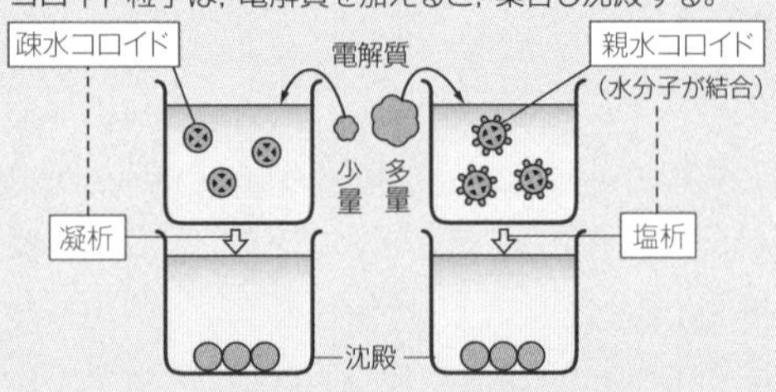

沈殿しやすい疎水コロイドを保護するために加える親水コロイドを，特に保護コロイドという。

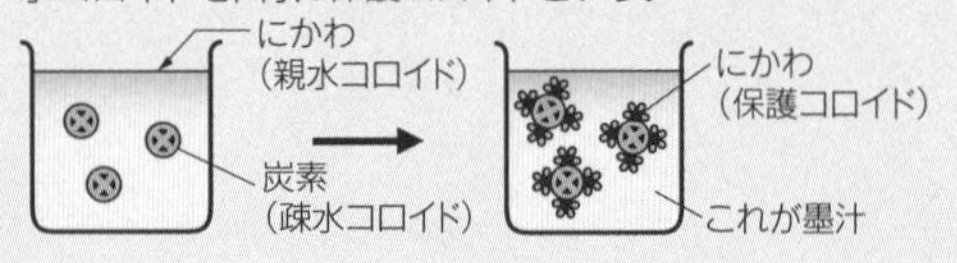

ポイントチェック

□(1) 直径が 10^{-9}～10^{-7}m(1～100nm)程度の粒子で，気体，液体，または固体に均一に分散しているものを何粒子というか。(　　　　)粒子

□(2) 流動性のあるコロイド溶液を何というか。(　　　　)

□(3) ゾルが流動性を失い固まったものを何というか。(　　　　)

□(4) イオンや分子が多数集まってコロイド粒子の大きさになっているコロイドを何というか。(　　　　)

□(5) 分子1個でコロイド粒子の大きさになっているコロイドを何というか。(　　　　)

□(6) コロイド粒子が光を散乱させ，光の通路が輝いて見える現象を何というか。(　　　　)

□(7) コロイド粒子が熱運動する分散媒の粒子に衝突されて行う不規則な運動を何というか。(　　　　)

□(8) 半透膜を利用して，コロイド溶液を精製する操作を何というか。(　　　　)

□(9) コロイド溶液に直流電圧をかけると，帯電しているコロイド粒子が，反対符号の電極へ移動する現象を何というか。(　　　　)

□(10) 疎水コロイドの水溶液に少量の電解質を加えると，コロイド粒子が沈殿する。この現象を何というか。(　　　　)

□(11) 親水コロイドの水溶液に電解質を多量に加えると，コロイド粒子が沈殿する。この現象を何というか。(　　　　)

□(12) 疎水コロイドに親水コロイドを加えると，凝析しにくくなる。このような親水コロイドを何というか。(　　　　)

□(13) (疎水・親水)コロイドは，水分子と親和性が低く，同種の電荷の反発により分散している。

□(14) (疎水・親水)コロイドは，水分子と親和性が高く，多量の水分子と水和して分散している。

□(15) 凝析を起こしやすいイオンは，コロイド粒子とア(同じ・異なる)電荷をもち，価数のイ(大きい・小さい)ものである。

EXERCISE

▶**69〈透析〉** 次の(ア)〜(オ)の物質の水溶液をセロハンの袋で透析するとき，袋の中に溶質が残るものを１つ選べ。

(ア) 塩化ナトリウム　(イ) 塩酸　(ウ) エタノール
(エ) デンプン　(オ) 尿素　(　　)

▶**70〈凝析効果の大小〉** 粘土のコロイド粒子は負に帯電している。粘土のコロイド溶液を凝析させるには，次のどのイオンを含む溶液が最も有効か。

(ア) Na^+　(イ) K^+　(ウ) Ca^{2+}　(エ) Mg^{2+}　(オ) Al^{3+}　(カ) $PO_4{}^{3-}$
(　　)

▶**71〈親水コロイド〉** 親水コロイドが，疎水コロイドに比べて一般に安定で，凝析しにくいのは，おもに次の(ア)〜(エ)のどの性質によるものか。

(ア) 水分子を強く吸着している。　(イ) 多くの電気を帯びている。
(ウ) 粒子が軽い。　(エ) 粒子が小さい。　(　　)

▶**72〈コロイド溶液の調製〉** 少量の塩化鉄(Ⅲ)水溶液を，沸騰水に加えたところ，濃い赤褐色の水酸化鉄(Ⅲ)のコロイド粒子を含む溶液になった。これをセロハンの袋に入れて，純水の中につるした。しばらくすると，セロハンの袋の外側の水には，どのようなイオンが多く含まれるようになるか，次の(ア)〜(オ)から１つ選べ。

(ア) H^+ と Cl^-　(イ) Fe^{3+} と Cl^-　(ウ) Fe^{3+} と OH^-
(エ) H^+ と Fe^{3+}　(オ) Fe^{3+} と Cl^- と OH^-　(　　)

▶**73〈コロイドの性質〉** 次の(1)〜(7)の現象と最も関係の深い語句を，下の(ア)〜(キ)から１つずつ選べ。

(1) 霧や雲の中を強い光が通るとき，光の進路が明るく輝いて見える。
(　　)
(2) 川が海に接する河口に泥が沈積して，三角州ができる。(　　)
(3) 墨汁は，ニカワを入れて炭素の粉を安定に分散させている。(　　)
(4) 豆乳ににがり($MgCl_2$ を含む)を入れると，固まって豆腐ができる。
(　　)
(5) 食塩を含んだデンプン水溶液をセロハンの袋に入れて流水中に浸しておくと，食塩だけが洗い流されて，デンプンがセロハンの袋の中に残る。
(　　)
(6) 水でうすめた牛乳を限外顕微鏡で見ると，小さい粒子がたえず不規則な運動をしているのが観察される。(　　)
(7) 泥水を水でうすめて U 字管に入れ，管口にそれぞれ炭素電極を入れて，高圧の直流電源につなぐと，陰極側のにごりがうすくなり，陽極側がにごってくる。(　　)

(ア) ブラウン運動　(イ) 透析　(ウ) チンダル現象　(エ) 塩析
(オ) 凝析　(カ) 電気泳動　(キ) 保護コロイド

アドバイス

▶**69**
小さな分子やイオンは，セロハンなどの半透膜を通過する。

▶**70**
コロイド粒子の帯電の符号と反対符号の電荷をもつイオンによって凝析する。イオンの価数が大きいイオンのほうが凝析させる力が大きい。

▶**73**
(2)(4) 疎水コロイドに少量の電解質，親水コロイドに多量の電解質を加えると，コロイド粒子が沈殿する。：凝析，塩析
(6) 限外顕微鏡を用いると，コロイド粒子の不規則な運動が観察できる。：ブラウン運動
(7) コロイド溶液に直流電圧をかけると，コロイド粒子が一方の電極に引き寄せられる。：電気泳動

章末問題

1 分子間にはたらく力に関する記述として下線部に**誤りを含むもの**を，次の①～④のうちから一つ選べ。

① Ne の沸点は Ar よりも低い。これは，Ne と Ne の間のファンデルワールス力が，Ar と Ar の間より強いためである。

② H_2S の沸点は同程度の分子量をもつ F_2 よりも高い。これは，H_2S は極性分子であり，H_2S 分子間に静電気的な引力がはたらくためである。

③ 氷の密度は液体の水よりも小さい。これは，水素結合により H_2O 分子が規則的に配列することで，氷の結晶がすき間の多い構造になるためである。

④ HF の沸点は HBr よりも高い。これは，HF 分子間に水素結合が形成されるためである。

[2019年センター試験] ➲p.2 **3**，▶4

（　　　）

2 液体の飽和蒸気圧は，右図に示すような装置を用いて測定できる。大気圧 1.013×10^5 Pa，温度 25 ℃で次の**実験Ⅰ・Ⅱ**を行った。このとき，化合物 X の液体の飽和蒸気圧は何 Pa になるか。最も適当な数値を，下の①～⑤のうちから一つ選べ。ただし，ガラス管内にある化合物 X の液体の体積と質量は無視できるものとする。

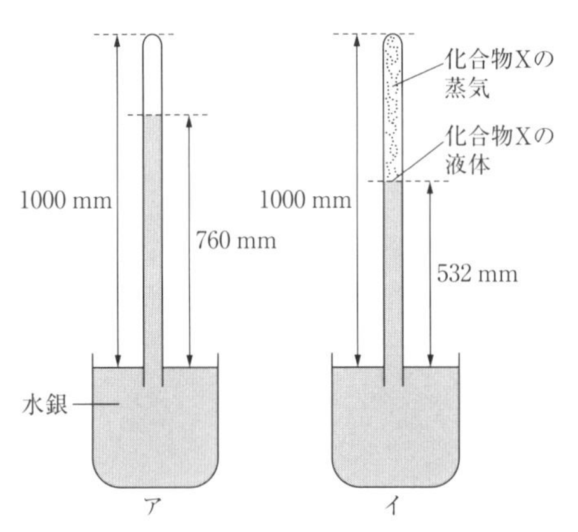

実験Ⅰ 一端を閉じたガラス管を水銀で満たして倒立させると，管の上部は真空になった。このとき，水銀柱の高さは 760 mm になった(図，ア)。

実験Ⅱ 実験Ⅰののち，ガラス管の下端から上部の空間に少量の化合物 X の液体を注入した。気液平衡に達したとき，水銀柱の高さは 532 mm になった（図，イ)。

① 2.3×10^4　② 3.0×10^4　③ 5.4×10^4　④ 6.2×10^4　⑤ 7.1×10^4

[2020年センター試験　改] ➲p.4 **4**

（　　　）

3 右図は，ある純物質がさまざまな温度 T と圧力 P のもとで，どのような状態をとるかを示した状態図である。ただし，A は三重点であり，B は臨界点で，T_B と P_B はそれぞれ臨界点の温度と圧力である。この状態図に関する記述として**誤りを含むもの**を，次の①～⑤のうちから一つ選べ。

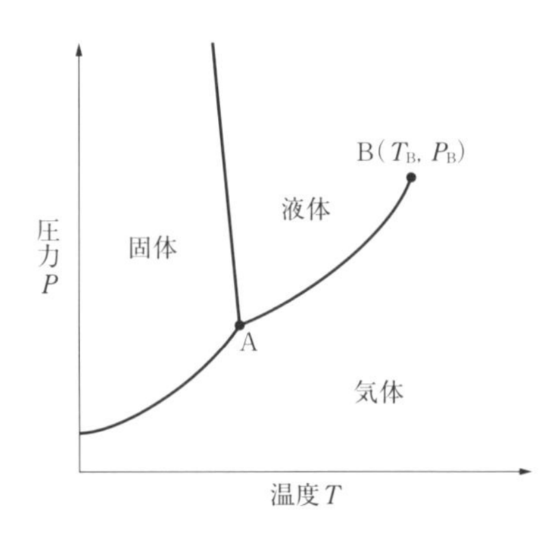

① 三重点 A では，固体，液体，気体が共存する。

② T_B よりも温度が高く，かつ P_B よりも圧力が高くなると，液体とも気体とも区別がつかなくなる。

③ 液体の沸点は，圧力が高くなると高くなる。

④ 固体が昇華する温度は，圧力が高くなると高くなる。

⑤ 固体の融点は，圧力が高くなると高くなる。

[2020年センター試験　改] ➲▶8

（　　　）

4 単位格子の一辺の長さ L〔cm〕の体心立方格子の構造をもつモル質量 M〔g/mol〕の原子からなる結晶がある。この結晶の密度が d〔g/cm^3〕であるとき，アボガドロ定数 N_A〔/mol〕を表す式として最も適当なものを，次の①～⑥のうちから一つ選べ。

① $\dfrac{L^3d}{M}$　② $\dfrac{L^3d}{2M}$　③ $\dfrac{2L^3d}{M}$　④ $\dfrac{M}{L^3d}$　⑤ $\dfrac{2M}{L^3d}$　⑥ $\dfrac{M}{2L^3d}$

〔2021年大学入学共通テスト〕➲p.6 **2**，▶**13**，**14**

（　　　）

5 右図の立方体はダイヤモンドの単位格子を示しており，炭素原子は立方体の各頂点 8 か所，各面心 6 か所，および内部 4 か所にある。単位格子の 1 辺の長さを a〔cm〕，炭素のモル質量を M〔g/mol〕，アボガドロ定数を N_A〔/mol〕としたとき，ダイヤモンドの密度 d〔g/cm^3〕を表す式として正しいものを，次の①～⑥のうちから一つ選べ。

〔2019年センター試験　改〕➲▶**13**

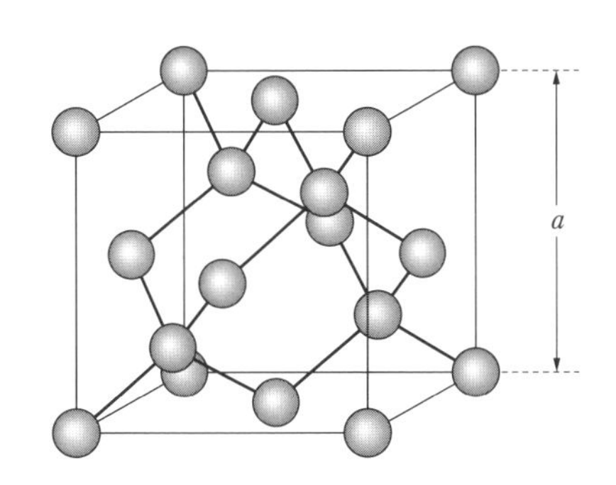

① $\dfrac{6MN_A}{a^3}$　② $\dfrac{6M}{a^3N_A}$　③ $\dfrac{8MN_A}{a^3}$　④ $\dfrac{8M}{a^3N_A}$　⑤ $\dfrac{18MN_A}{a^3}$　⑥ $\dfrac{18M}{a^3N_A}$

（　　　）

6 いろいろな物質の結晶・非晶質に関する記述として**誤りを含むもの**を，次の①～⑤のうちから一つ選べ。

① 共有結合でできている結晶には，分子結晶に比べて融点が高いものが多い。

② 金属結晶では，面心立方格子をとる原子の配位数は体心立方格子をとる原子の配位数より多い。

③ イオン結晶では，単位格子に含まれる陽イオンと陰イオンの数の比は，組成式で示されるイオンの数の比と等しい。

④ すべての単体の結晶は共有結合でできている。

⑤ 非晶質は一定の融点を示さない。

〔2019年センター試験〕➲p.6 **1**，**2**，**3**，▶**13**，**14**

（　　　）

❼ 揮発性の純物質 A の分子量を求めるための実験を行った。内容積が 500 mL の容器に A の液体を約 2 g 入れ，小さな穴をあけたアルミニウム箔（はく）で口をふさいだ。これを，右図のように 87 ℃の温水に浸し，A を完全に蒸発させて容器内を 87 ℃の A の蒸気のみで満たした。その後，この容器を冷却したところ，容器内の A の蒸気はすべて液体になり，その質量は 1.4 g であった。A の分子量はいくらか。最も適当な数値を，次の①～⑤のうちから一つ選べ。ただし，大気圧は 1.0×10^5 Pa であり，気体定数は $R = 8.3 \times 10^3$ Pa·L/(K·mol) とする。

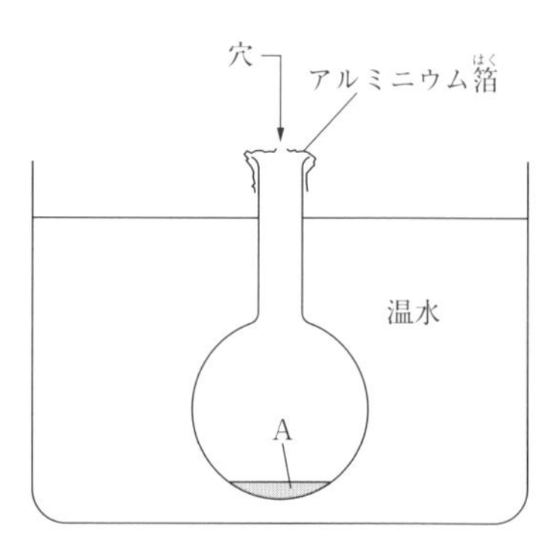

① 20　② 63　③ 84　④ 110　⑤ 120

[2019年センター試験　改] ➲ p.12 ❷，▶ 24

（　　　）

❽ 容積 x〔L〕の容器 A と容積 y〔L〕の容器 B がコックでつながれている。容器 A には 1.0×10^5 Pa の窒素が，容器 B には 3.0×10^5 Pa の酸素が入っている。コックを開いて二つの気体を混合したとき，全圧が 2.0×10^5 Pa になった。x と y の比 $x : y$ として最も適当なものを，次の①～⑤のうちから一つ選べ。ただし，コック部の容積は無視する。また，容器 A，B に入っている気体の温度は同じであり，混合の前後で変わらないものとする。

① 3：1　② 2：1　③ 1：1　④ 1：2　⑤ 1：3

[2021年大学入学共通テスト] ➲ p.12 ❸，▶ 27，28

（　　　）

❾ 同じ物質量の H_2 と N_2 のみを密閉容器に入れ，温度 t〔℃〕に保ったところ，混合気体の全圧が P〔Pa〕になった。気体定数を R〔Pa·L/(K·mol)〕としたとき，混合気体の密度 d〔g/L〕を表す式はどれか。正しいものを，次の①～⑥のうちから一つ選べ。ただし，H_2 と N_2 は反応しないものとする。

① $\dfrac{7.5P}{R(t+273)}$　② $\dfrac{15P}{R(t+273)}$　③ $\dfrac{30P}{R(t+273)}$　④ $\dfrac{R(t+273)}{7.5P}$

⑤ $\dfrac{R(t+273)}{15P}$　⑥ $\dfrac{R(t+273)}{30P}$

[2020年センター試験] ➲ p.12 ❶，❸

（　　　）

10 酸素は，圧力 1.0×10^5 Pa のもとで，40 ℃の水 1.0L に 1.0×10^{-3} mol 溶解し，平衡に達する。2.0×10^5 Pa の酸素が，40 ℃の水 10L に接して溶解平衡にあるとき，この水に溶けている酸素の質量は何 g か。最も適当な数値を，次の①～⑥のうちから一つ選べ。

① 0.016　② 0.032　③ 0.064　④ 0.16　⑤ 0.32　⑥ 0.64

［2019年センター試験］➲p.20 2，▶47，48，49

（　　　）

11 溶媒 1kg に溶けている溶質の量を物質量〔mol〕で表した濃度は，質量モル濃度〔mol/kg〕とよばれる。ある溶液のモル濃度が C〔mol/L〕，密度が d〔g/cm^3〕，溶質のモル質量が M〔g/mol〕であるとき，この溶液の質量モル濃度を求める式はどれか。正しいものを，次の①～⑤のうちから一つ選べ。

① $\dfrac{C}{1000d}$　② $\dfrac{1000CM}{d}$　③ $\dfrac{CM}{10d}$　④ $\dfrac{C}{1000d-CM}$　⑤ $\dfrac{1000C}{1000d-CM}$

［2018年センター試験］➲p.26 1，▶53，55

（　　　）

12 物質 A，B，C について，それぞれ質量モル濃度 0.10 mol/kg の水溶液をつくり，凝固点降下度を測定した。その結果を右表に示す。ただし，物質 A，B，C は，2 種類の電解質（電離度 1）と 1 種類の非電解質である。この実験結果から推測される記述として，**誤りを含むもの**を，次の①～④のうちから一つ選べ。

	凝固点降下度〔K〕
物質 A の水溶液	0.57
物質 B の水溶液	0.19
物質 C の水溶液	0.38

① 0.010 mol/kg のグルコース水溶液の凝固点降下度は 0.019 K である。
② 0.010 mol/kg の酢酸水溶液の凝固点降下度は 0.038 K である。
③ 0.010 mol/kg の塩化カリウム水溶液の凝固点降下度は 0.038 K である。
④ 0.010 mol/kg の塩化マグネシウム水溶液の凝固点降下度は 0.057 K である。

［2020年センター試験・追試　改］➲p.28 2，4，▶62

（　　　）

11 化学反応と熱エネルギー

1 熱量

熱エネルギーの量のことを**熱量**といい，単位は **J**（**ジュール**）を用いる。熱量は次のように計算される。

熱量〔J〕＝質量〔g〕×比熱〔J/(g·K)〕×温度変化〔K〕

＊比熱…物質 1g の温度を 1K 上昇させるのに必要な熱量

2 熱とエンタルピー

物質が状態変化や化学変化をすると，熱の出入りが起こる。このときに放出したり吸収したりする熱を**反応熱**という。また，この熱の出入りは，物質がもつ固有のエネルギーである**エンタルピー**（H）という量で示される。

熱を放出する反応を**発熱反応**，吸収する反応を**吸熱反応**という。

3 化学反応にともなう熱の表し方

化学反応にともなう熱の出入りは，**エンタルピー変化** ΔH として，符号とともに化学反応式の後ろに書かれる。エンタルピー変化 ΔH は生成物と反応物のエンタルピーの差である。 $\Delta H = H_{生成物} - H_{反応物}$

エンタルピー変化の表し方

(1) 化学反応式の後ろに，「ΔH＝○○ kJ」のように符号（発熱反応－，吸熱反応＋）とともに記入する。

(2) 物質のもつエンタルピーは状態によって異なるので，化学式の後ろに（気）などの状態を記入する。同素体がある場合も記入する。

※着目した物質 1mol のエンタルピー変化で記入するので，反応式の係数が分数になることもある。

例 メタン 1mol が燃焼すると，891kJ の発熱がある。

CH_4（気）＋$2O_2$（気） ⟶ CO_2（気）＋$2H_2O$（液）

$\Delta H = -891$ kJ

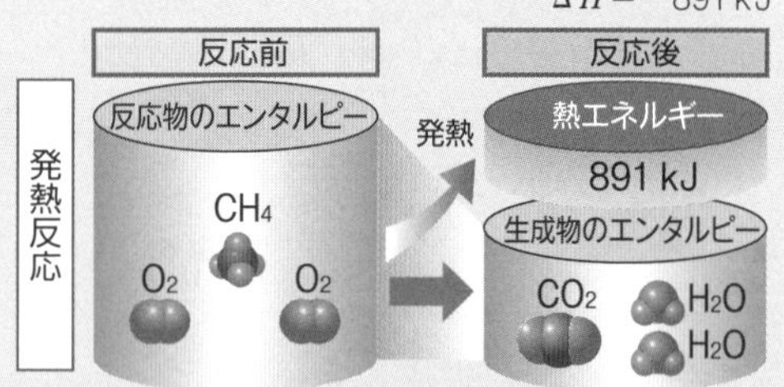

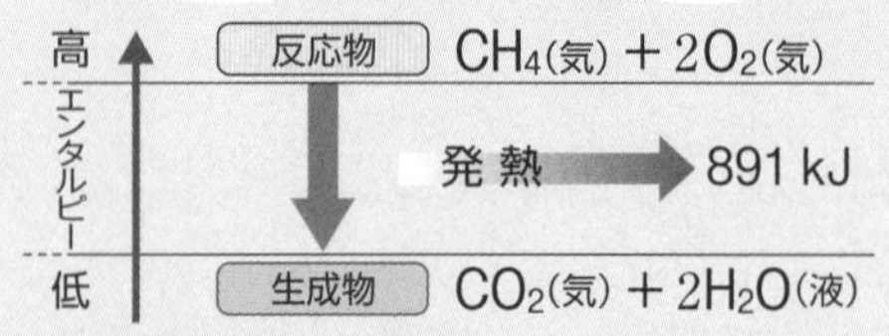

4 いろいろな反応エンタルピー

◉**燃焼エンタルピー**…物質 1mol が完全燃焼するときの反応エンタルピー。一般に生成する H_2O は液体であり，必ず H_2O の状態（液体）を記入する。

◉**生成エンタルピー**…物質 1mol がその成分元素の単体からできるときの反応エンタルピー

◉**中和エンタルピー**…酸と塩基の中和反応で，水 1mol ができるときの反応エンタルピー

◉**溶解エンタルピー**…物質 1mol を多量の溶媒に溶かすときの反応エンタルピー

ポイントチェック

□(1) 熱量の単位は何か。 （　　　　）

□(2) 物質 1g の温度を 1K 上昇させるのに必要な熱量を何というか。 （　　　　）

□(3) 熱量は次のように求める。

ア（　　　　）〔g〕×比熱×イ（　　　　）〔K〕

□(4) 状態変化や化学変化にともなって，放出したり吸収したりする熱量を（　　　　）という。

□(5) 熱を放出する反応を（　　　　）という。

□(6) 熱を吸収する反応を（　　　　）という。

□(7) 化学反応にともなう熱の出入りは，化学反応式の後ろに（　　　　）ΔH を記入して示す。

□(8) エンタルピー変化 ΔH は，発熱反応のときア（＋・－），吸熱反応のときイ（＋・－）で表す。

□(9) 物質のもつエネルギーはその状態によって異なるので，エンタルピー変化を表すとき，化学式の後に何を書くか。 （　　　　）

□(10) 着目する物質（　　　　）mol の反応エンタルピーなので，係数が分数になることがある。

□(11) 物質 1mol が完全燃焼するときの反応エンタルピーを何というか。（　　　　）

□(12) 物質 1mol がその成分元素の単体からできるときの反応エンタルピーを何というか。

（　　　　）

□(13) 酸と塩基の中和反応で，水 1mol ができるときの反応エンタルピーを何というか。

（　　　　）

□(14) 物質 1mol が多量の溶媒に溶けるときの反応エンタルピーを何というか。

（　　　　）

□(15) 固体 1mol が融解して液体になるときのエンタルピー変化を何というか。

（　　　　）

□(16) 液体 1mol が凝固して固体になるときのエンタルピー変化を何というか。

（　　　　）

□(17) 液体 1mol が蒸発して気体になるときのエンタルピー変化を何というか。

（　　　　）

□(18) 気体 1mol が凝縮して液体になるときのエンタルピー変化を何というか。

（　　　　）

EXERCISE

原子量　H＝1.0，C＝12，O＝16，Na＝23

▶74〈エンタルピー変化の表し方〉 次の(1)～(7)を化学反応式と ΔH で示せ。

(1)　メタン(気) CH_4 1mol が完全燃焼すると，水と二酸化炭素が生成し，891kJ の発熱があった。

(　　　　　　　　　　　　　　　　　　　　　　　　　　)

(2)　水素と窒素が反応すると，アンモニア(気)が生成し，アンモニア(気)が 1mol 生成するとき 46kJ の発熱があった。

(　　　　　　　　　　　　　　　　　　　　　　　　　　)

(3)　一酸化炭素の生成エンタルピーは －111kJ/mol である。

(　　　　　　　　　　　　　　　　　　　　　　　　　　)

(4)　塩酸と水酸化ナトリウム水溶液の中和エンタルピーは －57kJ/mol である。

(　　　　　　　　　　　　　　　　　　　　　　　　　　)

(5)　硫酸の水への溶解エンタルピーは －95kJ/mol である。

(　　　　　　　　　　　　　　　　　　　　　　　　　　)

(6)　1mol の水が蒸発したとき，周りから 44kJ の熱を奪った。

(　　　　　　　　　　　　　　　　　　　　　　　　　　)

(7)　氷の融解エンタルピーは 6.0kJ/mol である。

(　　　　　　　　　　　　　　　　　　　　　　　　　　)

▶75〈エンタルピー変化を表す化学反応式のつくり方〉 次の(1)～(3)を化学反応式と ΔH で示せ。

(1)　炭素(黒鉛) 6.0g を空気中で完全燃焼させたとき，197kJ の熱が発生した。

(　　　　　　　　　　　　　　　　　　　　　　　　　　)

(2)　水素と塩素が反応して塩化水素が 1mol 生成すると，92kJ の熱が発生した。

(　　　　　　　　　　　　　　　　　　　　　　　　　　)

(3)　固体の水酸化ナトリウム 2.0g を水に溶かしたとき，2.25kJ の熱が発生した。

(　　　　　　　　　　　　　　　　　　　　　　　　　　)

▶76〈化学反応式と反応エンタルピー〉 次のエンタルピー変化を表す化学反応式について，下の問いに答えよ。

$$C(黒鉛) + O_2(気) \longrightarrow CO_2(気) \quad \Delta H = -394\,kJ$$

(1)　炭素(黒鉛) 18g を完全燃焼させると，発生する熱は何 kJ か。

(　　　　　　)kJ

(2)　炭素(黒鉛)を燃焼させると，1379kJ の熱が発生した。燃焼させた炭素(黒鉛)は何 g か。また，発生した二酸化炭素は標準状態で何 L か。

炭素(　　　　　)g　二酸化炭素(　　　　　)L

アドバイス

▶74
注目すべき物質を 1mol として，化学反応式を書き，それぞれの物質の状態を加え，化学反応式の後ろにエンタルピー変化を記入する。
(4)(5)　NaOHaq が水酸化ナトリウム水溶液を示すように，化学式の後に aq が書かれていると水溶液を示す。
(7)　氷の融解は「氷→水」の変化で吸熱である。

▶75
注目すべき物質が 1mol となるようにエンタルピー変化を計算し，注目する物質が 1mol となるように化学反応式を書く。
(1)　炭素(黒鉛)を 1mol とする。
(2)　塩化水素を 1mol とする。
(3)　水酸化ナトリウムを 1mol とする。

▶76
エンタルピー変化を表す化学反応式から，1mol の炭素が燃焼すると，394kJ の発熱がある。

12 ヘスの法則と結合エネルギー

1 ヘスの法則(総熱量保存の法則)

反応エンタルピーの大きさは，反応前と反応後の物質の種類・状態で決まり，**反応の経路には無関係**である。

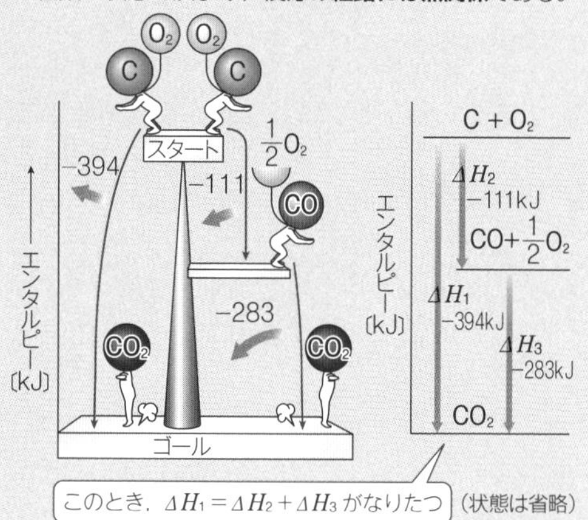

このとき，$\Delta H_1 = \Delta H_2 + \Delta H_3$ がなりたつ (状態は省略)

2 ヘスの法則の応用

ヘスの法則を用いると，実測することが困難な反応エンタルピー(例えば上図の ΔH_2)を，すでにわかっている別の経路の反応エンタルピーを用いて求めることができる。

炭素の燃焼エンタルピー(ΔH_1)

C(黒鉛) + O_2(気) ⟶ CO_2(気)

$\Delta H_1 = -394$ kJ …①

一酸化炭素の燃焼エンタルピー(ΔH_3)

CO(気) + $\frac{1}{2}O_2$(気) ⟶ CO_2(気)

$\Delta H_3 = -283$ kJ …②

一酸化炭素の生成エンタルピー(ΔH_2)

C(黒鉛) + $\frac{1}{2}O_2$(気) ⟶ CO(気)

$\Delta H_2 = x$〔kJ〕 …③

①式＝②式＋③式より，

$\Delta H_1 = \Delta H_3 + \Delta H_2$

-394 kJ $= x$〔kJ〕-283 kJ　　$x = -111$ kJ

また，エンタルピーを表す図からも求めることができる。

＊この例では，ΔH_1(炭素の燃焼エンタルピー)と ΔH_3(一酸化炭素の燃焼エンタルピー)を用いて，一酸化炭素の生成エンタルピー(ΔH_2)を求めたことになる。

3 生成エンタルピーと反応エンタルピーの関係

ヘスの法則を用いると，反応エンタルピーは生成エンタルピーと次のような関係になる。

反応エンタルピー＝(生成物の生成エンタルピーの総和)
−(反応物の生成エンタルピーの総和)

4 結合エネルギー

気体の状態で，分子内の共有結合を切断するのに必要なエネルギーを**結合エネルギー**という。結合 1 mol あたりのエンタルピー変化で表す。

例　H−H の結合エネルギー 436 kJ/mol

H_2(気) ⟶ 2H(気)　$\Delta H = +436$ kJ

ポイントチェック

□(1) 反応エンタルピーの大きさは，ア(　　　　　)とイ(　　　　　)の物質の種類・状態で決まり，反応の経路には無関係である。この法則を何というか。ウ(　　　　　)

□(2) 物質 A が物質 C に変化したときの反応エンタルピーを ΔH_1，物質 A が物質 B に変化したときの反応エンタルピーを ΔH_2，物質 B が物質 C に変化したときの反応エンタルピーを ΔH_3 とすると，ΔH_1＝(　　　　　)がなりたつ。

□(3) 反応に関係するすべての物質の生成エンタルピーがわかっていれば，反応エンタルピーは次のように求められる。

反応エンタルピー
＝ア(　　　　)の生成エンタルピーの総和
−イ(　　　　)の生成エンタルピーの総和

□(4) 気体の状態で，分子内の共有結合を切断するのに必要なエネルギーを何というか。
(　　　　　)

□(5) 結合エネルギーは，共有結合(　　　)mol を切断するのに必要なエネルギーである。

□(6) 反応に関係するすべての物質の結合エネルギーがわかっていれば，反応エンタルピーは次のように求められる。

反応エンタルピー
＝ア(　　　　)の結合エネルギーの総和
−イ(　　　　)の結合エネルギーの総和

□(7) 反応が進む方向を決める要因である物質の乱雑さを表すものを何というか。
(　　　　　)

5 結合エネルギーと反応エンタルピーの関係

ヘスの法則を用いると，反応エンタルピーは結合エネルギーと次のような関係になる。

反応エンタルピー＝(反応物の結合エネルギーの総和)
−(生成物の結合エネルギーの総和)

例　$2H_2$(気) + O_2(気) ⟶ $2H_2O$(気) の反応エンタルピー

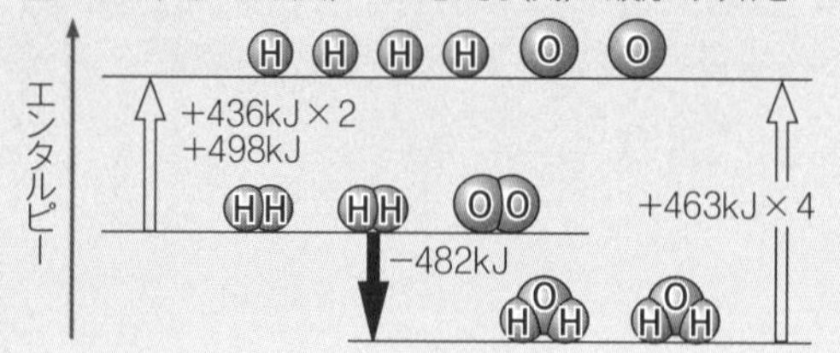

EXERCISE

例題 14 ヘスの法則と生成エンタルピー ▶77, 78, 79

次のエンタルピー変化を含む化学反応式を用いて，三酸化硫黄(気)SO_3 の生成エンタルピーを求めよ。

S(固)＋O_2(気) ⟶ SO_2(気)　$\Delta H_1 = -297\,kJ$　…①

SO_2(気)＋$\frac{1}{2}O_2$(気) ⟶ SO_3(気)　$\Delta H_2 = -100\,kJ$　…②

ここがポイント

生成熱は，化合物 1 mol が成分単体から生成するときの反応エンタルピーである。求めるエンタルピー変化を含む化学反応式を作成し，与えられた式を何倍かして足し，求める化学反応式を導く。

◆解法◆

求める生成エンタルピーを $\Delta H_3 = x$〔kJ/mol〕とし，硫黄と酸素から三酸化硫黄が生成するときのエンタルピー変化を含む化学反応式をつくる。

S(固)＋$\frac{3}{2}O_2$(気) ⟶ SO_3(気)　$\Delta H_3 = x$〔kJ〕　…③

③式と①式を比較すると，S(固)の係数が同じであるため，①式をそのまま用いる。③式と②式を比較すると，SO_3(気)の係数が同じであるため，②式もそのまま用いる。

よって，③式＝①式＋②式となる。

ヘスの法則より，$\Delta H_3 = \Delta H_1 + \Delta H_2$ であるため，

$x = -297\,kJ - 100\,kJ$

$= -397\,kJ$

したがって，

S(固)＋$\frac{3}{2}O_2$(気) ⟶ SO_3(気)　$\Delta H_3 = -397\,kJ$

答　$-397\,kJ/mol$

【別解】ヘスの法則から，右のようなエンタルピー変化を表す図がかける。これより，次のように求めることができる。

$x = -297\,kJ + (-100\,kJ)$

$= -397\,kJ$

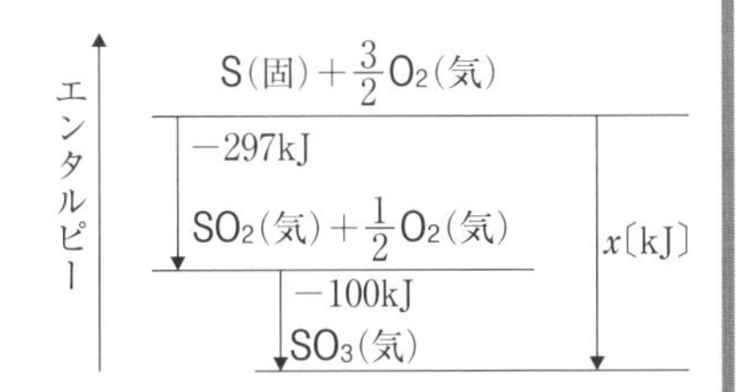

▶77〈ヘスの法則と生成エンタルピー〉 次のエンタルピー変化を含む化学反応式を用いて，アンモニア(気)の生成エンタルピー〔kJ/mol〕を求めよ。

$2H_2$(気)＋O_2(気) ⟶ $2H_2O$(気)　$\Delta H = -484\,kJ$

$4NH_3$(気)＋$3O_2$(気) ⟶ $2N_2$(気)＋$6H_2O$(気)　$\Delta H = -1267\,kJ$

(　　　　　)kJ/mol

▶78〈ヘスの法則と燃焼エンタルピー〉 メタン CH_4(気)の生成エンタルピーを $-75\,kJ/mol$，炭素C(黒鉛)の燃焼エンタルピーを $-394\,kJ/mol$，水 H_2O(液)の生成エンタルピーを $-286\,kJ/mol$ として，メタン CH_4(気)の燃焼エンタルピー〔kJ/mol〕を求めよ。

(　　　　　)kJ/mol

アドバイス

▶77
アンモニア(気)の生成エンタルピーを x〔kJ/mol〕としてエンタルピー変化を含む化学反応式で表し，ヘスの法則を用いて求める。

▶78
それぞれの反応エンタルピーを化学反応式と ΔH を用いて表し，ヘスの法則から求める。

▶79〈ヘスの法則と燃焼エンタルピー〉 二酸化炭素，液体の水，プロパン C_3H_8(気) の生成エンタルピーをそれぞれ −394 kJ/mol，−286 kJ/mol，−105 kJ/mol として，プロパン C_3H_8(気)の燃焼エンタルピー〔kJ/mol〕を求めよ。

(　　　　　　)kJ/mol

アドバイス

▶79
反応エンタルピー
＝(生成物の生成エンタルピーの総和)
−(反応物の生成エンタルピーの総和)

例題 15 ヘスの法則と結合エネルギー

▶80，81

次のエンタルピー変化を含む化学反応式を用いて，H−Cl の結合エネルギー〔kJ/mol〕を求めよ。

$\frac{1}{2}H_2$(気)＋$\frac{1}{2}Cl_2$(気) ⟶ HCl(気)　$\Delta H_1 = -92$ kJ　…①

H_2(気) ⟶ 2H(気)　$\Delta H_2 = +436$ kJ　…②

Cl_2(気) ⟶ 2Cl(気)　$\Delta H_3 = +243$ kJ　…③

ここがポイント

結合エネルギーは，気体の状態で，分子内の共有結合 1 mol を切断するのに必要なエネルギーであり，その変化は吸熱反応である。

◆解法◆

求める H−Cl の結合エネルギーを x〔kJ/mol〕とし，塩化水素の生成エンタルピーを含む化学反応式をつくる。塩化水素は，1 分子あたり H−Cl 結合を 1 本もっているので，

HCl(気) ⟶ H(気)＋Cl(気)　$\Delta H_4 = x$〔kJ〕　…④

①式＝②式×$\frac{1}{2}$＋③式×$\frac{1}{2}$−④式より，

$$\Delta H_1 = \Delta H_2 \times \frac{1}{2} + \Delta H_3 \times \frac{1}{2} - \Delta H_4$$

$$-92 = (+436\text{ kJ}) \times \frac{1}{2} + (+243\text{ kJ}) \times \frac{1}{2} - x$$

$x = 431.5 \fallingdotseq 432$ (kJ)　　答 **432 kJ/mol**

▶80〈結合エネルギーと生成エンタルピー〉 H−H，N≡N，H−N の結合エネルギーは，それぞれ 436 kJ/mol，946 kJ/mol，391 kJ/mol である。アンモニア(気)の生成エンタルピー〔kJ/mol〕を求めよ。

(　　　　　　)kJ/mol

▶80
反応エンタルピー
＝(反応物の結合エネルギーの総和)
−(生成物の結合エネルギーの総和)

▶81〈結合エネルギーと反応エンタルピー〉 一酸化炭素 CO の C と O の間の結合エネルギーは，単結合の値とは異なる。その値を，次の反応エンタルピーと結合エネルギーから求めよ。

CO(気)＋$2H_2$(気) ⟶ CH_3OH(気)　$\Delta H = -93$ kJ

H−H：436，C−H：414，C−O：378，O−H：463〔kJ/mol〕

(　　　　　　)kJ/mol

▶81
メタノールは，次のような構造をしているので，それぞれの結合エネルギーを足し合わせて生成物の結合エネルギーを求める。

```
    H
    |
H − C − O − H
    |
    H
```

▶82〈エンタルピー変化を表す図とヘスの法則〉

右図は，黒鉛，水素，酸素から，二酸化炭素と水蒸気が生じる反応を示すもので，下向きの矢印は発熱を表す。次の熱化学方程式と図を用いて，反応エンタルピー x〔kJ/mol〕を求めよ。

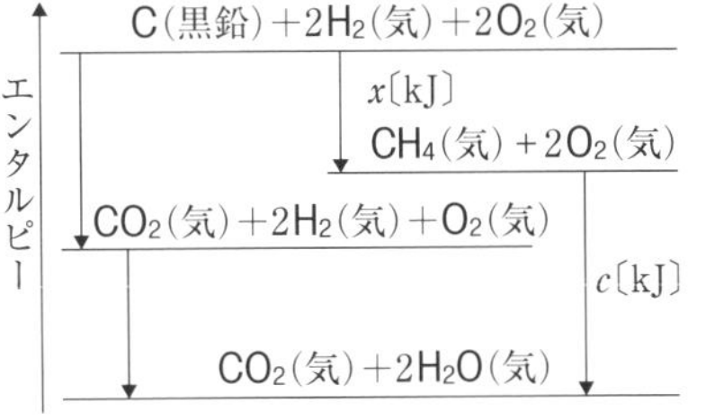

C(黒鉛)＋O_2(気) ⟶ CO_2(気)　$\Delta H = a$〔kJ〕

H_2(気)＋$\frac{1}{2}O_2$(気) ⟶ H_2O(気)　$\Delta H = b$〔kJ〕

（　　　　　　　　）kJ

▶83〈燃焼エンタルピーと熱量〉

メタン CH_4(気) 16g を燃焼させて，20℃の水 1.0kg を温めたとき，何℃まで上昇するか。ただし，メタンの燃焼エンタルピーは －890kJ/mol，水の比熱を 4.2J/(g·K)とし，発生した熱量の 10％が温度上昇に使われるものとする。

（　　　　　　）℃

▶84〈燃焼エンタルピーと反応物の量的関係〉

エタン C_2H_6(気)とプロパン C_3H_8(気)の燃焼エンタルピーは，それぞれ －1560kJ/mol，－2220kJ/mol である。次の問いに答えよ。

(1) エタンとプロパン 1mol が燃焼するときのエンタルピー変化を表す化学反応式で示せ。

エタン（　　　　　　　　　　　　　　　　　　）

プロパン（　　　　　　　　　　　　　　　　　　）

(2) エタンとプロパンの混合気体 3.00mol を完全燃焼させたところ，5340kJ の発熱があった。混合気体中のプロパンは何 mol か。

（　　　　　　）mol

(3) (2)のとき消費した酸素は標準状態で何 L か。また，このとき発生した二酸化炭素は何 mol になるか。

酸素（　　　　　　）L　二酸化炭素（　　　　　　）mol

アドバイス

▶82
図は，上にかかれるものほどエンタルピーが大きい。矢印の上の物質と下の物質を比較して，起こった反応を考える。

▶83
温度が t〔K〕上昇すると，水の温度は $(20 + t)$〔℃〕になる。

▶84
(2) プロパンの物質量を x〔mol〕とすると，エタンの物質量は $(3.00 - x)$〔mol〕となる。

13 化学反応と光エネルギー

1 光とエネルギー

赤外線，可視光線，紫外線をまとめて**光**という。光に加えて電波やX線やγ線などの放射線をまとめて**電磁波**という。

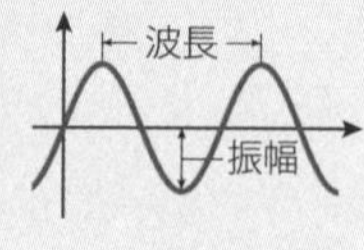

電磁波がもつエネルギーは，波長の短いものほど大きい。

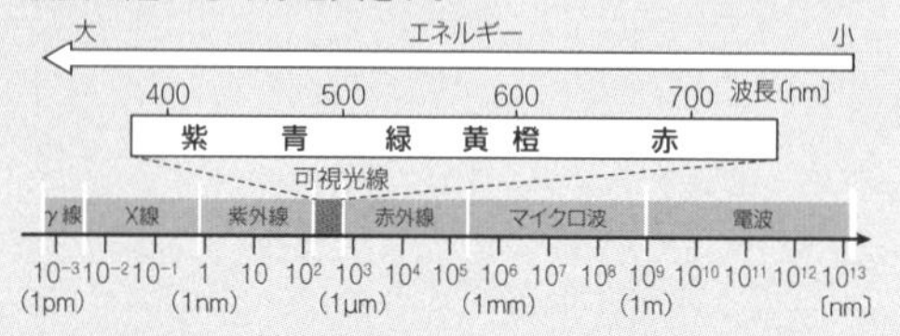

2 光化学反応

光を吸収して起こる化学反応を**光化学反応**という。

◉塩素の光開裂　水素分子と塩素分子から塩化水素分子ができる反応では，光をあてると塩素が原子になることで反応が開始され，爆発的に起こる。

$H_2 + Cl_2 \longrightarrow 2HCl$

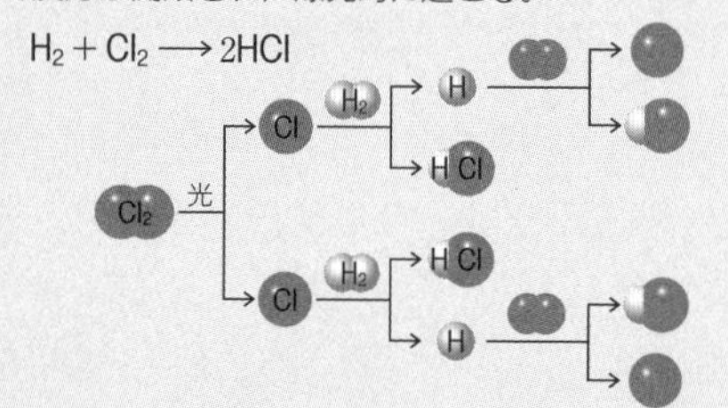

◉光合成　植物が光エネルギーを使い，二酸化炭素と水から酸素と有機物をつくる。

$6CO_2 + 6H_2O \longrightarrow C_6H_{12}O_6 + 6O_2$

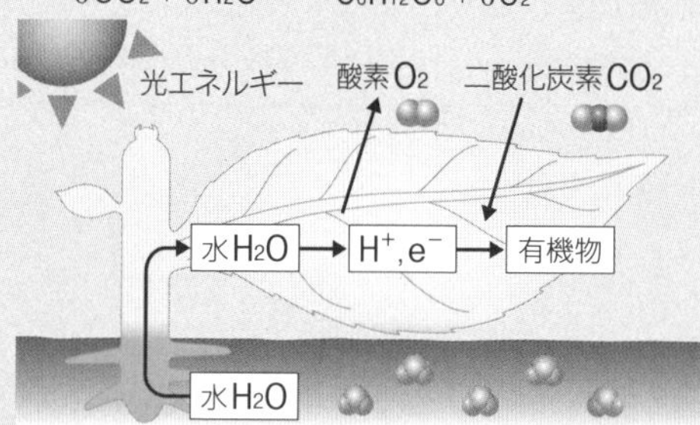

3 化学発光

化学反応にともなって光エネルギーが放出される反応を**化学発光**という。

◉ルミノール反応　塩基性条件下で，触媒を用いてルミノールを過酸化水素で酸化すると青色の発光が見られ，これを**ルミノール反応**という。

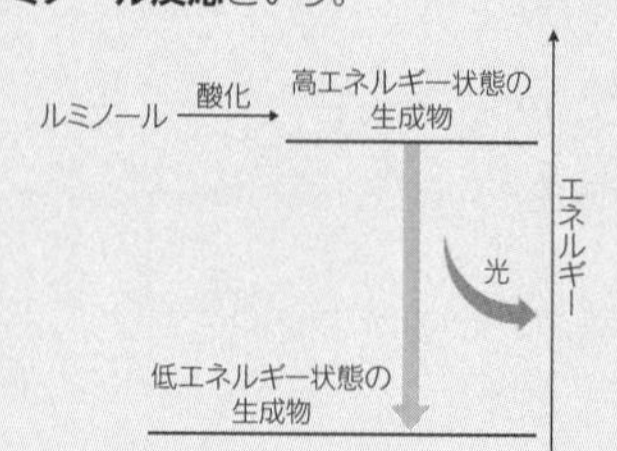

ポイントチェック

□(1)　光のうち，人間の目に見える光を何というか。
（　　　　）

□(2)　波の山から山までの周期的な長さを何というか。（　　　　）

□(3)　可視光線は波長の短い方から，ア（　　），イ（　　），ウ（　　），エ（　　），橙，オ（　　）である。

□(4)　赤より波長の長い光を何というか。
（　　　　）

□(5)　紫より波長の短い光を何というか。
（　　　　）

□(6)　赤外線，可視光線，紫外線などの光や電波，X線，γ線などをまとめて何というか。
（　　　　）

□(7)　電磁波の持つエネルギーは波長の短いものほど(大きい・小さい)。

□(8)　光エネルギーの吸収をきっかけに進む反応を何というか。（　　　　）

□(9)　光化学反応の一つで，水素と塩素から塩化水素ができる反応の化学反応式を示せ。
（　　　　）

□(10)　光エネルギーを使って，二酸化炭素と水から，酸素と有機物をつくる反応を何というか。
（　　　　）

□(11)　光合成における反応物を二つ答えよ。
（　　　　・　　　　）

□(12)　光合成で生成する気体を答えよ。
（　　　　）

□(13)　光合成でグルコースが生成する化学反応式を示せ。
（　　　　）

□(14)　塩基性条件下で，触媒を用いてルミノールを過酸化水素で酸化すると青色の発光が見られる反応を何というか。（　　　　）

□(15)　蛍光物質を加え，シュウ酸ジフェニルを過酸化酸素で酸化させることを利用した照明器具を何というか。（　　　　）

□(16)　光が当たると特定の反応を効率的に起こすことができる物質を何というか。（　　　　）

□(17)　光触媒として最も良く用いられている物質は何か。（　　　　）

EXERCISE

▶85〈光とエネルギー〉 次の文章の空欄にあてはまる言葉を答え，下の問いに答えよ。

電磁波は波長の長い方から，電波，マイクロ波，ア(　　　)，可視光線，イ(　　　)，X 線，ウ(　　　)である。一般的に(**ア**)，可視光線，(**イ**)を合わせて，エ(　　　)という。電磁波の波長が短いほど，光のエネルギーはオ(　　　)くなる。

物質に(**イ**)などの光エネルギーを吸収すると反応が進むカ(　　　)反応や，化学反応にともなってエネルギーを光として放出するキ(　　　)がある。

(問)　下線部について，次の色を波長が短い順に並べよ。

赤　青　黄　橙　緑　紫　　(　，　，　，　，　，　)

▶86〈光化学反応と化学発光〉 光が関わる化学反応や現象に関する次の文章の下線部が正しい場合は○を，誤っている場合は正しく訂正せよ。

(1)　塩素と水素の混合気体に強い光(紫外線)を照射すると，爆発的に反応して塩化水素が生成する。　(　　　)

(2)　オゾン層は太陽光線中の赤外線を吸収して，地上の生物を保護している。　(　　　)

(3)　光合成により，二酸化炭素と水からグルコースと酸素が生成する反応は，発熱反応である。　(　　　)

(4)　酸化チタン(Ⅳ)は，光(紫外線)を照射すると，有機物などを分解する触媒として作用する。　(　　　)

▶87〈光合成〉 光合成とは，光エネルギーを利用して水と二酸化炭素から有機物と酸素を生じる反応である。これについて次の問いに答えよ。ただし，原子量は，H＝1.0，C＝12，O＝16 とする。

(1)　光合成でグルコース $C_6H_{12}O_6$ が生成するときの生成エンタルピーは＋2807 kJ である。これについてエンタルピー変化を含む化学反応式で表せ。　(　　　)

(2)　光合成でグルコースが 90 g 生じたとき，消費された二酸化炭素の質量は何 g か答えよ。

(　　　)g

(3)　光合成のエネルギー変換効率は 1.0％であるとすると，グルコース 18 g をつくるのに必要な光エネルギーは何 kJ であるか答えよ。

(　　　)kJ

アドバイス

▶86
触媒とは，反応前後で変化しないが反応の速度を大きくする物質のことである。

▶87
エンタルピー変化を含む化学反応式を記入し，その量的関係を考えればよい。

14 電池のしくみ 基礎

1 電池の原理

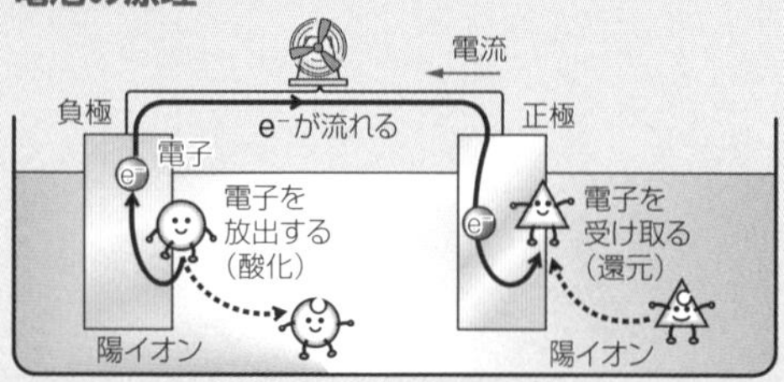

◉**負極**…外部に電子が流れ出る電極で，極板の金属が溶けるなど**酸化反応**が起こる。
◉**正極**…外部から電子が流れ込む電極で，極板に陽イオンが金属として析出するなど**還元反応**が起こる。
◉**起電力**…正極と負極の間の電位差(電圧)
電池式…左側に負極，中央に電解質，右側に正極を記し電池の構成を示すもの
(−)負極｜電解質｜正極(+)

2 ダニエル電池(起電力 1.1 V)

(−) Zn｜$ZnSO_4aq$｜$CuSO_4aq$｜Cu (+)

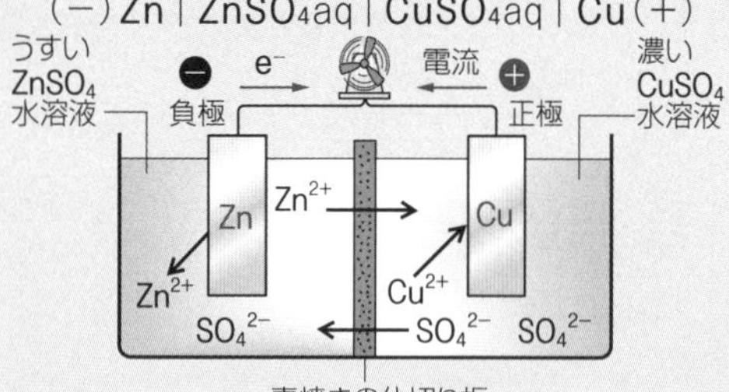

(負極)　$Zn \longrightarrow Zn^{2+} + 2e^-$
(正極)　$Cu^{2+} + 2e^- \longrightarrow Cu$
(全体)　$Zn + Cu^{2+} \longrightarrow Zn^{2+} + Cu$
＊素焼き板(セロハン)は正極と負極の水溶液が混じるのを防ぐが，イオンは移動する。

3 ボルタ電池

(−) Zn｜H_2SO_4aq｜Cu (+)

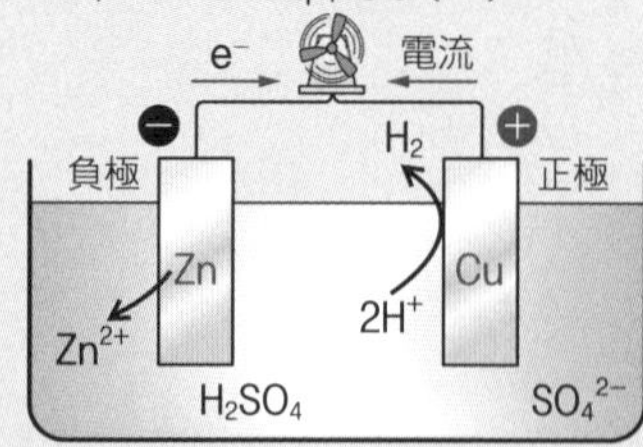

(負極)　$Zn \longrightarrow Zn^{2+} + 2e^-$
(正極)　$2H^+ + 2e^- \longrightarrow H_2$
(全体)　$Zn + 2H^+ \longrightarrow Zn^{2+} + H_2$

4 金属のイオン化列

Li > K > Ca > Na > Mg > Al > Zn > Fe > Ni >
利(リ) 貸(カ) か な ま あ あ て に
Sn > Pb > (H_2) > Cu > Hg > Ag > Pt > Au
す(る) な ひ ど す ぎ(る) 借 金

＊イオン化傾向㊤の金属 → 負極，㊥の金属 → 正極
＊イオン化列で離れている金属ほど，起電力が大きい。

ポイントチェック

□(1) 電池では，負極で^{ア}(酸化・還元)反応，正極で^{イ}(酸化・還元)反応が起こる。

□(2) 電池では，電子はどのように流れるか。
(正極→負極・負極→正極)

□(3) 電池では，電流はどのように流れるか。
(正極→負極・負極→正極)

□(4) 電池の負極には，亜鉛などの比較的イオン化傾向の(大きい・小さい)金属が使われていることが多い。

□(5) イオン化傾向の異なる 2 種類の金属を電解質水溶液に浸し電池にすると，イオン化傾向の(大きい・小さい)金属が正極になる。

□(6) 正極と負極の間の電位差(電圧)を何というか。
(　　　　)

□(7) ダニエル電池では，負極に^{ア}(Zn・Cu)，正極に^{イ}(Zn・Cu)を用いる。

□(8) ダニエル電池の負極での変化を e^- を含むイオン反応式で示せ。
(　　　　)

□(9) ダニエル電池の正極での変化を e^- を含むイオン反応式で示せ。
(　　　　)

□(10) ダニエル電池を長く使うためには，銅板を浸す硫酸銅(Ⅱ)水溶液の濃度は^{ア}(濃い・うすい)ほうが，亜鉛板は^{イ}(大きい・小さい)ほうがよい。

□(11) ダニエル電池を電池式で示せ。
(　　　　)

□(12) ダニエル電池は，電解液が混じらないようにするため，(ガラス板・素焼き板)で仕切る。

□(13) ボルタ電池では，負極に^{ア}(Zn・Cu)，正極に^{イ}(Zn・Cu)を用いている。

□(14) ボルタ電池の負極での変化を e^- を含むイオン反応式で示せ。
(　　　　)

□(15) ボルタ電池の正極での変化を e^- を含むイオン反応式で示せ。
(　　　　)

□(16) 負極で酸化される物質や正極で還元される物質を何というか。　(　　　　)

EXERCISE

基礎 ▶**88〈金属の組み合わせ〉** 次の(ア)～(エ)の図は，2 種類の金属とその硝酸塩水溶液を素焼き板でしきった電池である。これについて，下の(1)～(3)にあてはまるものを 1 つずつ選べ。

(ア)

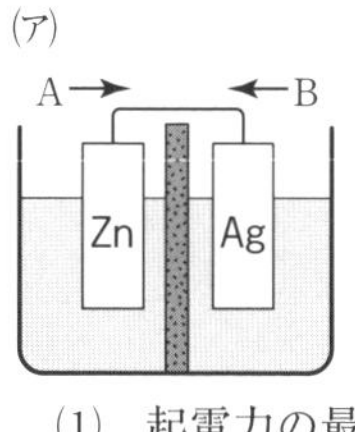

(イ)

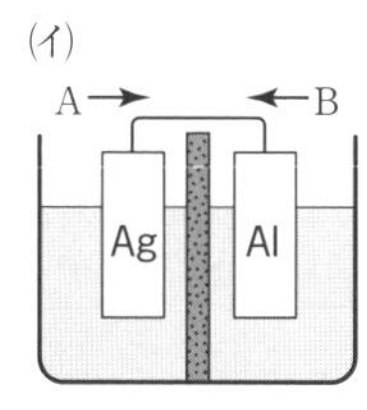

(ウ)

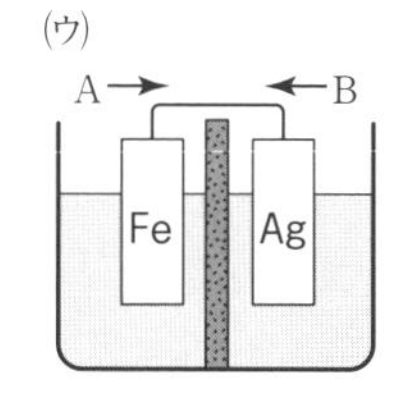

(エ)

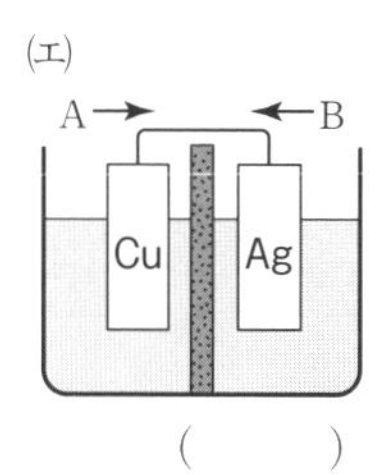

(1) 起電力の最も大きいもの　(　　)

(2) 起電力の最も小さいもの　(　　)

(3) A の方向に電流が流れるもの　(　　)

▶**89〈金属のイオン化傾向と電池〉** 右図のように，希硫酸中に亜鉛板と銅板を浸して両板を導線でつないだ。次の問いに答えよ。

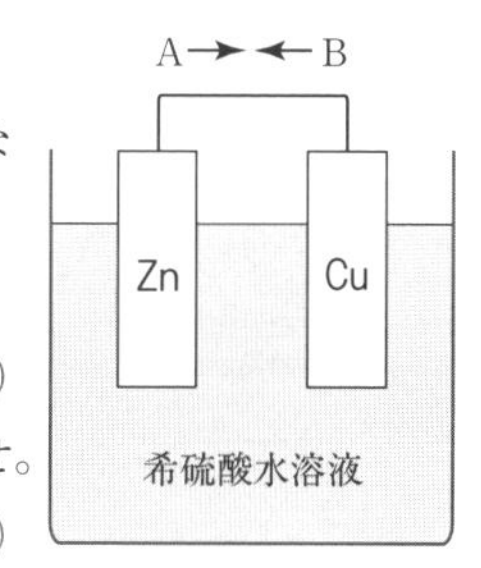

(1) 導線を流れる電流は，A，B どちらか。
(　　)

(2) 希硫酸中に生じる金属イオンをイオン式で示せ。
(　　　　)

(3) このような電池を何というか。(　　　　)

? ▶**90〈ダニエル電池〉** 右図はダニエル電池である。両極をつないだとき，次の問いに答えよ。

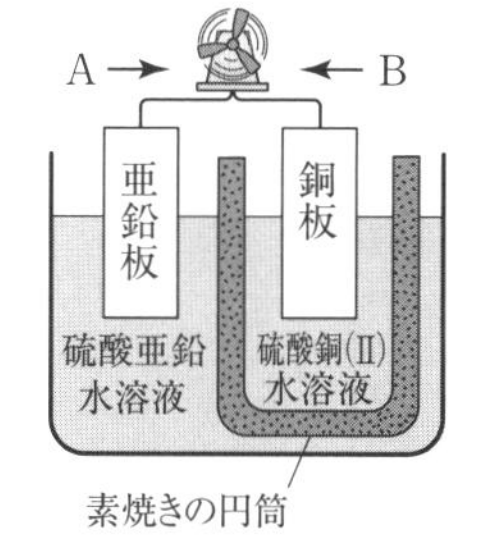

(1) 正極になる金属はどちらか。　(　　)

(2) 亜鉛板・銅板で起こる変化を e^- を含むイオン反応式で示せ。

亜鉛板(　　　　)

銅板　(　　　　)

(3) 全体の変化を 1 つのイオン反応式で示せ。

(　　　　)

(4) 電子の流れは，A，B のどちらか。　(　　)

(5) 亜鉛板と硫酸亜鉛水溶液を，ニッケル板と硫酸ニッケル(II)水溶液に替えると，起電力はどのようになるか。

(　　　　)

(6) 長時間放電できるようにするためには，亜鉛板と硫酸銅(II)水溶液をそれぞれどのようにするとよいか。

亜鉛板　(　　　　)

硫酸銅(II)水溶液(　　　　)

(7) 素焼きの円筒を取ってしまうと，どのようになるか。

(　　　　)

アドバイス

▶88
一般に，イオン化傾向の差が大きいほど起電力は大きい。また，電子はイオン化傾向の大きな金属から小さな金属へ，電流はその逆向きに流れる。

▶90
(5) Ni のイオン化傾向は，Zn より小さい。

(6) 長時間放電するには，正極・負極の活物質が多いとよい。

(7) 素焼きの板を取ると，溶液が混じる。

15 実用電池

1 一次電池と二次電池 基礎

◉**放電**…電池から電気エネルギーを取り出すこと
◉**充電**…電池に電気エネルギーを与え，放電と逆の反応を起こすこと

◉**一次電池**…乾電池のように，**放電**しかできない電池
◉**二次電池**（蓄電池）…鉛蓄電池のように，**充電**と**放電**ができ，くり返し使える電池

2 鉛蓄電池（起電力 2.0V）

$(-)Pb \mid H_2SO_4aq \mid PbO_2(+)$

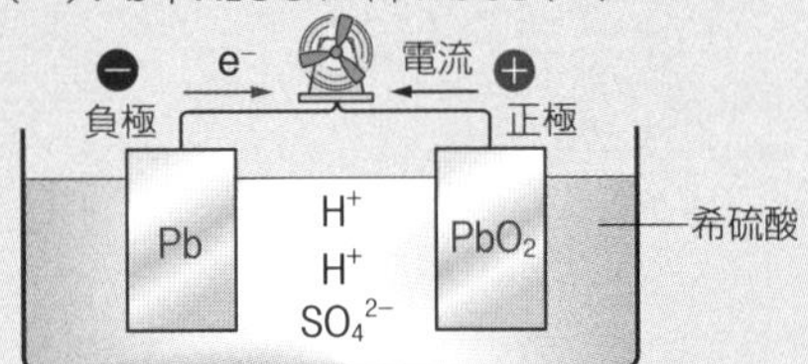

（負極） $Pb + SO_4^{2-} \longrightarrow PbSO_4 + 2e^-$
（正極） $PbO_2 + 4H^+ + SO_4^{2-} + 2e^- \longrightarrow PbSO_4 + 2H_2O$
（全体） $Pb + PbO_2 + 2H_2SO_4 \longrightarrow 2PbSO_4 + 2H_2O$

*放電すると電極は**重く**なり，希硫酸は**うすく**なる。
*充電が可能な電池（**二次電池**）であり，充電は放電と逆の反応が起こる。

$$\underset{(負極)}{Pb} + \underset{(正極)}{PbO_2} + 2H_2SO_4 \underset{充電}{\overset{放電}{\rightleftarrows}} 2PbSO_4 + 2H_2O$$

3 燃料電池（リン酸形）（起電力 1.2V）

$(-)H_2 \mid H_3PO_4aq \mid O_2(+)$

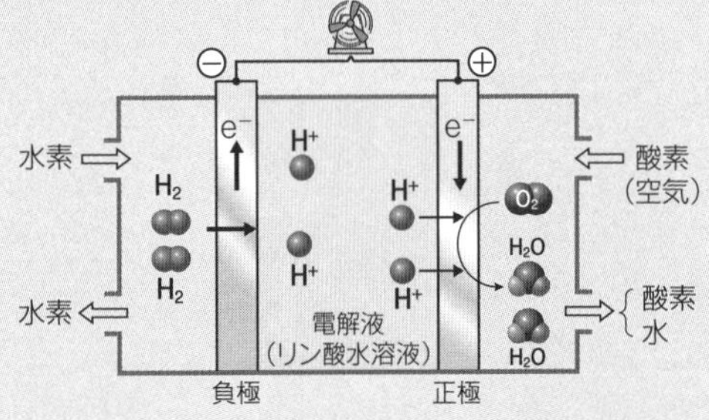

（負極） $2H_2 \longrightarrow 4H^+ + 4e^-$
（正極） $O_2 + 4H^+ + 4e^- \longrightarrow 2H_2O$
（全体） $2H_2 + O_2 \longrightarrow 2H_2O$

4 リチウムイオン乾電池（起電力 3.6V）

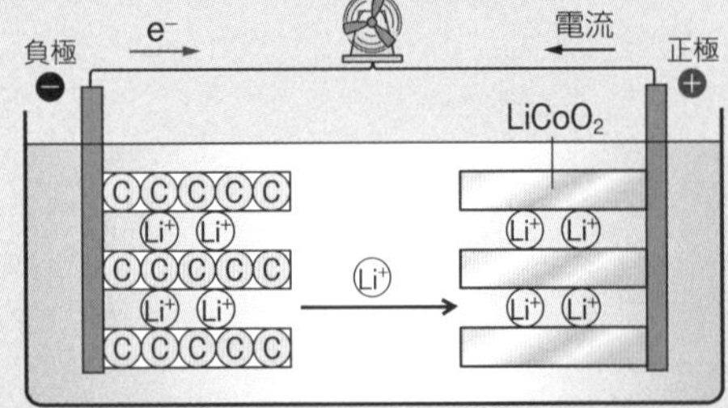

負極：C（リチウムを含む層状の黒鉛）
正極：$LiCoO_2$（コバルト（Ⅲ）酸リチウム）
電解質：リチウム塩が溶解した有機化合物
　充電可能で，起電力も大きい。電気自動車やノート型パソコン，スマートフォンなどに利用される。

ポイントチェック

基礎

□(1) 電池から電気エネルギーを取り出すことをア（　　　　　）といい，電池に電気エネルギーを与え，放電と逆の反応を起こすことをイ（　　　　　）という。

□(2) 放電，充電をくり返すことができる電池をア（一次・二次）電池，またはイ（　　　　　）電池という。

□(3) 鉛蓄電池が放電すると，希硫酸の濃度は（濃くなる・うすくなる）。

□(4) 鉛蓄電池が放電すると，負極のア（Pb・PbO_2）も，正極のイ（Pb・PbO_2）も $PbSO_4$ になり，質量がウ（増加・減少）する。

□(5) 鉛蓄電池の負極の反応を，e^- を含むイオン反応式で示せ。
（　　　　　　　　　　　　　　）

□(6) 鉛蓄電池の正極の反応を，e^- を含むイオン反応式で示せ。
（　　　　　　　　　　　　　　）

□(7) 鉛蓄電池の放電の変化を，化学反応式で示せ。
（　　　　　　　　　　　　　　）

□(8) 鉛蓄電池の負極で極板が 1mol 消費されたとき，流れた電子は（　　　）mol である。

□(9) 水素と酸素の酸化還元反応によるエネルギーを電気エネルギーとして取り出す電池を何というか。　（　　　　　）

□(10) 燃料電池の負極ではア（水素・酸素）が消費されて電子が放出され，正極ではイ（水素・酸素）が電子を受け取り水ができる。

□(11) リン酸形燃料電池の負極の反応を，e^- を含むイオン反応式で示せ。
（　　　　　　　　　　　　　　）

□(12) リン酸形燃料電池の正極の反応を，e^- を含むイオン反応式で示せ。
（　　　　　　　　　　　　　　）

□(13) 燃料電池は（水素・酸素）の燃焼反応の反応熱の一部を電気エネルギーに変換したものである。

□(14) リチウムを含む層状の黒鉛を負極，コバルト（Ⅲ）酸リチウムを正極とし，リチウム塩を溶解させた有機化合物を電解質に用いた電池を（　　　　　）電池という。

EXERCISE

原子量 O＝16，S＝32，Pb＝207

▶ 91〈鉛蓄電池〉 鉛蓄電池について，次の問いに答えよ。

(1) 負極，正極，電解質をそれぞれ化学式で示せ。

負極(　　　　) 正極(　　　　) 電解質(　　　　)

(2) 放電によって正極，負極は何に変化するか，それぞれ化学式で示せ。

負極(　　　　) 正極(　　　　)

(3) 負極，正極で起こる反応を e^- を含むイオン反応式で示し，電池全体の放電反応を化学反応式で示せ。

負極(　　　　)

正極(　　　　)

全体(　　　　)

▶ 92〈鉛蓄電池〉 鉛蓄電池を放電したところ，負極の重さが 48g 増加した。これについて，次の問いに答えよ。

(1) 負極の鉛は何 mol 変化したか。

(　　　　)mol

(2) 流れた電子は何 mol か。

(　　　　)mol

▶ 93〈燃料電池〉 右図のリン酸形燃料電池について，次の問いに答えよ。

(1) 電流の向きは A，B どちらか。 (　　)

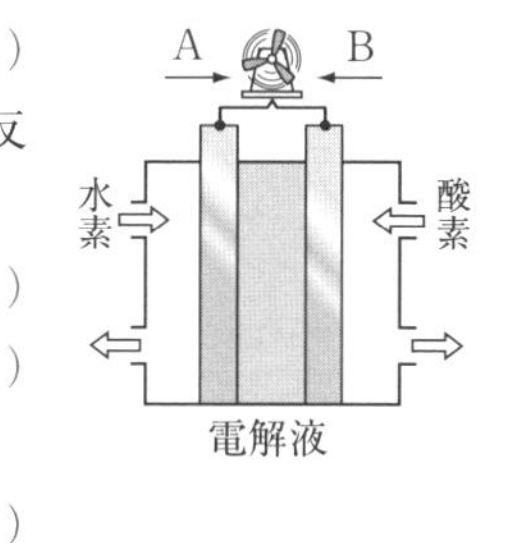

(2) 負極，正極で起こる反応を e^- を含むイオン反応式で示せ。

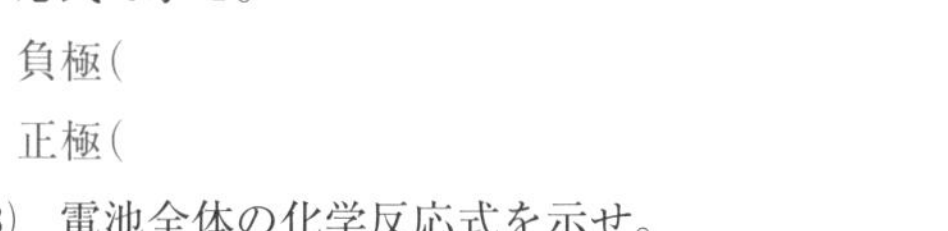

負極(　　　　)

正極(　　　　)

(3) 電池全体の化学反応式を示せ。

(　　　　)

▶ 94〈実用電池〉 次の特徴をもつ電池を下から選び，記号で答えなさい。

(1) 空気中の O_2 を用い，補聴器などに使われる電池 (　　)

(2) 負極に Li を用い，起電力が 3V と高く，軽量・長寿命な電池 (　　)

(3) 正極に Ag_2O を用い，一定の電圧を長く保てる電池 (　　)

(4) 起電力が 3.6V と高く，Li^+ が電極を出入りする二次電池 (　　)

(5) 正極に MnO_2 を用い，古くから使用される起電力 1.5V の電池 (　　)

ア．リチウムイオン電池　イ．リチウム電池　ウ．空気電池
エ．マンガン乾電池　オ．酸化銀電池

アドバイス

▶ 91
鉛蓄電池は，放電すると，両極とも Pb^{2+} になる。このとき，電解液中の硫酸イオン SO_4^{2-} と反応するので，極板の周りに $PbSO_4$ が付着する。

▶ 92
負極の反応を，e^- を含むイオン反応式で示し，量的関係を用いて答える。

▶ 93
燃料電池とは，燃料(水素)と酸素の酸化還元反応によるエネルギーを電気エネルギーとして取り出す装置であり，全体の反応は，水素と酸素から水ができる反応である。

16 電気分解

1 電気分解の原理

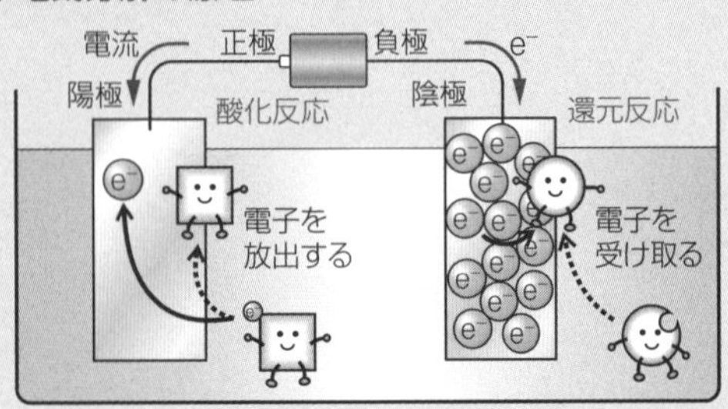

◉**陽極**…電源の正極につないだ電極で，電子が奪われる酸化反応が起こる。

◉**陰極**…電源の負極につないだ電極で，電子が供給される還元反応が起こる。

2 電極での反応

(1) 陽極

陰イオンや水分子，電極自身が電子を失う**酸化反応**が起こる。

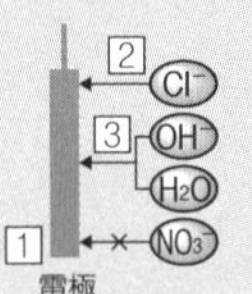

1 電極が銅(銀)の場合
→電極がイオンとなって溶ける
$Cu \longrightarrow Cu^{2+} + 2e^-$

2 ハロゲン化物イオン(Cl^-，Br^-，I^-)を含む
→ハロゲン単体が析出する
$2Cl^- \longrightarrow Cl_2 + 2e^-$ など

3 ハロゲン化物イオン(Cl^-，Br^-，I^-)を含まない
→水または水酸化物イオンが反応し，酸素 O_2 が発生する
$2H_2O \longrightarrow 4H^+ + O_2 + 4e^-$ (中性・酸性)
$4OH^- \longrightarrow 2H_2O + O_2 + 4e^-$ (塩基性)

(2) 陰極

電池から電子が流れ込み，陽イオンや水分子が電子を受け取る**還元反応**が起こる。

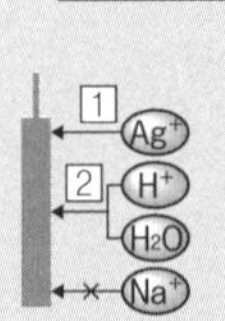

1 イオン化傾向が小さい金属イオン(Cu^{2+}，Ag^+ など)を含む
→金属単体が析出する
$Ag^+ + e^- \longrightarrow Ag$ など

2 イオン化傾向が大きい金属イオン(Na^+，Al^{3+} など)を含む
→水または水素イオンが反応し，水素 H_2 が発生する(金属は析出しない)
$2H_2O + 2e^- \longrightarrow 2OH^- + H_2$ (中性・塩基性)
$2H^+ + 2e^- \longrightarrow H_2$ (酸性)

3 電池と電気分解の違い

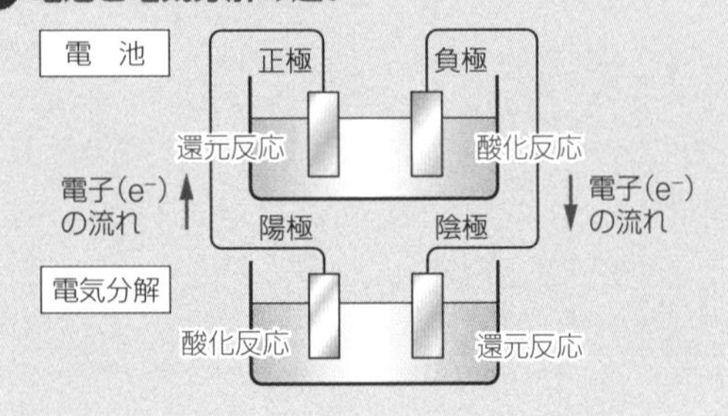

ポイントチェック

□(1) 電気分解とは，電気エネルギーを与えて，強制的に(中和・酸化還元)反応を起こすことである。

□(2) 電気分解は，一般的には ア(電解質・非電解質)の水溶液や融解した塩に2本の電極を入れ，イ(直流・交流)電圧をかけて行う。

□(3) 電気分解では，電池(直流電源)の正極に接続した電極をア(　　　)極，負極に接続した電極をイ(　　　)極という。

□(4) 電気分解では，陽極で電子を ア(失う・受け取る) イ(酸化・還元)反応が起こる。

□(5) 電気分解では，陰極で電子を ア(失う・受け取る) イ(酸化・還元)反応が起こる。

□(6) 陽極では，Cl^-，Br^-，I^- のハロゲンは水よりも酸化されア(やすく・にくく)，$SO_4{}^{2-}$ や $NO_3{}^-$ は水よりも酸化されイ(やすい・にくい)。

□(7) 酸化されやすいイオンなどがなく，水が酸化されるときの変化を e^- を含むイオン反応式で示せ。

(　　　　　　　　　　　　　　　　)

□(8) 水溶液の電気分解では Cl^-，Br^-，I^- などがなくても，塩基性の場合は水ではなく(　　　　　)が酸化される。

□(9) (8)の変化を e^- を含むイオン反応式で示せ。

(　　　　　　　　　　　　　　　　)

□(10) 陰極では，Cu^{2+} や Ag^+ などイオン化傾向のア(大きい・小さい)金属は水よりも還元されイ(やすい・にくい)。

□(11) 還元されやすいイオンなどがなく，水が還元されるときの変化を e^- を含むイオン反応式で示せ。

(　　　　　　　　　　　　　　　　)

□(12) 水溶液の電気分解では Cu^{2+} や Ag^+ などがなくても，酸性の場合は水ではなく(　　　　　)が還元される。

□(13) (12)の変化を e^- を含むイオン反応式で示せ。

(　　　　　　　　　　　　　　　　)

□(14) 陽極に銀や銅を使うと，電極自身が酸化される。たとえば Cu を使うと，

$Cu \longrightarrow Cu^{2+} +$ (　　　　　　)となる。

EXERCISE

▶95〈水溶液の電気分解〉 次の(1)〜(5)の水溶液を，炭素電極を用いて電気分解した。それぞれ陽極・陰極に生成する物質を化学式で示せ。

(1) $CuCl_2$　陽極(　　　)　陰極(　　　)
(2) $AgNO_3$　陽極(　　　)　陰極(　　　)
(3) $NaOH$　陽極(　　　)　陰極(　　　)
(4) $CuSO_4$　陽極(　　　)　陰極(　　　)
(5) KI　陽極(　　　)　陰極(　　　)

▶96〈電極と電極上の反応〉 右表に示した電気分解を行うときの反応について，次の問いに答えよ。

No.	電解液	電極板	
		陽極	陰極
(ア)	$NaOH$ 水溶液	Pt	Pt
(イ)	H_2SO_4 水溶液	Pt	Pt
(ウ)	$CuSO_4$ 水溶液	Pt	Pt
(エ)	$CuSO_4$ 水溶液	Cu	Cu
(オ)	$NaCl$ 水溶液	C	Fe
(カ)	$AgNO_3$ 水溶液	Ag	Ag
(キ)	Al_2O_3 融解液	C	C

(1) 陽極板が溶けるものをすべて選べ。(　　　)
(2) 陰極板に金属が析出するものをすべて選べ。(　　　)
(3) 陽極から酸素，陰極から水素を発生するものをすべて選べ。(　　　)
(4) (ア)の陽極および陰極における反応を，e^- を含むイオン反応式で示せ。
陽極(　　　)
陰極(　　　)
(5) (ウ)の陽極および陰極における反応を，e^- を含むイオン反応式で示せ。
陽極(　　　)
陰極(　　　)
(6) (エ)の陽極および陰極における反応を，e^- を含むイオン反応式で示せ。
陽極(　　　)
陰極(　　　)
(7) (オ)の陽極および陰極における反応を，e^- を含むイオン反応式で示せ。
陽極(　　　)
陰極(　　　)
(8) 電気分解するほど酸性が強くなるものを1つ選べ。(　　　)

▶97〈水溶液の電解生成物〉 次の水溶液(ア)〜(オ)を，[　　]内の電極を用いて電気分解したとき，下の(1)〜(5)にあてはまるものを1つずつ選べ。

(ア) $AgNO_3$ [Pt]　(イ) Na_2SO_4 [Pt]　(ウ) KCl [C]
(エ) $CuCl_2$ [C]　(オ) $CuSO_4$ [Cu]

(1) 水溶液が塩基性になるもの(　　　)
(2) 水溶液が酸性になるもの(　　　)
(3) 水の電気分解になるもの(　　　)
(4) 水溶液がまったく変化しないもの(　　　)
(5) 水溶液の溶質は変わらないが，濃度が減少するもの(　　　)

アドバイス

▶95
溶液中に存在するイオンを考え，陽極では酸化されやすい物質(電極，陰イオンまたは水)が酸化され，電極が溶解，または単体が生成する。陰極では還元されやすい物質(陽イオンまたは水)が還元され単体が生成する。酸化(還元)されやすさはp.52「2 電極での反応」を参照すること。

▶96
(キ) Al は，イオン化傾向が大きいので，水溶液の電気分解では生成しない。したがって，Al_2O_3 を氷晶石とともに融解して電気分解する。

(8) 陽極で O_2 が発生すると，H^+ が生成したり，OH^- が分解されたりするので，溶液の酸性は強くなる。ただし，陰極で H_2 が発生する場合は変化しない。

97
(1) 陰極で H_2 が発生すると，OH^- が生成したり，H^+ が消費されたりするので，溶液の酸性は弱くなる。(ただし，陽極で O_2 が発生しない場合)
(2) 陽極で O_2 が発生すると，H^+ が生成したり，OH^- が分解されたりするので，溶液の酸性は強くなる。(ただし，陰極で H_2 が発生しない場合)
(3) O_2 と H_2 が発生すると，水の電気分解になる。

17 電気分解の法則

1 電気量　電気量は時計と電流計ではかる。

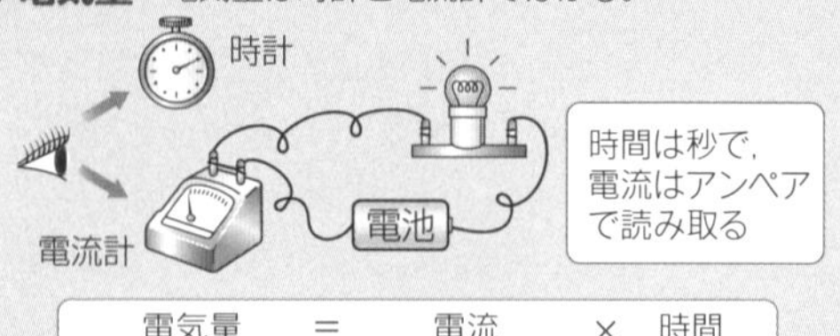

電気量（クーロン：C）＝電流（アンペア：A）×時間（秒：s）

2 電気分解の法則（ファラデーの法則）

電気分解において，陰極や陽極で変化した物質の物質量は，**流れた電気量に比例**する。

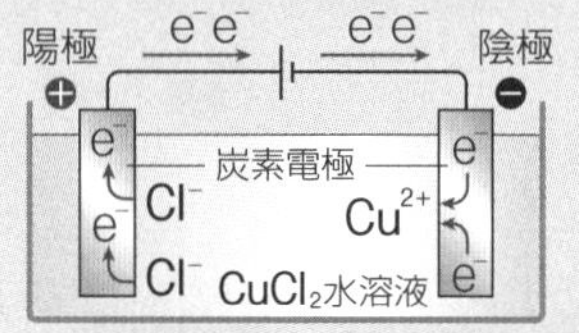

陽極
$2Cl^- \rightarrow Cl_2 + 2e^-$

陰極
$Cu^{2+} + 2e^- \rightarrow Cu$

流れた電子の数	生成する物質の量 陽極	生成する物質の量 陰極
1個	Cl_2分子$\frac{1}{2}$個	Cu原子$\frac{1}{2}$個
2個	Cl_2分子1個	Cu原子1個
1 mol	Cl_2分子$\frac{1}{2}$mol	Cu原子$\frac{1}{2}$mol

電子1molが流れると，9.65×10^4Cの電気量が流れたことになる（9.65×10^4C/mol＝ファラデー定数F）。

3 電気分解の応用

(1) NaOHの製造方法（**イオン交換膜法**）

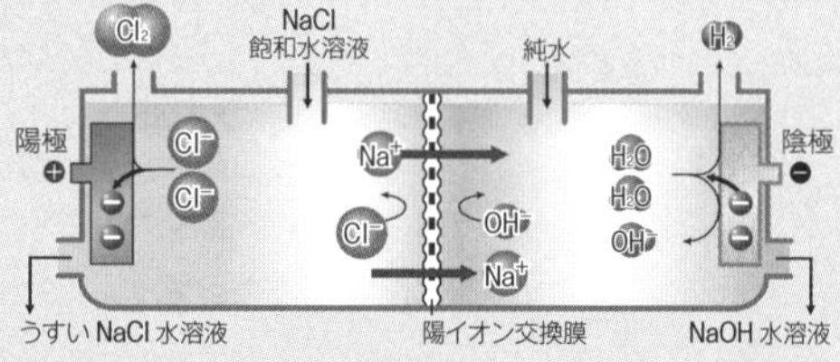

（陽極）　$2Cl^- \longrightarrow Cl_2 + 2e^-$
（陰極）　$2H_2O + 2e^- \longrightarrow 2OH^- + H_2$
＊陽イオン交換膜はNa^+のみ移動し，陽極で発生したCl_2とNaOHの混合を防ぐ。

(2) Cuの**電解精錬**

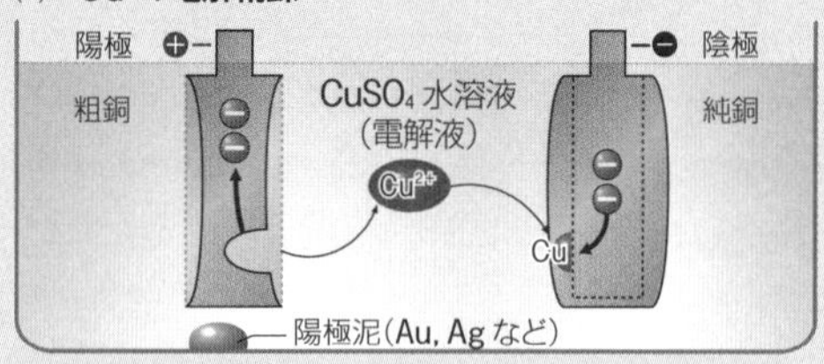

（陽極）　Cu（粗銅）$\longrightarrow Cu^{2+} + 2e^-$
（陰極）　$Cu^{2+} + 2e^- \longrightarrow$ Cu（純銅）
＊陽極の下に沈殿するイオン化傾向の小さい金や銀などを**陽極泥**という。

(3) Alの製造方法（**溶融塩（融解塩）電解**）
Al_2O_3を氷晶石とともに融解し，電気分解してAlを得る方法

ポイントチェック

□(1)　電気量の単位は何か。　（　　　）

□(2)　電気量は，流したア（電圧・電流）の強さとイ（時間・距離）の積で表される。

□(3)　電気量は，次のように計算できる。
電気量〔C〕＝ア（　　　）〔A〕×イ（　　　）〔s〕

□(4)　6.02×10^{23}個すなわちア（　　　）molの電子の電気量はイ（　　　）Cである。

□(5)　9.65×10^4C/molを（　　　）という。

□(6)　2.00Aの電流を48250秒流したとき，流れた電気量はア（　　　）Cであり，このときイ（　　　）molの電子が流れている。

□(7)　電気分解で変化するイオンの物質量と流れた電気量は（比例・反比例）の関係にある。

□(8)　電気分解で変化するイオンの物質量と，そのイオンの価数は（比例・反比例）の関係にある。

□(9)　電気分解で電子1molが流れると，Cu^{2+}はア（　　　）mol，Ag^+はイ（　　　）mol析出する。

□(10)　陰極でH^+が1mol反応すると，流れた電子はア（　　　）molで，H_2分子がイ（　　　）mol発生する。

□(11)　陽イオン交換膜を用いて塩化ナトリウムを電気分解し，水酸化ナトリウムを工業的に製造する方法を何というか。（　　　）

基礎□(12)　電気分解を用いて，粗銅から純度の高い銅を得る方法を何というか。銅の（　　　）

□(13)　銅の電解精錬では，陽極板にア（粗銅・純銅）を用い，陰極板にイ（粗銅・純銅）を用いる。

□(14)　銅の電解精錬において，粗銅に含まれる金属のうちCuよりイオン化傾向のア（大きい・小さい）金属は電解液にイオンとなって溶解し，Cuよりイオン化傾向のイ（大きい・小さい）金属は陽極泥となって沈殿する。

基礎□(15)　融解した酸化アルミニウムを電気分解してアルミニウムを得る方法を何というか。
Alの（　　　）

□(16)　酸化アルミニウムを融解させるために加える物質は何か。　（　　　）

EXERCISE

原子量 O＝16，Al＝27，Cu＝63.5

▶98〈NaOH の製造方法〉 右図は，電気分解を用いて工業的に NaOH を生成するものである。次の問いに答えよ。

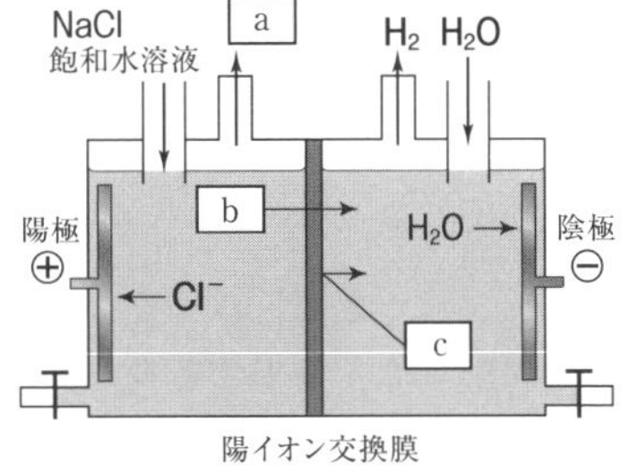

(1) このような方法を何というか。

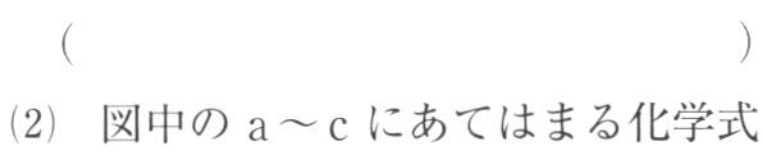

(　　　　　　　　　　)

(2) 図中の a～c にあてはまる化学式を示せ。

a(　　　　　　) b(　　　　　　) c(　　　　　　)

(3) 陽極，陰極で起こる反応を，e^- を含むイオン反応式で示せ。

陽極(　　　　　　　　　　　　　　　　　　　　)

陰極(　　　　　　　　　　　　　　　　　　　　)

(4) NaOH 水溶液は，陽極・陰極のどちら側に生成するか。(　　　　　)

基礎 **▶99〈銅の電解精錬〉** 銅の電解精錬を行った。これについて，次の問いに答えよ。ただし，粗銅に含まれている不純物は，Zn，Fe，Ag，Au とする。

(1) 電解精錬により電解液中に増加したイオンを化学式で示せ。

(　　　　　　)

(2) 電解精錬により生じた陽極泥中に含まれている金属を元素記号で示せ。

(　　　　　　)

(3) 電解精錬で，陽極から溶け出した Cu と，陰極で析出した Cu はどちらが多いか。

(陽極から溶け出した Cu・変わらない・陰極で析出した Cu)

基礎 **▶100〈アルミニウムの製造〉** アルミニウムを得るには，アルミニウムの鉱石から酸化アルミニウム Al_2O_3 を生成し，これを加熱融解して電気分解する。次の問いに答えよ。

(1) アルミニウムの鉱石名を記せ。(　　　　　　　　　)

(2) このような電気分解を何というか。(　　　　　　　　　)

(3) Al_2O_3 の融点を下げるために加える物質名を記せ。(　　　　　　　)

(4) アルミニウムを 54 kg つくるのに必要な酸化アルミニウムは何 kg か。

(　　　　　　)kg

▶101〈電気分解の量的関係〉 塩化銅(Ⅱ)水溶液を，炭素電極を用いて電気分解した。次の問いに答えよ。

(1) 陽極，陰極で起こる反応を，e^- を含むイオン反応式で示せ。

陽極(　　　　　　　　　　　　　　　　　　　　)

陰極(　　　　　　　　　　　　　　　　　　　　)

(2) 陰極で Cu が 0.318 g 析出したとき，陽極で発生した塩素は標準状態において何 mL か。ただし，発生した塩素は水に溶けないものとする。

(　　　　　　)mL

アドバイス

▶98
陽イオン交換膜は，Na^+ などの陽イオンを通すが，Cl^- や OH^- などの陰イオンを通さないので，NaCl や発生した Cl_2 と NaOH の混合を防いでいる。

▶99
不純物の金属で，イオン化傾向が Cu よりも大きいものは，陽イオンのまま電解液中に存在し，小さいものは，陽極泥に単体として存在する。

▶100
アルミニウムの溶融塩(融解塩)電解は，次の装置で行う。

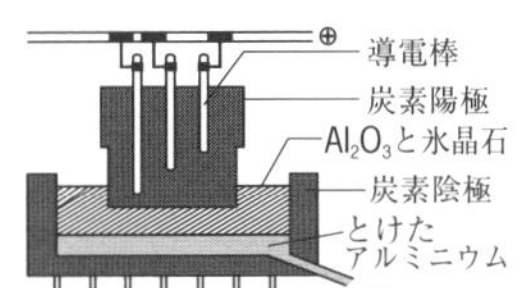

Al は Al_2O_3 が電気分解されて生じる。

▶101
(2) (1)の e^- を含むイオン反応式から，
$CuCl_2 \longrightarrow Cu + Cl_2$
よって，Cu 1 mol が析出すると，Cl_2 が 1 mol 発生する。

例題 16 ファラデーの電気分解の法則

▶102, 103, 104

硫酸銅(Ⅱ)水溶液を，白金電極を用いて 2.00 A の電流で 16 分 5 秒間電気分解した。次の問いに答えよ。

(1) 流れた電気量は何 C か。

(2) 流れた電子の物質量は何 mol か。

(3) 析出した銅の物質量は何 mol か。また，質量は何 g か。

(4) 発生した酸素の物質量は何 mol か。また，体積は標準状態で何 mL か。

ここがポイント

・電気量〔C〕＝電流〔A〕×時間〔s〕で，1 mol の電子の電気量は 9.65×10^4 C

・陽極，陰極の電気分解の反応を，e^- を含むイオン反応式で示し，量的関係を用いて計算する。

◆解法◆

(1) 電気量〔C〕＝電流〔A〕×時間〔s〕より，

$2.00\times(16\times60+5)=1930\text{ C}=1.93\times10^3\text{ (C)}$

(2) ファラデー定数 9.65×10^4 C/mol より，

$\dfrac{1930}{9.65\times10^4}=2.00\times10^{-2}\text{ (mol)}$

(3) 陰極 $Cu^{2+}+2e^-\longrightarrow Cu$ より，析出した Cu は，

$\dfrac{2.00\times10^{-2}}{2}=1.00\times10^{-2}\text{ (mol)}$

$63.5\times1.00\times10^{-2}=0.635\text{ (g)}$

(4) 陽極 $2H_2O\longrightarrow4H^++O_2+4e^-$ より，発生した O_2 は，

$\dfrac{2.00\times10^{-2}}{4}=5.00\times10^{-3}\text{ (mol)}$

標準状態における体積は，

$22400\times5.00\times10^{-3}=112\text{ (mL)}$

答 (1) **1.93×10^3 C** (2) **2.00×10^{-2} mol**
(3) **1.00×10^{-2} mol，0.635 g**
(4) **5.00×10^{-3} mol，112 mL**

▶102〈電気分解の法則〉 硝酸銀水溶液を，白金電極を用いて 5.0 A の電流で 16 分 5 秒間電気分解した。次の手順で生成物の量を求めるとき，(　　) に適する化学式，化学反応式または数値を入れよ。

(1) 流れた電気量は，(電気量〔C〕＝電流〔A〕×時間〔s〕) より，

5.0 A × ア(　　　　　　)s ＝ イ(　　　　　　)C

(2) この水溶液には，陽イオンとしてウ(　　　　　　)，陰イオンとしてエ(　　　　　　)が含まれている。(**ウ**)は水よりも還元されやすく，(**エ**)は酸化されにくい。

(3) したがって，陽極ではオ(　　　　　　)が次のように反応する。

カ(　　　　　　　　　　　　　　　　　　　　)

(4) よって，陰極ではキ(　　　　　　)が次のように反応する。

ク(　　　　　　　　　　　　　　　　　　　　)

(5) 9.65×10^4 C(電子 1 mol)の電気量では，陽極からはケ(　　　　　　)がコ(　　　　　　)mol，陰極からは，サ(　　　　　　)がシ(　　　　　　)mol 生成する。

(6) (5)の物質量から陽極で発生するケ(　　　　　　)の標準状態の体積は，

$\dfrac{イ(\qquad)}{9.65\times10^4}$ × コ(　　　　　　) × 22.4 ＝ ス(　　　　　　)L

また，陰極で析出するサ(　　　　　　)の質量は，

$\dfrac{イ(\qquad)}{9.65\times10^4}$ × シ(　　　　　　) × 108 ＝ セ(　　　　　　)g

アドバイス

▶102
陽極・陰極における電気分解の反応を考えるとき，電極の物質，電解質の溶質，水のどれが反応するか考え，電気分解の反応を e^- を含むイオン反応式で示し，量的関係を用いて計算する。

▶103〈電気分解の法則〉 硫酸銅(Ⅱ)水溶液を，白金電極を用いて電気分解したところ，陰極に銅が 1.27 g 析出した。次の問いに答えよ。

(1) 流れた電気量は何 C か。

(　　　　　)C

(2) 陽極に発生した気体は何か。また，標準状態で何 L になるか。

気体の種類(　　　　　)　(　　　　　)L

(3) 電流を 5.00 A とすると，この電気分解に要した時間は何分何秒か。

(　　　　分　　　　秒)

▶104〈水酸化ナトリウムの生成量〉 陽極に炭素棒，陰極に鉄板を用いて，食塩水を 2.00 A の電流で 32 分 10 秒間電気分解した。この実験について，次の問いに答えよ。

(1) 陽極，陰極で起こる反応を，e^- を含むイオン反応式で示せ。

陽極(　　　　　　　　　　)

陰極(　　　　　　　　　　)

(2) 発生する塩素および水素はそれぞれ標準状態で何 mL か。ただし，発生した気体は水に溶けないものとする。

塩素(　　　　　)mL　水素(　　　　　)mL

(3) この電気分解によって，何 g の水酸化ナトリウムが生成したか。

(　　　　　)g

▶105〈電池と電気量〉 銅板と亜鉛板を電極として右図のようなダニエル電池をつくり，電極間に電球をつないで放電させた。一定時間放電させたところ，どちらの電極も物質量が 1.00×10^{-3} mol だけ変化した。次の問いに答えよ。

(1) このとき流れた電気の電気量は何 C か。

(　　　　　)C

(2) このとき銅板，亜鉛板はそれぞれ何 mg 増加(減少)したか。

銅板(　　　　mg 増加・減少)　亜鉛板(　　　　mg 増加・減少)

アドバイス

▶103
陽極・陰極における電気分解の反応を，e^- を含むイオン反応式で示し，量的関係を用いて計算する。

▶104
食塩水の電気分解は，水酸化ナトリウムの工業的製法の原理である。
(3) (1)の式から，電子を消して両辺に $2Na^+$ を加えると，発生した気体と水酸化ナトリウムの量的関係がわかる。

▶105
ダニエル電池の正極，負極の反応は，次のようになる。
正極：$Cu^{2+}+2e^- \longrightarrow Cu$
負極：$Zn \longrightarrow Zn^{2+}+2e^-$
正極・負極の反応から，Cu 板は重くなり，Zn 板は軽くなる。

18 反応の速さ

1 速い反応と遅い反応

・速い反応
沈殿反応，炎色反応，中和反応，燃焼反応など

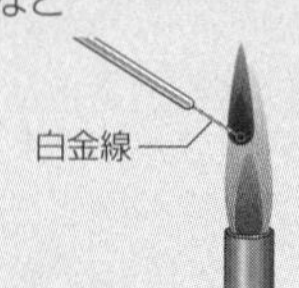

・遅い反応
金属がさびる反応，食品が酸化される反応，セメントの固化など

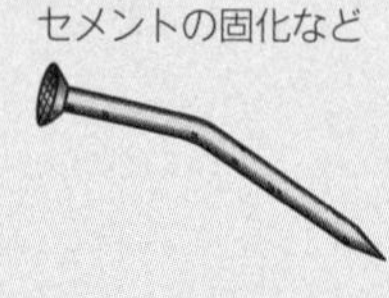

2 反応速度

単位時間に減少する反応物(増加する生成物)の濃度の変化量

◉反応速度＝$\dfrac{\text{反応物(生成物)の濃度の変化量}}{\text{反応時間}}$

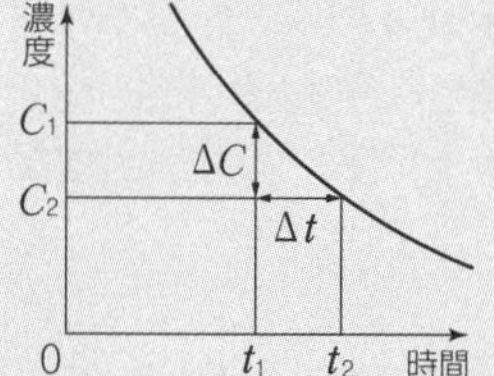

◉平均反応速度

$\bar{v}=-\dfrac{C_2-C_1}{t_2-t_1}$

$=-\dfrac{\Delta C}{\Delta t}$〔mol/(L･min)〕

＊反応速度は必ず正の値をとる。

3 反応速度を変える条件

(1) **濃度**　反応物の濃度㊅ → 反応速度㊅

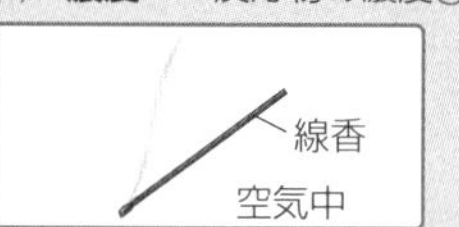

(2) **温度**　反応温度㊒ → 反応速度㊅

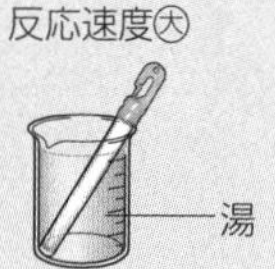

(3) **触媒**　触媒加える → 反応速度㊅

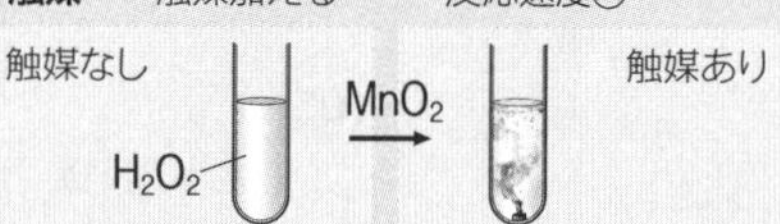

＊触媒…それ自身は変化せず，少量で反応速度を大きくする物質

4 反応速度式

反応物の濃度と反応速度の関係を表す式。反応速度式は化学反応式から単純に導けず，実験によって求められる。

例　過酸化水素 H_2O_2 の分解反応の速度式

$2H_2O_2 \longrightarrow 2H_2O + O_2$

$v=k[H_2O_2]$　(v：**反応速度**，k：**反応速度定数**)

＊$[H_2O_2]$は，H_2O_2 のモル濃度を表す。

＊反応速度定数は，温度を高くしたり，触媒を加えると，大きくなる。

ポイントチェック

□(1) 沈殿反応や中和反応は^{ア}(速い・遅い)反応であり，さびる反応やセメントが固まる反応は^{イ}(速い・遅い)反応である。

□(2) 単位時間に減少する反応物，または増加する生成物の濃度の変化量で表したものを何というか。
(　　　　　)

□(3) 反応速度は次式で求められる。

$\dfrac{\text{反応物(生成物)の}^{ア}(\qquad)\text{の変化量}}{\text{反応}^{イ}(\qquad)}$

□(4) 反応速度は必ず(正・負)の値にする。

□(5) $H_2+I_2 \longrightarrow 2HI$ の反応において，10分後に H_2 の濃度が C_1〔mol/L〕から C_2〔mol/L〕に変化したとき，平均反応速度〔mol/(L･min)〕を求めよ。

$-\dfrac{^{ア}(\qquad)}{^{イ}(\qquad)}$〔mol/(L･min)〕

□(6) 反応速度は(　　　　)，(　　　　)，(　　　　)の影響を受けて変化する。

□(7) 反応速度を大きくするには，
濃度を^{ア}(大きく・小さく)し，
温度を^{イ}(高く・低く)する。

□(8) それ自身は変化せず，少量で反応速度を大きくする物質を何というか。　(　　　　)

□(9) 反応物の濃度と反応速度の関係を表す式を何というか。　(　　　　)

□(10) 過酸化水素の分解反応
($2H_2O_2 \longrightarrow 2H_2O + O_2$)の速度式 v は，H_2O_2 の濃度を$[H_2O_2]$として次のように求められる。

$v=k\times{}^{ア}(\qquad)$

このとき比例定数 k を^{イ}(　　　　)という。

□(11) 反応速度定数は温度を高くしたり，触媒を加えると(大きく・小さく)なる。

□(12) 反応速度式は化学反応式から単純に求めることが(できる・できない)。

□(13) H_2O_2 の濃度が 2.0 mol/L，反応速度が 0.50 mol/(L･min)であったときに，(10)の式を用いて反応速度定数 k を求めよ。

$k=\dfrac{^{ア}(\qquad)}{^{イ}(\qquad)}={}^{ウ}(\qquad)$ /min

EXERCISE

▶106〈反応の速さ〉 過酸化水素水は，触媒を加えると，次式のように分解して右表のように濃度が減少する。下の(1)，(2)の反応速度を求めよ。

$2H_2O_2 \longrightarrow 2H_2O + O_2$

時間〔min〕	H_2O_2 の濃度〔mol/L〕
0	0.60
5	0.35
10	0.20

(1)　0～5 分における過酸化水素の平均分解速度

(　　　　　　)mol/(L･min)

(2)　5～10 分における過酸化水素の平均分解速度

(　　　　　　)mol/(L･min)

▶107〈反応の速さと条件〉 反応の速さを変える条件として，(ア)濃度，(イ)温度，(ウ)触媒などがある。次の(1)～(4)の現象は，(ア)～(ウ)のどれと最も関係が深いか。

(1)　過酸化水素水に酸化マンガン(Ⅳ)を加えると，容易に酸素が発生する。

(2)　過酸化水素水を低温で保存する。

(3)　スチールウールは，空気中より酸素中のほうが激しく燃える。

(4)　鉄くぎを希塩酸の中に入れると少しずつ水素が発生するが，加熱すると水素の発生がさかんになる。

(1)　　　　(2)　　　　(3)　　　　(4)

▶108〈反応速度式〉 A＋B ⟶ C で表される反応がある。AとBの濃度を変えてそれぞれの反応速度を求め，右のような結果を得た。このときの反応速度式を求めよ。

実験	[A]〔mol/L〕	[B]〔mol/L〕	v〔mol/(L･s)〕
1	1.0	1.0	4.0
2	1.0	2.0	16
3	2.0	1.0	8.0

v＝(　　　　　　)

▶109〈反応の速さと濃度〉 反応物 A と B から生成物 C を生成する反応がある。25℃では C の生成速度 v は，A のモル濃度[A]だけを 2 倍にすると 4 倍に，B のモル濃度[B]だけを 2 倍にすると 2 倍になった。

(1)　反応速度式 v を示せ。ただし，反応速度定数を k とする。

v＝(　　　　　　)

(2)　[A]と[B]をいずれも 3 倍にすると，v は何倍になるか。

(　　　)倍

アドバイス

▶106
反応速度は，濃度〔mol/L〕の変化量を反応時間〔分(min)〕で割った値で，必ず正の値をとる。

▶108
反応速度式は，
$v = k\,[A]^x[B]^y$
(k：反応速度定数)である。実験を比較し，[A]または[B]のどちらかの濃度が変化すると，反応速度は何倍になっているかを考える。

19 反応のしくみ

1 反応のしくみ

化学反応は，物質粒子が衝突して，原子間の結合を変えることで起こる。

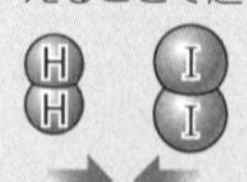

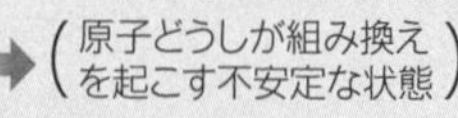

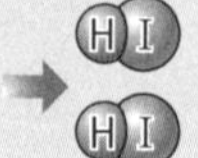

＊**遷移状態(活性化状態)**
…原子どうしが組み換えを起こす不安定な中間状態
(原子がバラバラになって反応するのではない)

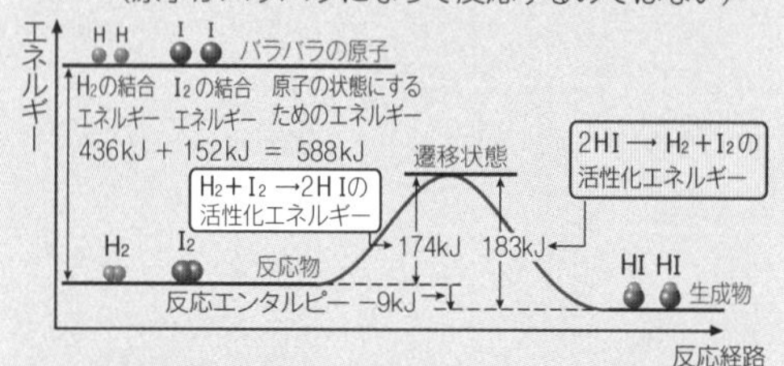

＊**活性化エネルギー**
…遷移状態にするために必要な最低限のエネルギー。反応が進むためには，原子の状態にならなくてもよい。

2 反応速度と濃度

反応物の濃度㊰ → 反応速度㊰

反応物の**濃度が大きくなる**と，**粒子の数が増える**ので，**衝突の回数が増え**，反応速度が大きくなる。

固体は，**粉末にする**と，**表面積が大きくなるので**，衝突の回数が増え，反応速度が大きくなる。

3 活性化エネルギーと温度

反応温度㊔ → 反応速度㊰

温度が高くなると，**大きなエネルギーをもつ粒子が増加し**，粒子が衝突して**遷移状態になりやすくなる**ため，反応速度が大きくなる。

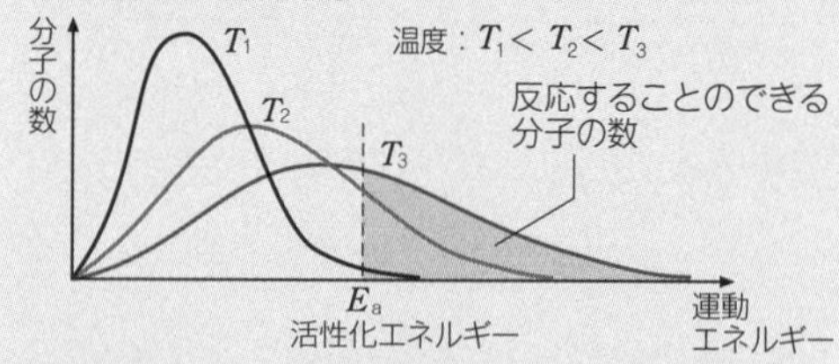

4 活性化エネルギーと触媒

触媒を用いると，**反応の経路が変わり**，触媒を使わなかった場合より**活性化エネルギーが小さくなる**ため，反応速度が大きくなる。ただし，**反応エンタルピーは変わらない。**

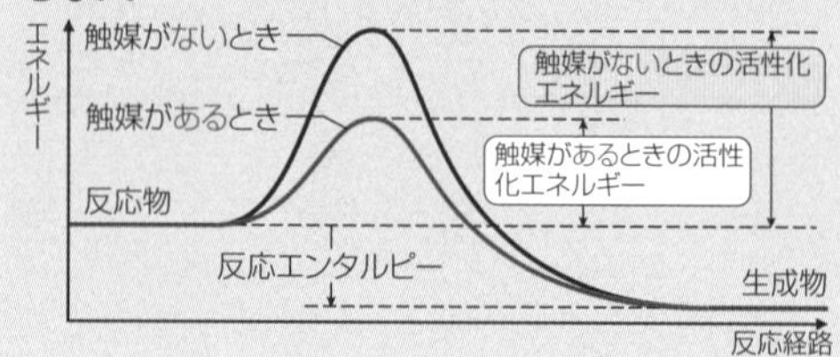

ポイントチェック

□(1) 化学反応は物質粒子が(衝突・融合)して，原子の結合を変えることで起こる。

□(2) 反応にかかわる粒子の数が増える(濃度が大きくなる)と，衝突回数が^{ア}(増加・減少)するため，反応速度が^{イ}(大きく・小さく)なる。

□(3) 固体は，粉末にすると，
表面積が^{ア}(大きく・小さく)なり，
反応速度が^{イ}(大きく・小さく)なる。

□(4) 原子どうしが組み換えを起こす不安定な中間状態を何というか。 (　　　　)

□(5) 遷移状態にするために必要な最低限のエネルギーを何というか。 (　　　　)

□(6) 温度が高くなると，大きなエネルギーをもつ粒子が^{ア}(増加・減少)し，粒子が衝突して^{イ}(原子・遷移)状態になりやすくなるため，反応速度が^{ウ}(大きく・小さく)なる。

□(7) 活性化エネルギーと遷移状態を表した次の図の(　　)にあてはまる語句を記せ。

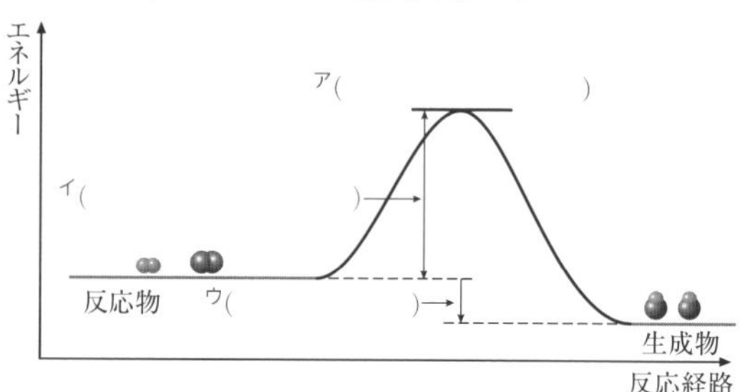

□(8) 触媒を用いると反応の経路が変わり，触媒を使わなかった場合より活性化エネルギーが^{ア}(大きく・小さく)なるため，反応速度が^{イ}(大きく・小さく)なる。

□(9) 触媒を用いたとき反応エンタルピーの大きさは，触媒を使わなかった場合に比べ(変わらない・小さくなる)。

□(10) 触媒を加えたときの反応経路を図に記入せよ。

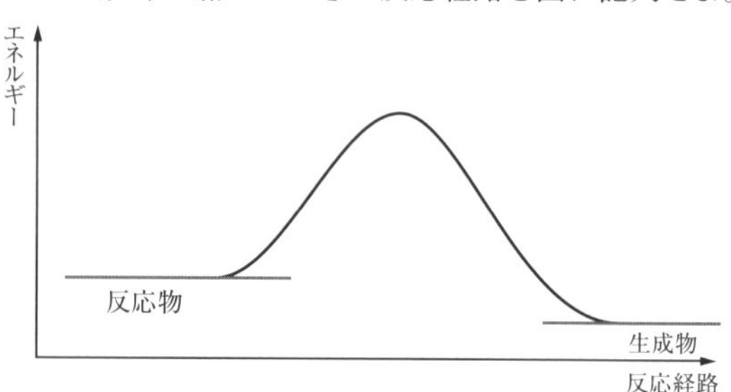

EXERCISE

▶**110〈化学反応とエネルギー変化〉** 右図は，$H_2+I_2 \longrightarrow 2HI$ の反応におけるエネルギー変化を示したものである。次の問いに答えよ。

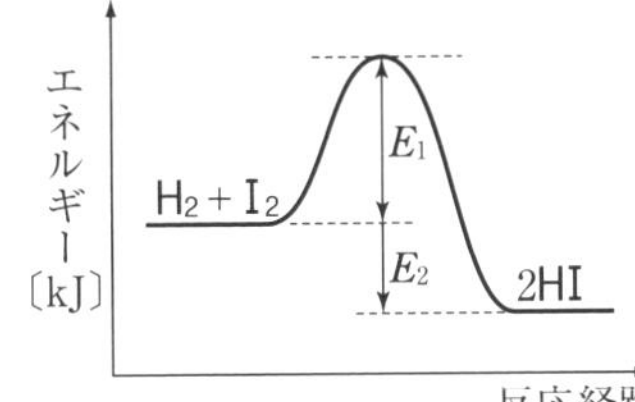

(1) この反応は発熱反応と吸熱反応のどちらか。

（　　　　　　）

(2) 図中の E_1，E_2 をそれぞれ何というか。

E_1（　　　　　　　　）　E_2（　　　　　）

(3) この反応に触媒を加え，反応速度が大きくなったとき，図中の E_1，E_2 の値はそれぞれどうなるか。

E_1（大きくなる・変わらない・小さくなる）

E_2（大きくなる・変わらない・小さくなる）

▶**111〈化学反応とエネルギー変化〉** 化学反応 A＋B ⟶ C＋D が進むときのエネルギー変化を示すと，右図の実線のようになる。次の問いに答えよ。

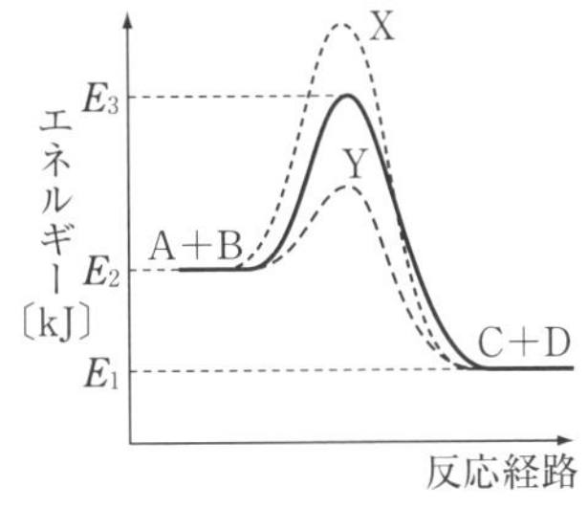

(1) この反応の活性化エネルギーを E_1，E_2，E_3 を用いて示せ。

（　　　　　）

(2) この反応の反応エンタルピーを $-x$〔kJ/mol〕としたとき，x は E_1，E_2，E_3 を用いてどのように表されるか。

（　　　　　）

(3) C＋D ⟶ A＋B の反応が起こるとき，この活性化エネルギーを E_1，E_2，E_3 を用いて示せ。

（　　　　　）

(4) 触媒を加えたところ，反応が速くなった。このとき，反応経路は X と Y のどちらになったか。

（　　）

▶**112〈反応のしくみ〉** 化学反応に関する次の(ア)～(キ)の記述のうち，**誤りを含むもの**をすべて選べ。

(ア) 反応物の粒子が衝突しても，必ず反応が起こるとは限らない。
(イ) 一般に，反応物の粒子の衝突回数が多いほど，反応速度は大きい。
(ウ) 固体は粉末にすると表面積が大きくなるので，反応速度が大きくなる。
(エ) 一般に，反応速度は温度によって影響を受けない。
(オ) 活性化エネルギーが大きいほど，化学反応が起こりやすい。
(カ) 触媒を加えても，反応エンタルピーは変わらない。
(キ) 触媒を加えても，活性化エネルギーは変わらない。

（　　　　　）

アドバイス

▶**110**
(1) H_2+I_2 と 2HI のエネルギーを比較する。
(3) 触媒は，活性化エネルギーを小さくして反応速度を大きくするが，生成物は同じなので反応熱は変わらない。

▶**111**
(4) 触媒は，活性化エネルギーを小さくして，反応速度を大きくする。

▶**112**
反応速度を大きくする方法
・濃度を大きくする（反応物の粒子の衝突回数を増やす）
・温度を高くする（活性化エネルギー以上の粒子の割合を増やす）
・触媒を加える

20 可逆反応と化学平衡

1 可逆反応と不可逆反応

〔反応物〕$\rightleftarrows$〔生成物〕

（ ⟶ ：**正反応**（右向きの反応）
⟵ ：**逆反応**（左向きの反応））

(1) **可逆反応**…正反応と逆反応のどちらの方向にも進む化学反応。$\rightleftarrows$ で表す。

例 $H_2 + I_2 \rightleftarrows 2HI$

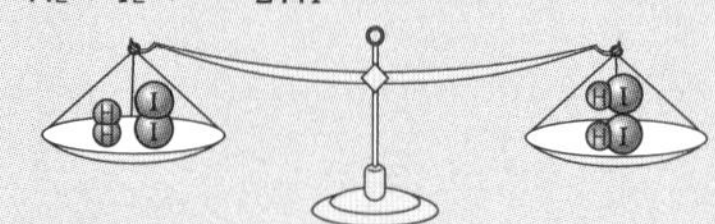

(2) **不可逆反応**…一方向（正反応）のみ進む化学反応

例 $C + O_2 \longrightarrow CO_2$

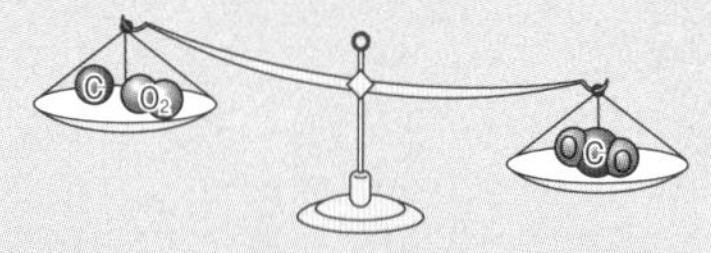

2 平衡状態（化学平衡の状態）

$H_2 + I_2 \rightleftarrows 2HI$ における各物質の濃度変化

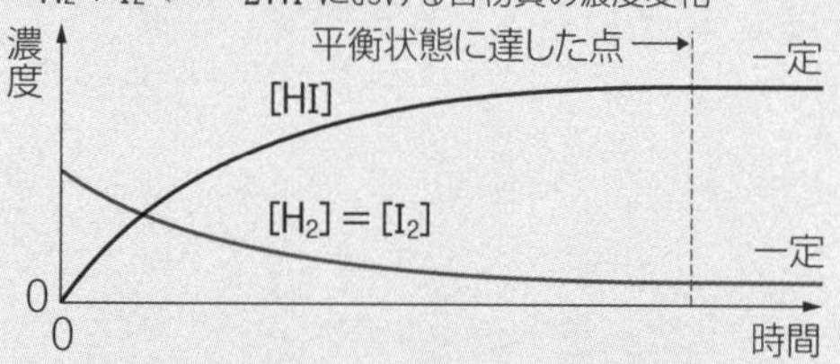

見かけ上反応が止まって見える状態を**平衡状態**という。平衡状態では，

「正反応の反応速度」＝「逆反応の反応速度」

となり，**反応速度は 0 ではない。**

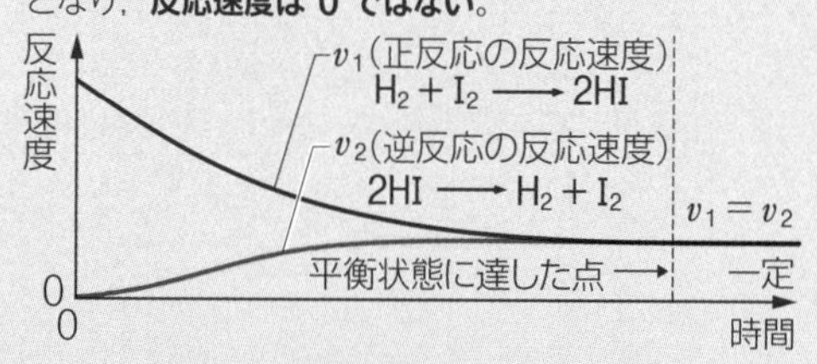

3 化学平衡の法則（質量作用の法則）

$aA + bB + \cdots \rightleftarrows mM + nN + \cdots$

の反応が平衡状態にあるとき，各成分のモル濃度を[A]，[B]，…，[M]，[N]，…とすると，次の関係がなりたつ。

$$K = \frac{[M]^m[N]^n\cdots}{[A]^a[B]^b\cdots} \quad (K：平衡定数)$$

K は温度が一定ならば常に一定。固体成分は含めない。

例 $H_2 + I_2 \rightleftarrows 2HI$ の反応の平衡定数 K

$$K = \frac{[HI]^2}{[H_2][I_2]}$$

H₂とI₂の混合気体

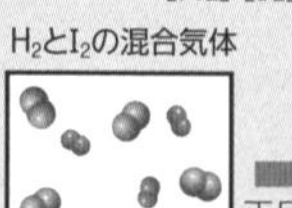

正反応

H₂, I₂, HIの混合気体

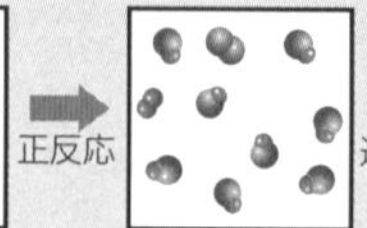

逆反応

HIの気体

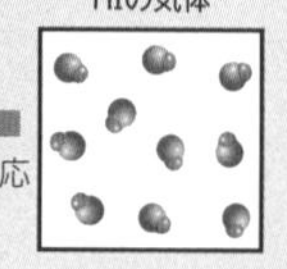

平衡状態

ポイントチェック

□(1) 化学反応式の右向きの反応を何というか。
（　　　　　　　）

□(2) 化学反応式の左向きの反応を何というか。
（　　　　　　　）

□(3) 正反応と逆反応の両方に進む化学反応を何というか。（　　　　　　　）

□(4) 可逆反応を化学反応式で表すときの記号はどのようになるか。（　　　　　　　）

□(5) 一方向（正反応）のみ進む化学反応を何というか。（　　　　　　　）

□(6) 見かけ上反応が止まって見える状態を何というか。（　　　　　　　）

□(7) 平衡状態では，正反応の反応速度と逆反応の反応速度は（0 である・等しい）。

□(8) $aA + bB + cC \rightleftarrows mM + nN + pP$
の反応が平衡状態にあるとき，各成分のモル濃度を[A]，[B]，[C]，[M]，[N]，[P]とすると，どんな関係がなりたつか。

$$K = \frac{ア(\qquad\qquad)}{イ(\qquad\qquad)}$$

□(9) (8)の法則を何というか。
（　　　　　　　）

□(10) (8)の K を何というか。（　　　　　　　）

□(11) 平衡定数 K は温度によって（変化する・変化しない）。

□(12) 各成分の中に固体があるとき，化学平衡の法則の式に固体成分を（含める・含めない）。

□(13) 温度が一定ならば，平衡定数 K は反応開始時の物質の濃度に（関係する・関係ない）。

□(14) $CH_3COOH + C_2H_5OH \rightleftarrows CH_3COOC_2H_5 + H_2O$
の反応が平衡状態にあるとき平衡定数 K をそれぞれの物質のモル濃度で表すとどうなるか。

$$K = \frac{ア(\qquad\qquad)}{イ(\qquad\qquad)}$$

EXERCISE

▶**113〈平衡定数の求め方〉** 酢酸 CH_3COOH 1.0 mol とエタノール C_2H_5OH 1.0 mol を混合し，触媒として硫酸を加え，ある一定温度で反応させたところ，酢酸エチル $CH_3COOC_2H_5$ が 0.75 mol 生成したところで平衡状態になった。

$$CH_3COOH + C_2H_5OH \rightleftarrows CH_3COOC_2H_5 + H_2O$$

この混合溶液の体積を V〔L〕とし，反応中に体積変化はないものとして，平衡定数 K を求めたい。次の（　）にあてはまる数値などを答えよ。

	CH_3COOH	$+\ C_2H_5OH$	$\rightleftarrows CH_3COOC_2H_5$	$+\ H_2O$
反応前の量〔mol〕	1.0	1.0	0	0
変化量〔mol〕	ア（　　）	イ（　　）	ウ（　　）	エ（　　）
平衡状態の量〔mol〕	オ（　　）	カ（　　）	0.75	キ（　　）

混合溶液の体積は V〔L〕なので，平衡状態における各成分の濃度は，

$[CH_3COOH] = [C_2H_5OH] =$ ク（　　　　）〔mol/L〕

$[CH_3COOC_2H_5] = [H_2O] =$ ケ（　　　　）〔mol/L〕

したがって，平衡定数 K は，$K = \dfrac{\text{コ（　　　　　　）}}{\text{サ（　　　　　　）}}$

$= \dfrac{\text{ケ（　　　）} \times \text{ケ（　　　）}}{\text{ク（　　　）} \times \text{ク（　　　）}} =$ シ（　　　）

▶**114〈化学平衡の法則〉** 100 L の容器の中に 4.5 mol の水素と 6.0 mol のヨウ素を入れ，ある温度に保ったところ，次の反応が平衡に達し，8.0 mol のヨウ化水素が生成した。下の問いに答えよ。　$H_2 + I_2 \rightleftarrows 2HI$

(1)　この反応の平衡定数 K を表す式を，$[H_2]$，$[I_2]$，および $[HI]$ を用いて示せ。

$K =$（　　　　　）

(2)　この反応のある温度における平衡定数 K はいくらか。

（　　　　　）

(3)　同じ容器に水素 9.0 mol とヨウ素 9.0 mol を入れ，同じ温度に保つと，生成するヨウ化水素は何 mol か。

（　　　　　）mol

▶**115〈平衡状態と平衡定数〉** 水素 1.00 mol とヨウ素 1.40 mol を 100 L の容器に入れ，ある温度に保ったときの水素の物質量の変化は，下図のようであった。次の問いに答えよ。

(1)　平衡状態に達したのは何分後か。

（　　　　　）分後

(2)　平衡定数 K を求めよ。

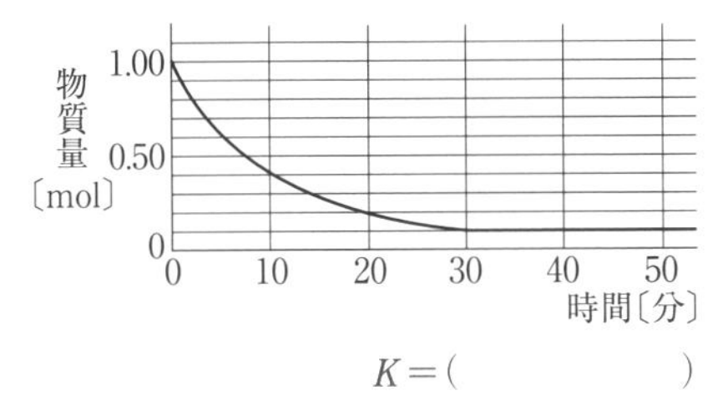

$K =$（　　　　　）

アドバイス

▶**113**
平衡状態におけるそれぞれの物質のモル濃度を求めるために，平衡状態にいたる量的な関係を，反応前の量，変化量，平衡状態の量に分けて表にする。平衡状態における量をもとに，平衡定数を求める。

▶**114**
(3)　求めるヨウ化水素の物質量を x として，(2)同様に平衡状態にいたる量的な関係を，反応前の量，変化量，平衡状態の量に分けて表にし，平衡状態における量をもとに，平衡定数を求める。

▶**115**
(1)　平衡状態に達すると，物質量は一定になる。
(2)　平衡状態における H_2，I_2，HI の物質量を求め，モル濃度を導いて平衡定数を表す式に代入する。
反応式
$H_2 + I_2 \rightleftarrows 2HI$

21 化学平衡の移動

1 平衡移動の原理(ルシャトリエの原理)

可逆反応が**平衡状態**にあるとき，反応条件(**濃度・圧力・温度**など)を変化させると，その変化を**やわらげる方向**に反応が進み，新しい平衡状態になる。

＊触媒を加えても，反応速度を変えるだけで，平衡は移動しない。

(1) 濃度

濃度が**減少** → **濃度を増加**する方向に移動
濃度が**増加** → **濃度を減少**する方向に移動

例 $N_2 + 3H_2 \rightleftarrows 2NH_3$

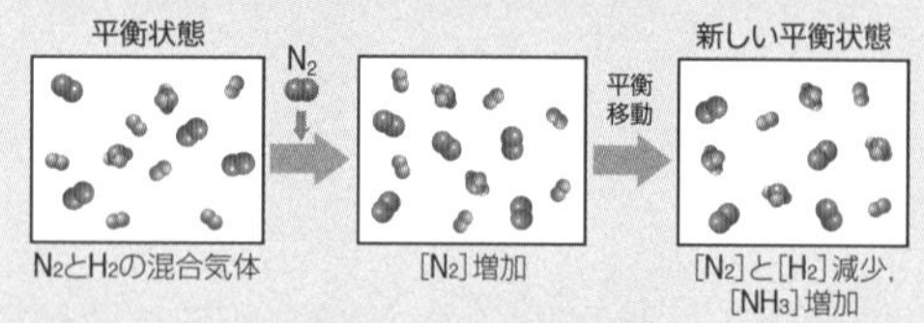

N_2 を加えると，N_2 が減少するように平衡が右に移動する。

(2) 圧力

加圧する→気体の**総物質量が減少**する方向に移動
減圧する→気体の**総物質量が増加**する方向に移動

例 $2NO_2 \rightleftarrows N_2O_4$

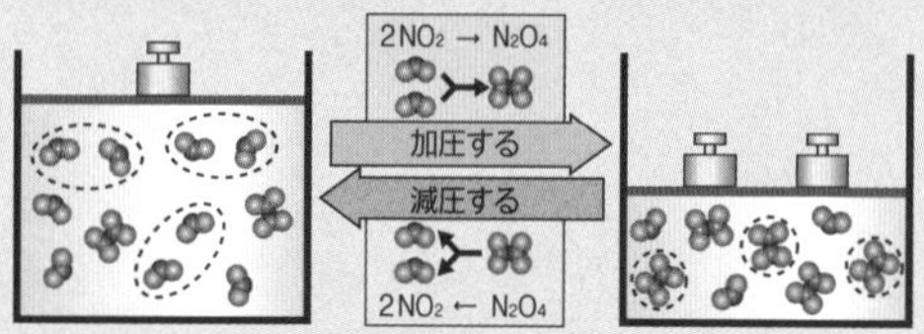

圧力を加えると，気体の総粒子が減少する方向($2NO_2 \longrightarrow N_2O_4$)に反応が進み，平衡が右に移動する。

(3) 温度

温度を**上げる** → **吸熱**する方向に移動
温度を**下げる** → **発熱**する方向に移動

例 $2NO_2$(気) $\rightleftarrows$ N_2O_4(気)　$\Delta H = -57$ kJ(正反応)

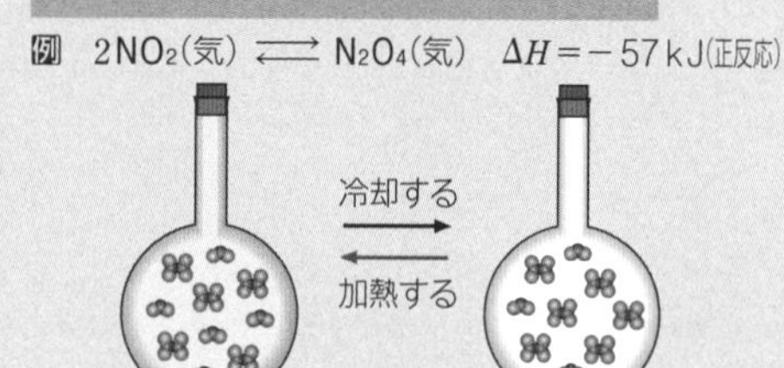

容器を冷やすと，発熱する方向 ($2NO_2 \longrightarrow N_2O_4$) に反応が進み，平衡が右に移動する。

2 アンモニアの工業的製法 (→p.80)

「ハーバー・ボッシュ法」

400～600 ℃，2×10^7～1×10^8 Pa，四酸化三鉄(触媒)を用いたアンモニアの工業的製法

$N_2 + 3H_2 \rightleftarrows 2NH_3$

ポイントチェック

□(1) 平衡移動(ルシャトリエ)の原理とは，ア(可逆・不可逆)反応が平衡状態にあるとき，反応条件を変化させると，その変化をイ(厳しくする・やわらげる)方向に反応が進み，新しい平衡状態になる原理のことをいう。

□(2) 平衡移動(ルシャトリエ)の原理において平衡を移動させるおもな条件を3つ答えよ。
(　　　，　　　，　　　)

□(3) 平衡状態において，物質の濃度が減少すると，その物質の濃度がア(減少・増加)する方向に，物質の濃度が増加すると，その物質の濃度がイ(減少・増加)する方向に平衡が移動する。

□(4) 平衡状態において，温度を高く(加熱)すると，ア(発熱・吸熱)する方向に，温度を低く(冷却)すると，イ(発熱・吸熱)する方向に平衡が移動する。

□(5) 平衡状態において，圧力を高く(加圧)すると，気体全体の物質量がア(増加・減少)する方向に，圧力を低く(減圧)すると，気体全体の物質量がイ(増加・減少)する方向に平衡が移動する。

□(6) 触媒を加えると平衡は移動ア(する・しない)が，反応速度をイ(大きく・小さく)し，平衡状態までの時間を変化させるはたらきをしている。

□(7) $2NO_2$(気) $\rightleftarrows$ N_2O_4(気)　$\Delta H = -57$ kJ の反応が平衡状態にあるとき，次の条件を変化させ，一定に保つと平衡はどちらに移動するか。ただし，ΔH は正反応の反応エンタルピーを示す。

① NO_2 を加える　(左・移動しない・右)
② N_2O_4 を加える　(左・移動しない・右)
③ 温める　(左・移動しない・右)
④ 冷やす　(左・移動しない・右)
⑤ 圧力を上げる　(左・移動しない・右)
⑥ 圧力を下げる　(左・移動しない・右)
⑦ 触媒を加える　(左・移動しない・右)

□(8) 400～600 ℃，2×10^7～1×10^8 Pa の圧力の下で，アンモニアを工業的に製造する方法を何というか。(　　　　　)

□(9) ハーバー・ボッシュ法では，(鉄・銅)を主成分とする触媒を用いる。

EXERCISE

▶116〈平衡の移動〉 次の反応が平衡状態にあるとき，下の(1)～(5)の操作を行うと，平衡はどちらに移動するか。操作以外の条件は一定のままとし，「左・移動しない・右」で答えよ。ただし，ΔH は正反応の反応エンタルピーを示す。

$$\frac{3}{2}H_2(気)+\frac{1}{2}N_2(気) \rightleftarrows NH_3(気) \quad \Delta H=-46\,\mathrm{kJ}$$

(1) H_2 を加える　(　　　　　)　(2) NH_3 を除く　(　　　　　)
(3) 高圧にする　(　　　　　)　(4) 高温にする　(　　　　　)
(5) 触媒を加える　(　　　　　)

▶117〈平衡の移動〉 次の(1)～(10)の反応が平衡状態にあるとき，(　　) 内で示された条件を変化させると平衡はどちらに移動するか。ただし，ΔH は正反応の反応エンタルピーを示す。

(1) $2NO_2(気) \rightleftarrows N_2O_4(気)$　$\Delta H=-57\,\mathrm{kJ}$　(圧力を下げる)
(左・移動しない・右)

(2) $2SO_2(気)+O_2(気) \rightleftarrows 2SO_3(気)$　$\Delta H=-188\,\mathrm{kJ}$　(圧力を上げる)
(左・移動しない・右)

(3) $N_2(気)+O_2(気) \rightleftarrows 2NO(気)$　$\Delta H=+181\,\mathrm{kJ}$　(温度を上げる)
(左・移動しない・右)

(4) $NH_3+H_2O \rightleftarrows NH_4^{+}+OH^{-}$　(塩基性にする)
(左・移動しない・右)

(5) $C(黒鉛)+H_2O(気) \rightleftarrows CO(気)+H_2(気)$　(圧力を下げる)
(左・移動しない・右)

(6) $C(黒鉛)+H_2O(気) \rightleftarrows CO(気)+H_2(気)$　$\Delta H=+130\,\mathrm{kJ}$
(黒鉛を加える)　(左・移動しない・右)

(7) $CH_3COOH \rightleftarrows CH_3COO^{-}+H^{+}$　(CH_3COONa を加える)
(左・移動しない・右)

(8) $CH_3COOH \rightleftarrows CH_3COO^{-}+H^{+}$　($NaOH$ を加える)
(左・移動しない・右)

(9) $3H_2(気)+N_2(気) \rightleftarrows 2NH_3(気)$　(全圧一定で Ar を加える)
(左・移動しない・右)

(10) $3H_2(気)+N_2(気) \rightleftarrows 2NH_3(気)$　(全体積一定で Ar を加える)
(左・移動しない・右)

▶118〈平衡の移動〉

$a\mathrm{A}(気)+b\mathrm{B}(気) \rightleftarrows c\mathrm{C}(気)$ の反応において，いろいろな温度・圧力で平衡に達したときの C の濃度は右図のようになった。次の問いに答えよ。

Cの濃度
200℃
400℃
700℃
圧力→

(1) C の生成反応は発熱反応か吸熱反応か。
(発熱反応・吸熱反応)

(2) a，b，c には，次の 3 つのどの関係があるか。
$(a+b>c \cdot a+b<c \cdot a+b=c)$

アドバイス

▶116
可逆反応が平衡状態にあるとき，変化をやわらげる方向に反応が進む。触媒は，平衡状態に達する時間を短くするが，平衡の移動は起こさない。

▶117
可逆反応が平衡状態にあるとき，変化をやわらげる方向に反応が進む。
(5)(6) 固体は，平衡の移動に影響しない。
(7) CH_3COONa が電離すると，CH_3COO^{-} が生成する。
(8) $NaOH$ を加えると，中和反応が起こる。
(9) 全圧一定なので，Ar を加えると，H_2(気) と N_2(気) と NH_3(気) を合わせた圧力は小さくなる。
(10) 全体積一定なので，Ar を加えても，H_2(気) と N_2(気) と NH_3(気) を合わせた圧力に変化はない。

22 電離平衡

1 酸・塩基の電離度と強弱 基礎

(1) 電離度…電解質が水溶液中で電離している割合

◉**電離度** $\alpha = \dfrac{\text{電離した電解質の物質量}}{\text{溶かした電解質の物質量}}$ $(0 < \alpha \leqq 1)$

(2) 強酸(強塩基)と弱酸(弱塩基)

・**強酸(強塩基)**…水溶液中でほぼ**完全に電離している**酸(塩基)(電離度 $\alpha \fallingdotseq 1$)

・**弱酸(弱塩基)**…水溶液中で**一部しか電離していない**酸(塩基)(電離度 $\alpha \ll 1$)

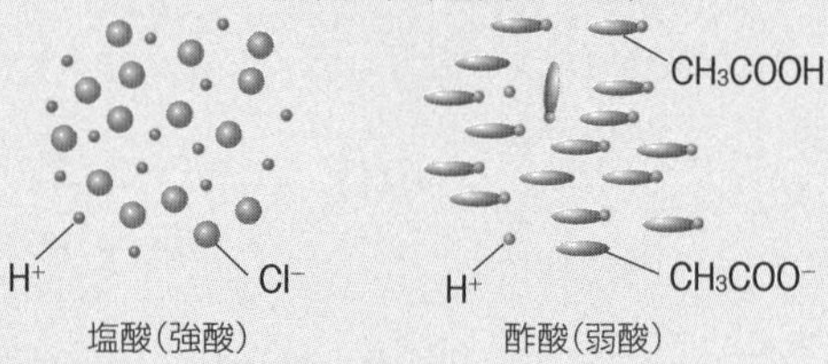

塩酸(強酸)　酢酸(弱酸)

2 電離平衡と電離定数

酸，塩基，塩などの電解質を水に溶かしたときの平衡を**電離平衡**という。このときの平衡定数を**電離定数**という。

例 酢酸 CH_3COOH の電離平衡

酢酸の濃度を c〔mol/L〕，電離度 α とすると，

	CH_3COOH ⇄	CH_3COO^- +	H^+
電離前	c	0	0
変化量	$-c\alpha$	$+c\alpha$	$+c\alpha$
平衡時	$c(1-\alpha)$	$c\alpha$	$c\alpha$

酢酸の平衡定数 K_a は

$$K_a = \frac{[CH_3COO^-][H^+]}{[CH_3COOH]} = \frac{c\alpha \times c\alpha}{c(1-\alpha)} = \frac{c\alpha^2}{1-\alpha}$$

弱酸の電離度 $\alpha \ll 1$ より，$1-\alpha \fallingdotseq 1$ と近似すると，

$K_a = c\alpha^2$ …①

3 水素イオン濃度と水素イオン指数(pH)

(1) **水素イオン濃度**

水溶液中の水素イオンのモル濃度

・弱酸の水素イオン濃度

$[H^+] = c$(弱酸のモル濃度)$\times \alpha$(電離度) …②

(2) **水素イオン指数(pH)**

酸性・塩基性の水溶液の強さの程度

$pH = -\log_{10}[H^+]$

($[H^+] = 1 \times 10^{-a}$〔mol/L〕のとき pH は a となる。)

(3) **水のイオン積**

純水もわずかに電離して ($H_2O \rightleftarrows H^+ + OH^-$)，電離平衡の状態になっている。

$K_w = [H^+][OH^-] = 1 \times 10^{-14}$(mol/L)^2

(25℃における値)

> 濃度 c〔mol/L〕における弱酸の電離定数 K_a と，電離度 α，水素イオン濃度 $[H^+]$ の関係
>
> $\alpha = \sqrt{\dfrac{K_a}{c}}$，$[H^+] = \sqrt{cK_a}$ (①式と②式から導かれる)

ポイントチェック

基礎

□(1) 電解質が水溶液中で電離している割合を何というか。（　　　）

□(2) 水溶液中で，ほぼ完全に電離している(電離度 $\alpha \fallingdotseq 1$)酸を^ア(強・弱)酸といい，一部しか電離していない(電離度 $\alpha \ll 1$)酸を^イ(強・弱)酸という。

□(3) 酸，塩基，塩などの電解質を水に溶かしたときの平衡を何というか。（　　　）

□(4) 電離平衡における平衡定数を何というか。（　　　）

□(5) 水溶液中の水素イオンのモル濃度を何というか。（　　　）

□(6) 1 価の弱酸の水素イオン濃度は，弱酸の濃度を c〔mol/L〕，電離度 α とすると，次のようになる。 $[H^+]$ =（　　　）〔mol/L〕

□(7) 1 価の弱酸の水素イオン濃度は，弱酸の濃度を c〔mol/L〕，電離定数 K_a とすると，次のようになる。 $[H^+]$ =（　　　）〔mol/L〕

基礎

□(8) 酸性・塩基性の水溶液の強さの程度を表すものを何というか。（　　　）

□(9) 水素イオン指数を表す記号は何か。（　　　）

□(10) 水素イオン指数(pH)は，水素イオン濃度 $[H^+]$ を用いると，次のようになる。

pH =（　　　）

□(11) $[H^+] = 1 \times 10^{-a}$〔mol/L〕のとき pH はいくつか。（　　　）

□(12) 0.1 mol/L の硝酸(電離度 1)の pH はいくつか。（　　　）

□(13) 0.1 mol/L の水酸化ナトリウム水溶液(電離度 1.0)の pH はいくつか。（　　　）

□(14) pH は，酸性が強いほど^ア(大きく・小さく)なり，塩基性が強いほど^イ(大きく・小さく)なる。

□(15) 純粋な水もわずかに電離して，電離平衡の状態にある。この平衡定数 K_w を何というか。（　　　）

□(16) 水のイオン積 K_w は次のように表される。25℃での値はいくらか。

K_w = ^{ア}(　　　) = ^{イ}(　　　)(mol/L)^2

定数 水のイオン積 $K_w=[H^+][OH^-]=1.0\times10^{-14}(mol/L)^2$

▶119〈弱酸・弱塩基の水素イオン濃度とpH〉 次の(1)，(2)の水溶液の水素イオン濃度$[H^+]$とpHを求めよ。ただし，$\log_{10}1.6=0.20$，$\log_{10}7.7=0.89$とし，pHは小数第一位まで求めよ。

(1) 0.10mol/Lの酢酸水溶液(電離度0.016)

水素イオン濃度(　　　　　)mol/L　pH(　　　　)

(2) 0.10mol/Lのアンモニア水(電離度0.013)

水素イオン濃度(　　　　　)mol/L　pH(　　　　)

▶120〈酢酸の電離平衡〉 次の文章中の(　　)に適する化学式，数式，数値を入れ，下の問いに答えよ。

弱酸である酢酸は水溶液中でその一部が電離して①式のように電離平衡の状態に達している。　$CH_3COOH \rightleftarrows CH_3COO^- + H^+$　…①

この場合の電離定数K_aは，それぞれのモル濃度を用いて表すと，次の式で示される。

$K_a=$ア(　　　　　　)〔mol/L〕　…②

水に溶かした酢酸の濃度をc〔mol/L〕，電離度をαとして，平衡状態では，

	CH_3COOH	$\rightleftarrows$ CH_3COO^-	$+H^+$
反応前の量〔mol/L〕	c	0	0
変化量〔mol/L〕	イ(　　)	ウ(　　)	エ(　　)
平衡時の量〔mol/L〕	オ(　　)	カ(　　)	キ(　　)

平衡時の値を，②式に代入し，計算すると，

$K_a=$ク(　　　　)〔mol/L〕　…③

酢酸は弱酸であり，その電離度は非常に小さいため，

$1-\alpha\fallingdotseq$ケ(　　　　)と近似できる。よって，③式は，次の④式で表される。

$K_a=$コ(　　　　)〔mol/L〕　…④

酢酸水溶液の水素イオン濃度$[H^+]$は，cとαを用いて表すと，

$[H^+]=$サ(　　　　)〔mol/L〕　…⑤

さらに，水素イオン濃度と電離定数の関係は，④式と⑤式からαを消去して，

$[H^+]=$シ(　　　　)〔mol/L〕　…⑥

平衡定数$K_a=2.7\times10^{-5}$mol/Lとして，0.10mol/Lの酢酸水溶液の水素イオン濃度を計算しなさい。ただし，$\sqrt{2.7}=1.6$とする。

(　　　　　)mol/L

アドバイス

▶119

(1) 酢酸は1価の酸なので，

$[H^+]=c\alpha$

$pH=-\log_{10}[H^+]$

$=-\log_{10}(c\alpha)$

となる。

(2) 塩基性の場合，

$K_w=[H^+][OH^-]$

$=1\times10^{-14}(mol/L)^2$

より，

$[H^+]=\dfrac{1\times10^{-14}}{[OH^-]}$

として，$[H^+]$を求める。

▶120

平衡時のそれぞれの濃度を計算し，平衡定数とc，αの関係を求め，値を代入して計算する。

23 塩の加水分解と溶解度積

1 塩の加水分解

(1) 塩(正塩)の水溶液の性質

塩の構成	水溶液の性質
強酸と**強塩基**から得られる正塩	**中性**
弱酸と**強塩基**から得られる正塩	**塩基性**
強酸と**弱塩基**から得られる正塩	**酸性**

(2) **塩の加水分解**

強酸と弱塩基(弱酸と強塩基)の塩を水に溶かしたとき，電離したイオンが水と反応して，水溶液が酸性(塩基性)を示す現象

例 酢酸ナトリウムの加水分解

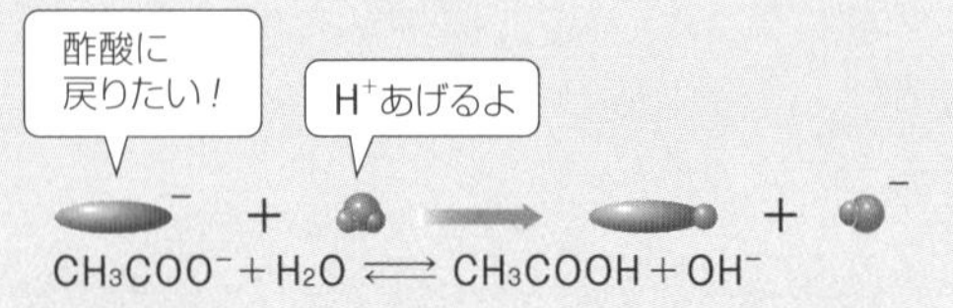

$CH_3COO^- + H_2O \rightleftarrows CH_3COOH + OH^-$

2 緩衝作用

少量の酸や塩基を加えても，pHの値がほぼ一定に保たれる作用を，**緩衝作用**という。緩衝作用のある溶液を，**緩衝液**という。緩衝液は，一般に，弱酸(弱塩基)とその塩の混合溶液である。

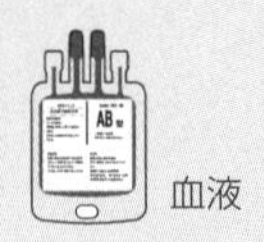

血液

スポーツドリンク

例 酢酸と酢酸ナトリウムの緩衝液

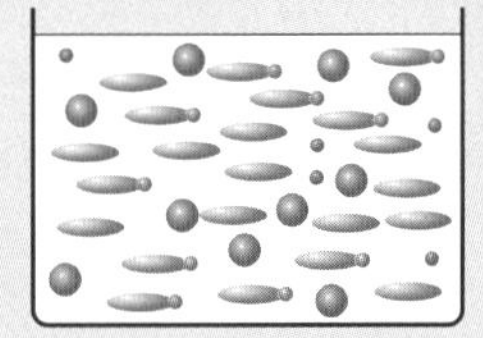

CH_3COOH (多い)
CH_3COO^- (多い)
H^+ (少ない)
Na^+(多い)

$CH_3COOH \rightleftarrows CH_3COO^- + H^+$
(多い)　(多い)　(少ない)

- H^+ を加えると，平衡が左に移動することで，H^+ の増加をおさえ，pH の変化がない。
- OH^- を加えると，たくさん存在する CH_3COOH と中和反応が起こり，OH^- の増加がおさえられ，pH の変化がない。

3 溶解度積 K_{sol} (K_s，K_{sp} と表すこともある)

溶けにくい塩 AB が水溶液中で溶解平衡の状態 (AB(固) $\rightleftarrows$ $A^+ + B^-$)にあるとき，次式がなりたつ。

$K_{sol} = [A^+][B^-]$

(K_{sol} は一定温度では，一定の値をとる)

AB(固) $\rightleftarrows$ $A^+ + B^-$ の溶解平衡において，水溶液の濃度が$[A^+]$，$[B^-]$であるとき，溶解度積 K_{sol} と比較して沈殿が生じるかどうかは次のとおり。

$[A^+][B^-] > K_{sol}$…沈殿が生じる
$[A^+][B^-] \leqq K_{sol}$…沈殿が生じない

ポイントチェック

□(1) 強酸と弱塩基の塩を水に溶かしたとき水溶液はア(酸・塩基)性を示し，弱酸と強塩基の塩を水に溶かしたとき水溶液はイ(酸・塩基)性を示す。

□(2) (1)のように，電離したイオンが水と反応して，水溶液が酸性(塩基性)を示す現象を何というか。
塩の(　　　　)

□(3) 酢酸ナトリウムを水に溶かすとア(酸・中・塩基)性を示し，塩化アンモニウムを水に溶かすとイ(酸・中・塩基)性を示し，硫酸ナトリウムを水に溶かすとウ(酸・中・塩基)性を示す。

□(4) 酢酸イオンが加水分解して，塩基性を示すイオン反応式を示せ。
(　　　　)

□(5) アンモニウムイオンが加水分解して，酸性を示すイオン反応式を示せ。
(　　　　)

□(6) 少量の酸や塩基を加えても，pH の値がほぼ一定に保たれる作用を何というか。(　　　　)

□(7) 緩衝作用のある溶液を何というか。
(　　　　)

□(8) 緩衝液は一般にア(強・弱)酸とその塩，またはイ(強・弱)塩基とその塩で構成される。

□(9) 溶けにくい塩もわずかに電離して，電離平衡の状態にある。この平衡定数 K_{sol} を何というか。
(　　　　)

□(10) 溶けにくい塩ABが水溶液中でわずかに溶解平衡(AB(固) $\rightleftarrows$ $A^+ + B^-$)の状態にあるとき，溶解度積は次のようになる。
K_{sol} =(　　　　)

□(11) AB(固) $\rightleftarrows$ $A^+ + B^-$ の溶解平衡において，A^+，B^- の濃度がそれぞれ$[A^+]$，$[B^-]$であるとき溶解度積 K_{sol} と比較して，
$K_{sol} \geqq [A^+][B^-]$ のとき，沈殿がア(生じる・生じない)。
$K_{sol} < [A^+][B^-]$ のとき，沈殿がイ(生じる・生じない)。

□(12) K_{sol} は温度によって，値が(変化する・変化しない)。

EXERCISE

▶121〈塩の水溶液の性質〉 次の(1)〜(6)の塩の水溶液は，酸性，中性，塩基性のどれを示すか。

(1) KCl (　　　) (2) $(NH_4)_2SO_4$ (　　　)
(3) CH_3COOK (　　　) (4) Na_2CO_3 (　　　)
(5) Na_2SO_4 (　　　) (6) NH_4Cl (　　　)

▶122〈緩衝液〉 次の文章中に適する語句や化学式を答えよ。

酢酸と酢酸ナトリウムの混合溶液は，この溶液に少量の酸や塩基を加えてもpHがほとんど変化しない。このような水溶液を^{ア}(　　　)という。酢酸は水溶液中で①式のように電離し，酢酸ナトリウムは水溶液中で②式のように完全に電離する。

$CH_3COOH \rightleftarrows$ ^{イ}(　　　)＋^{ウ}(　　　) …①
$CH_3COONa \longrightarrow$ (**イ**)＋^{エ}(　　　) …②

②式は完全電離なので CH_3COO^- が^{オ}(多く・少なく)存在することになるので，①の平衡は^{カ}(左・右)に移動し，H^+ は^{キ}(多く・少なく)，CH_3COOH と CH_3COO^- は^{ク}(多く・少なく)存在することになる。

(**ア**)の状態で H^+ を加えると，多量に存在する^{ケ}(CH_3COOH・CH_3COO^-)が H^+ を受け取り，①式の平衡は^{コ}(左・右)に移動し，H^+ の増加がおさえられ，pH の変化はほとんどない。

(**ア**)の状態で OH^- を加えると，多量に存在する CH_3COOH が OH^- と^{サ}(　　　)反応するため，OH^- の増加がおさえられ，pH の変化はほとんどない。

▶123〈弱酸・弱塩基の遊離反応〉 次の(1)，(2)の化学反応式を示せ。

(1) 炭酸ナトリウムに塩酸を加える。
(　　　　　　　　　　)

(2) 塩化アンモニウムに水酸化カルシウムを加えて加熱する。
(　　　　　　　　　　)

▶124〈溶解度積〉 塩化銀 AgCl は，次のような溶解平衡にある。下の問いに答えよ。

$AgCl(固) \rightleftarrows Ag^+ + Cl^-$

(1) 溶解度積 K_{sol} を，水溶液中の銀イオンのモル濃度$[Ag^+]$，塩化物イオンのモル濃度$[Cl^-]$を用いて表せ。 K_{sol}＝(　　　)

(2) ある温度における塩化銀 AgCl の溶解度積は $1.7 \times 10^{-10}\,(mol/L)^2$ であるとき，濃度 1.0×10^{-4} mol/L の塩酸 1L に塩化銀は何 mol 溶けるか答えよ。
(　　　)mol

(3) (2)の温度において，塩化銀の飽和水溶液は何 mol/L になるか。ただし，$\sqrt{1.7}=1.3$ とする。
(　　　)mol/L

アドバイス

▶121
酸・塩基からなる正塩を水溶液に溶かしたときの性質は次のようになる。
・強酸＋強塩基→中性
・強酸＋弱塩基→酸性
・弱酸＋強塩基→塩基性

▶122
緩衝液は，弱酸(弱塩基)とその塩の水溶液を混合したものである。塩は，完全に電離し，弱酸(弱塩基)は，一部が電離することを利用している。

▶123
弱酸(弱塩基)の遊離反応は次のようになる。
(1) 弱酸の塩＋強酸
→強酸の塩＋弱酸
(2) 弱塩基の塩＋強塩基
→強塩基の塩＋弱塩基

▶124
(2) 溶解する AgCl を x〔mol〕として，それぞれの濃度を求める。x は，1.0×10^{-4} に比べて非常に小さいので，
$[Cl^-] = x + 1.0 \times 10^{-4}$
$\fallingdotseq 1.0 \times 10^{-4}$
として計算する。
(3) 塩化銀の水溶液なので，Ag^+ と Cl^- の濃度は等しい。飽和水溶液のとき，$K_{sol} = [Ag^+][Cl^-]$ である。

章末問題

1 アセチレンからベンゼンができる次の化学反応式において，反応エンタルピー x は何 kJ か。最も適当な数値を，下の①～⑥のうちから一つ選べ。ただし，アセチレン(気)の燃焼エンタルピーは -1300 kJ/mol，ベンゼン(液)の燃焼エンタルピーは -3268 kJ/mol である。

$3C_2H_2$(気) ⟶ C_6H_6(液)　$\Delta H = x$〔kJ〕

①　-1968　②　-668　③　-632　④　632　⑤　668　⑥　1968

[2016年センター試験　改]➲p.42 **2**，▶**78**，**79**

(　　)

2 NH_3(気) 1 mol 中の N−H 結合をすべて切断するのに必要なエネルギーは何 kJ か。最も適当な数値を，下の①～⑥のうちから一つ選べ。ただし，H−H および N≡N の結合エネルギーは，それぞれ 436 kJ/mol，945 kJ/mol であり，NH_3(気)の生成エンタルピーは次の ΔH を含む化学反応式で表されるものとする。

$$\frac{3}{2}H_2(\text{気}) + \frac{1}{2}N_2(\text{気}) \longrightarrow NH_3(\text{気})\quad \Delta H = -46\ \text{kJ}$$

①　360　②　391　③　1080　④　1170　⑤　2160　⑥　2350

[2017年センター試験　改]➲p.42 **4**，**5**，▶**80**

(　　)

3 NaCl の状態変化Ⅰ～Ⅳを右図に示す。状態変化Ⅳの反応エンタルピーは何 kJ/mol か。最も適当な数値を，下の①～④のうちから一つ選べ。ただし，反応エンタルピーの計算には下の表の値を使うこと。

NaCl(固)の水への溶解エンタルピー	4 kJ/mol
NaCl(固) ⟶ Na(気)＋Cl(気)の反応エンタルピー	623 kJ/mol
Na(気)のイオン化エネルギー	496 kJ/mol
Cl(気)の電子親和力	349 kJ/mol

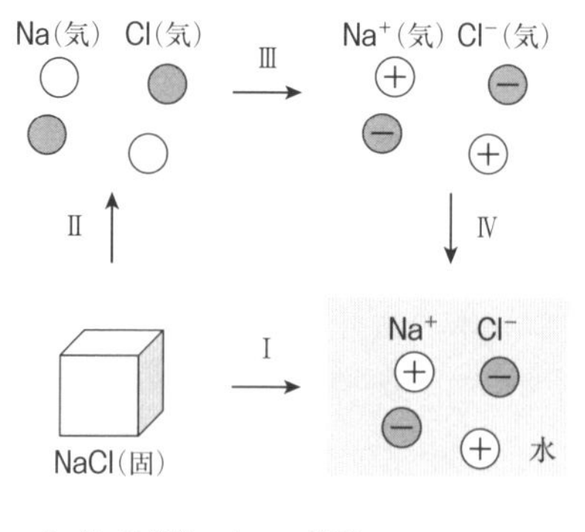

Ⅰ：NaCl(固)の水への溶解
Ⅱ：NaCl(固)の Na(気)と Cl(気)への分解
Ⅲ：Na(気)から Cl(気)への電子の移動
Ⅳ：Na^+(気)と Cl^-(気)の水和

①　-766　②　-774　③　-1464
④　-1472

[2020年センター試験・追試　改]➲p.42 **2**，**4**，▶**81**

(　　)

4 電池に関する次の問い(a・b)に答えよ。

a　自動車等に用いられる鉛蓄電池は，負極活物質に鉛 Pb，正極活物質に酸化鉛(Ⅳ)PbO_2，電解液として希硫酸を用いる。鉛蓄電池の充電と放電における反応をまとめると次の式(1)で表され，電極の質量が変化するとともに硫酸 H_2SO_4 の濃度が変化する。

$$Pb + PbO_2 + 2H_2SO_4 \underset{充電}{\overset{放電}{\rightleftarrows}} 2PbSO_4 + 2H_2O \qquad (1)$$

濃度 3.00 mol/L の硫酸 100 mL を用いた鉛蓄電池を外部回路に接続し，しばらく放電させたところ，硫酸の濃度が 2.00 mol/L に低下した。このとき，外部回路に流れた電気量は何 C か。最も適当な数値を，次の①～⑥のうちから一つ選べ。ただし，ファラデー定数は 9.65×10^4 C/mol とし，電極で生じた電子はすべて外部回路を流れたものとする。また，電極での反応による電解液の体積変化は無視できるものとする。

① 9.65×10^1 C　② 1.93×10^2 C　③ 2.90×10^2 C
④ 9.65×10^3 C　⑤ 1.93×10^4 C　⑥ 2.90×10^4 C

[2023年大学入学共通テスト] ➲p.50 **2**，▶**91**，**92**

b　補聴器に用いられる空気亜鉛電池では，次の式のように正極で空気中の酸素が取り込まれ，負極の亜鉛が酸化される。

正極　$O_2 + 2H_2O + 4e^- \longrightarrow 4OH^-$

負極　$Zn + 2OH^- \longrightarrow ZnO + H_2O + 2e^-$

この電池を一定電流で 7720 秒間放電したところ，上の反応により電池の質量は 16.0 mg 増加した。このとき流れた電流は何 mA か。最も適当な数値を，次の①～④のうちから一つ選べ。ただし，ファラデー定数は 9.65×10^4 C/mol，酸素 O の原子量は 16 とする。

① 6.25　② 12.5　③ 25.0　④ 50.0

[2021年大学入学共通テスト　改] ➲p.54 **2**，▶**104**，**105**

a (　　) b (　　)

5 電解槽Ⅰに硫酸銅(Ⅱ)水溶液，電解槽Ⅱに希硫酸を入れた。さらに，銅電極，白金電極を用いて，図のような装置を組み立てた。一定の電流を 1930 秒間流して電気分解を行ったところ，電解槽Ⅰの陰極で 0.32 g の銅が析出した。次の問い(a・b)に答えよ。

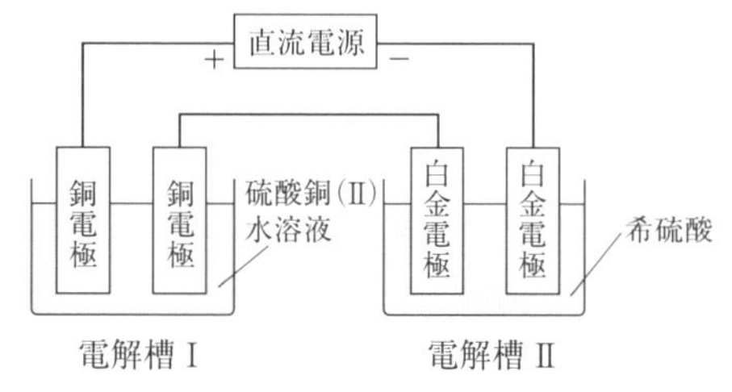

a　流した電流は何 A であったか。最も適当な数値を，次の①～⑤のうちから一つ選べ。

① 0.25　② 0.50　③ 1.0　④ 2.5　⑤ 5.0

b　電解槽Ⅰの陽極と電解槽Ⅱの陽極で起きた現象の組合せとして最も適当なものを，次の①～⑥のうちから一つ選べ。

	電解槽Ⅰの陽極で起きた現象	電解槽Ⅱの陽極で起きた現象
①	酸素が発生した	二酸化硫黄が発生した
②	酸素が発生した	水素が発生した
③	酸素が発生した	酸素が発生した
④	銅が溶解した	二酸化硫黄が発生した
⑤	銅が溶解した	水素が発生した
⑥	銅が溶解した	酸素が発生した

[2015年センター試験]➲p.52 **2**，p.54 **1**，**2**，▶**96**，**97**，**102**，**103**

a（　　）　b（　　）

6 気体 X，Y，Z の平衡反応は次の化学反応式で表され，ΔH は正反応の反応エンタルピーを示す。

$a\mathrm{X} \rightleftarrows b\mathrm{Y} + b\mathrm{Z} \quad \Delta H = x\,[\mathrm{kJ}]$

密閉容器に X のみを 1.0 mol 入れて温度を一定に保ったときの物質量の変化を調べた。気体の温度を T_1，T_2 に保った場合の X と Y（または Z）の物質量の変化を，結果Ⅰと結果Ⅱにそれぞれ示す。ここで $T_1 < T_2$ である。化学反応式中の係数 a と b の比($a:b$)および x の正負の組合せとして最も適当なものを，下の①～⑧のうちから一つ選べ。

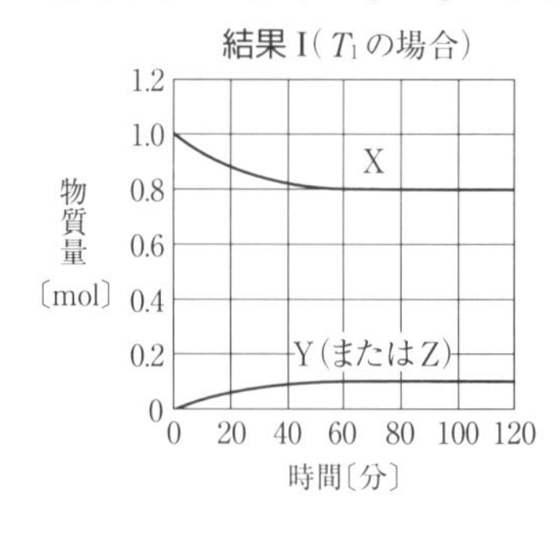

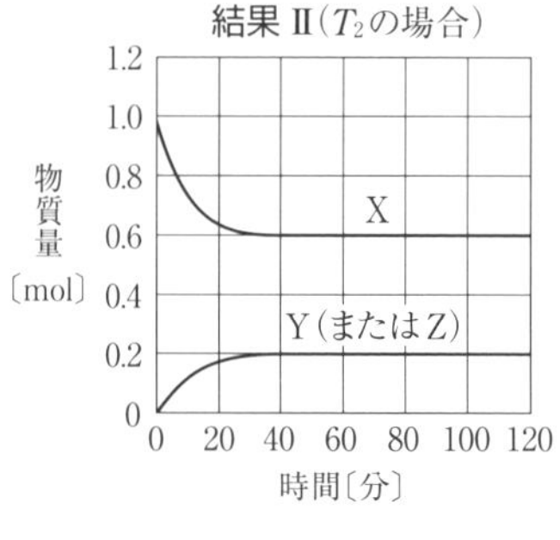

	$a:b$	xの正負
①	1：1	正
②	1：1	負
③	2：1	正
④	2：1	負
⑤	1：2	正
⑥	1：2	負
⑦	3：1	正
⑧	3：1	負

[2016年センター試験　改]➲p.64 **1**，▶**116**，**118**

（　　）

7 触媒を入れた密閉容器内で次の気体反応の平衡が成立している。

$N_2 + 3H_2 \rightleftarrows 2NH_3$

この状態から，温度一定のまま他の条件を変化させたときの平衡の移動に関する記述として**誤りを含むもの**を，次の①～④のうちから一つ選べ。ただし，触媒の体積は無視できるものとする。

① 体積を小さくして容器内の圧力を高くすると，平衡は NH_3 が減少する方向へ移動する。

② 体積一定で，H_2 を加えると，平衡は NH_3 が増加する方向へ移動する。

③ 体積一定で，NH_3 のみを除去すると，平衡は N_2 が減少する方向へ移動する。

④ 体積一定で，触媒をさらに加えても，平衡は移動しない。

[2015年センター試験] ⊃p.64 **1**，**2**，▶**117**

(　　)

8 0.016 mol/L の酢酸水溶液 50 mL と 0.020 mol/L の塩酸 50 mL を混合した溶液中の，酢酸イオンのモル濃度は何 mol/L か。最も適当な数値を，次の①～⑥のうちから一つ選べ。ただし，酢酸の電離度は 1 より十分小さく，電離定数は 2.5×10^{-5} mol/L とする。

① 1.0×10^{-5}　② 2.0×10^{-5}　③ 5.0×10^{-5}

④ 1.0×10^{-4}　⑤ 2.0×10^{-4}　⑥ 5.0×10^{-4}

[2016年センター試験] ⊃p.66 **1**，**2**，▶**120**

(　　)

9 水溶液中での塩化銀の溶解度積(25 ℃)を K_{sp} とするとき，$[Ag^+]$ と $\dfrac{K_{sp}}{[Ag^+]}$ との関係は，右図の曲線で表される。硝酸銀水溶液と塩化ナトリウム水溶液を，次の表に示すア～オのモル濃度の組合せで同体積ずつ混合した。25 ℃で十分な時間をおいたとき，塩化銀の沈殿が生成するものはどれか。すべてを正しく選択しているものを，下の①～⑤のうちから一つ選べ。

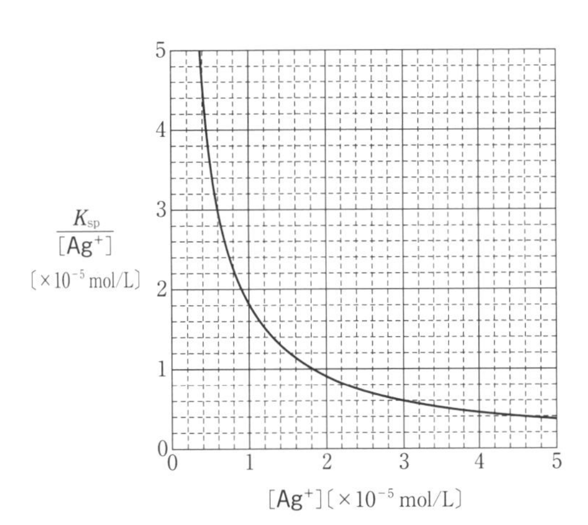

	硝酸銀水溶液のモル濃度〔$\times 10^{-5}$ mol/L〕	塩化ナトリウム水溶液のモル濃度〔$\times 10^{-5}$ mol/L〕
ア	1.0	1.0
イ	2.0	2.0
ウ	3.0	3.0
エ	4.0	2.0
オ	5.0	1.0

① ア　② ウ，エ　③ ア，イ，オ　④ イ，ウ，エ，オ　⑤ ア，イ，ウ，エ，オ

[2019年センター試験] ⊃p.68 **3**，▶**124**

(　　)

24 周期表／水素と貴ガス

1 元素の周期表　基礎

元素を原子番号の小さい順に並べ，似た性質をもつものを縦に並ぶように配列した表を，元素の**周期表**という。

典型元素　遷移元素　金属元素　非金属元素　貴ガス（希ガス）

	1	2	3	4	5	6	7	8	9	10	11	12	13	14	15	16	17	18
1	H																	He
2	Li	Be											B	C	N	O	F	Ne
3	Na	Mg											Al	Si	P	S	Cl	Ar
4	K	Ca	Sc	Ti	V	Cr	Mn	Fe	Co	Ni	Cu	Zn	Ga	Ge	As	Se	Br	Kr
5	Rb	Sr	Y	Zr	Nb	Mo	Tc	Ru	Rh	Pd	Ag	Cd	In	Sn	Sb	Te	I	Xe
6	Cs	Ba	ランタノイド	Hf	Ta	W	Re	Os	Ir	Pt	Au	Hg	Tl	Pb	Bi	Po	At	Rn
7	Fr	Ra	アクチノイド	Rf	Db	Sg	Bh	Hs	Mt	Ds	Rg	Cn	Nh	Fl	Mc	Lv	Ts	Og

陰性が強い　陽性が強い

(1) 縦に並ぶ元素の列を**族**といい，同じ族に属する元素を**同族元素**という。また，横の列のことを**周期**という。

(2) 周期表の左下の元素ほど陽イオンになりやすく（**陽性**），イオン化エネルギーが小さいほど陽性が強い。また，右上（17 族）の元素ほど陰イオンになりやすく（**陰性**），電子親和力が大きいほど陰性が強い。

(3) 1，2 族，13～18 族元素を**典型元素**といい，同族元素は価電子の数が同じで化学的性質が似ている。
3～12 族元素を**遷移元素**といい，価電子の数が 1 個または 2 個のものが多く，となりどうしの元素で性質が比較的似ている。

(4) 非金属元素は，最外殻電子の数が多く，陰イオンになりやすいものが多い。金属元素は，単体が金属の性質をもつ。価電子の数が少なく陽イオンになりやすい。

(5) 一般に，金属元素の酸化物は塩基性酸化物で，水と反応して塩基を生じるものがある。また，非金属元素の酸化物は酸性酸化物で，水と反応して酸を生じる。

2 水素の性質

1 族の元素で，価電子を 1 個もつ。

◉水素 H_2

製法：亜鉛などイオン化傾向の大きい金属に，希硫酸などの酸を加えて発生させる。

$Zn + H_2SO_4 \longrightarrow ZnSO_4 + H_2\uparrow$

性質：① 無色・無臭の気体で最も軽い。
② 水に溶けにくい。
③ 多くの非金属元素と水素化合物をつくる。
例 HCl，NH_3
④ 酸素と混ぜて点火すると，激しく反応する。
$2H_2 + O_2 \longrightarrow 2H_2O$
⑤ 高温で還元剤としてはたらく。
$CuO + H_2 \longrightarrow Cu + H_2O$

3 貴ガス（希ガス）の性質

最外殻に 8 個の電子をもち（He だけ 2 個），価電子の数は 0 となる。

性質：① 単原子分子であり，無色・無臭の気体。
② 単体は，空気中にわずかに存在（アルゴンは 1 %ほど存在）する。
③ 安定な物質であり，ほかの原子と反応しにくい。
④ 融点・沸点が非常に低い。

ポイントチェック

基礎

□(1) 元素は現在，約（90・120）種類知られている。

□(2) 周期表は元素がア（原子量・原子番号）のイ（大きい・小さい）順番で並んでいる。

□(3) 周期表の縦の列のことを何というか。（　　　）

□(4) 周期表の横の列のことを何というか。（　　　）

□(5) 周期表の左下の元素ほど，イオン化エネルギーが（大きい・小さい）。

□(6) 電子親和力は周期表の右上の元素（18 族を除く）ほど（大きい・小さい）。

□(7) 典型元素は何族の元素か。（　　　）族

□(8) 遷移元素は何族の元素か。（　　　）族

□(9) 金属元素は周期表のア（左・右）側に多く存在し，イ（陽・陰）イオンになりやすい。

□(10) 非金属元素は周期表のア（左・右）側に多く存在し，イ（陽・陰）イオンになりやすい。

□(11) 水素は周期表の何族の元素か。（　　　）族

□(12) 水素は（金属・非金属）元素である。

□(13) 水素の価電子の数は何個か。（　　　）個

□(14) 水素分子の化学式を示せ。（　　　）

□(15) 水素は水に（溶けやすい・溶けにくい）。

□(16) 水素は高温で（酸化剤・還元剤）としてはたらく。

□(17) （亜鉛・銅）と希硫酸を反応させると，水素が発生する。

□(18) (17)の反応を化学反応式で示せ。
（　　　　　　）

基礎

□(19) 貴ガスは周期表の何族の元素か。（　　　）族

□(20) 貴ガスの価電子は何個か。（　　　）個

□(21) 貴ガスの単体は（単・二）原子分子である。

□(22) 貴ガスはほかの原子と反応（しやすい・しにくい）。

□(23) 貴ガスの単体はア（無・有）色，イ（無・刺激）臭の気体である。

□(24) 貴ガスのうち，空気よりも軽いものはヘリウムと（アルゴン・ネオン）である。

□(25) 貴ガスの融点・沸点は非常に（高い・低い）。

EXERCISE

▶125〈周期表〉 次の図は，周期表の概略図であり，a～h はその領域を表している。下の(1)～(8)はどの領域にあるか。あてはまるものをすべて選べ。

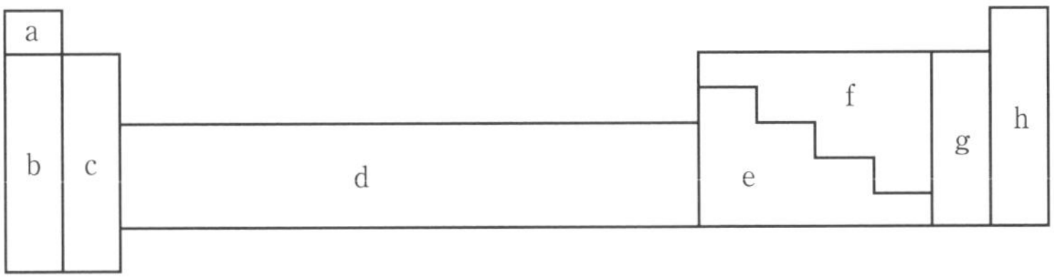

a b c d e f g h

(1) 典型元素　(2) 遷移元素　(3) 非金属元素
(4) 金属元素　(5) アルカリ金属　(6) アルカリ土類金属
(7) ハロゲン　(8) 貴ガス

(1)＿＿＿　(2)＿＿＿　(3)＿＿＿
(4)＿＿＿　(5)＿＿＿　(6)＿＿＿
(7)＿＿＿　(8)＿＿＿

▶126〈典型元素と遷移元素〉 次の(1)～(5)の記述のうち，典型元素に関するものには A，遷移元素に関するものには B を記せ。

(1) すべて金属元素である。（　　）
(2) となりどうしの元素の性質が比較的似ている。（　　）
(3) イオンや化合物には有色のものが多い。（　　）
(4) 貴ガス以外は，価電子の数が族番号の下 1 桁の数字と一致している。（　　）
(5) 周期表で 3 ～12 族に属する。（　　）

▶127〈水素の発生と性質〉 次の(1)～(3)の反応を化学反応式で示せ。

(1) 鉄に希硫酸を加えると，水素が発生する。
（　　　　　　　　　　）
(2) 水を電気分解すると，陽極から酸素，陰極から水素が発生する。
（　　　　　　　　　　）
(3) 酸化銅(Ⅱ)に水素を作用させると，酸化銅(Ⅱ)が銅に還元される。
（　　　　　　　　　　）

▶128〈貴ガスの性質〉 次の(1)～(4)の記述のうち，正しいものには○，誤っているものには×を記せ。

(1) 貴ガス原子の最外殻電子の数は，すべて 8 個である。（　　）
(2) 貴ガスは，単原子分子であり，融点や沸点が非常に低いので，気体として存在している。（　　）
(3) 貴ガスは，反応性が低く，ほかの原子と化合物をつくりにくい。（　　）
(4) アルゴンは，気球用のガスとして利用されている。（　　）

アドバイス

▶125
周期表の右上が非金属元素で，左下が金属元素である。水素は，非金属元素である。

▶126
周期律を明確に示すものは，典型元素である。

▶127
(1) 希硫酸は，H_2SO_4 であり，酸としてはたらく。
(2) 陽極での反応
$2H_2O \longrightarrow 4H^+ + O_2 + 4e^-$
陰極での反応
$2H_2O + 2e^- \longrightarrow 2OH^- + H_2$

▶128
貴ガスの中で，ヘリウムが最も軽い。
空気の平均分子量は，28.8 である。

25 ハロゲン(17族)とその化合物

1 ハロゲン

17 族元素を**ハロゲン**といい，ハロゲン原子は価電子を 7 個もち，1 価の陰イオンになりやすい。

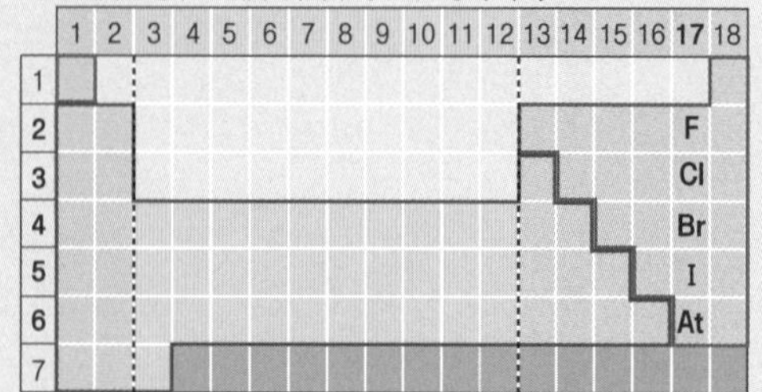

2 ハロゲンの単体

	フッ素 F_2	塩素 Cl_2	臭素 Br_2	ヨウ素 I_2
色	淡黄色	黄緑色	赤褐色	黒紫色
状態	気体	気体	液体	固体
酸化力	強 ←			→ 弱

性質：① 二原子分子で，特有の色をもち，有毒である。
② 酸化剤としてはたらき，陰イオンになりやすい。その酸化力は，原子番号が小さいほど強い。

◉塩素 Cl_2

製法：① 塩化ナトリウム水溶液の電気分解

$2NaCl + 2H_2O \longrightarrow 2NaOH + H_2 + Cl_2 \uparrow$

② 高度さらし粉に塩酸を加える。

$Ca(ClO)_2 \cdot 2H_2O + 4HCl \longrightarrow CaCl_2 + 4H_2O + 2Cl_2 \uparrow$

③ 酸化マンガン(Ⅳ)に濃塩酸を加えて加熱

$MnO_2 + 4HCl \longrightarrow MnCl_2 + 2H_2O + Cl_2 \uparrow$

性質：① 酸化力が強く，金属と反応して塩化物をつくる。

$Cu + Cl_2 \longrightarrow CuCl_2$

② 水に溶けて塩素水となる。このとき，塩化水素と次亜塩素酸 HClO を生じる。

$Cl_2 + H_2O \rightleftarrows HCl + HClO$

次亜塩素酸は，強い酸化力をもつ。

3 ハロゲンの化合物

◉ハロゲン化水素

ハロゲンと水素の化合物を，ハロゲン化水素といい，無色の気体で，刺激臭をもち，有毒である。

	フッ化水素 HF	塩化水素 HCl	臭化水素 HBr	ヨウ化水素 HI
融点・沸点	高い*	低い ←		→ 高い
水溶液	弱酸	強酸		

＊フッ化水素の沸点が高いのは，水素結合による。

・塩化水素は，塩化ナトリウムに濃硫酸を加え，加熱して得る。

$NaCl + H_2SO_4 \longrightarrow NaHSO_4 + HCl \uparrow$

・フッ化水素酸は，ガラス(主成分 SiO_2)を溶かすので，ポリエチレン製のびんに保存する。

$SiO_2 + 6HF \longrightarrow H_2SiF_6 + 2H_2O$

◉ハロゲン化銀(AgF，AgCl，AgBr，AgI)

性質：① AgF 以外は，水に溶けにくい。
② 感光性がある。

ポイントチェック

基礎

□(1) ハロゲンは周期表の何族の元素か。(　　)族

□(2) ハロゲン原子は価電子をア(　　　)個もっていて，電子をイ(　　　)個受け取り，ウ(　　　)価のエ(陽・陰)イオンになりやすい性質がある。

□(3) ハロゲンの単体は(単・二)原子分子である。

□(4) ハロゲンの単体はア(無・有)色でイ(有・無)毒である。

□(5) ハロゲンの単体のうち，常温で気体のものはア(　　　　)とイ(　　　　)である。

□(6) ハロゲンの単体の酸化力は原子番号の(大きい・小さい)ものほど強い。

□(7) ヨウ化物イオンを含む溶液に塩素を通じるときの反応をイオン反応式で示せ。
(　　　　　　　　　　　　　　　)

□(8) 塩素は酸化マンガン(Ⅳ)に(　　　　　)を加えて加熱すると得られる。

□(9) (8)の反応を化学反応式で示せ。
(　　　　　　　　　　　　　　　)

□(10) 塩素は水に少し溶け，塩化水素と次亜塩素酸を生じる。この反応を化学反応式で示せ。
(　　　　　　　　　　　　　　　)

□(11) 次亜塩素酸は強い(酸化力・還元力)をもつ。

□(12) 臭素は常温でア(　　　)色のイ(気・液)体である。

□(13) ヨウ素は昇華性を(もつ・もたない)。

□(14) ハロゲン化水素はすべて常温・常圧でア(無・有)色のイ(気・液)体である。

□(15) ハロゲン化水素を水に溶かすと，(酸・塩基)性を示す。

□(16) ハロゲン化水素酸の中で，弱酸のものは何か。
(　　　　　　)

□(17) ハロゲン化水素酸の中で，ガラスを溶かすものは何か。(　　　　　　)

□(18) ハロゲン化銀のうち，水に溶けやすいものは何か。(　　　　　　)

□(19) 塩化銀は(白・黄)色の物質である。

□(20) ハロゲン化銀は，光にあたると分解(する・しない)。

EXERCISE

▶129〈ハロゲンの性質〉 次の文章中の（　　）に適する語句を入れよ。

ハロゲンの単体はア（　　　　　）原子分子であり，常温常圧でフッ素はイ（　　　　　）色の気体，塩素はウ（　　　　　）色の気体，臭素は赤褐色のエ（液・気）体，ヨウ素はオ（　　　　　）色の固体である。

周期表の上にあるハロゲンの単体ほど酸化力がカ（強・弱）く，特にキ（　　　　　）は水と激しく反応する。ク（　　　　　）は，水と反応せず，溶けにくいが，ヨウ化カリウム水溶液には溶ける。

ヨウ素の固体は，液体を経ずに直接気体になる。この変化をケ（　　　　　）という。また，ヨウ素ヨウ化カリウム水溶液はデンプンと反応してコ（　　　　　）色に呈色する。

▶130〈ハロゲンの反応性〉 次の(1)〜(4)のうち，反応が実際に起こるものには○，起こらないものには×を記せ。

(1)　$2KI + Cl_2 \longrightarrow 2KCl + I_2$　（　　）

(2)　$2KF + Cl_2 \longrightarrow 2KCl + F_2$　（　　）

(3)　$2KBr + F_2 \longrightarrow 2KF + Br_2$　（　　）

(4)　$2KI + Br_2 \longrightarrow 2KBr + I_2$　（　　）

▶131〈ハロゲン化水素〉 次の(1)，(2)の反応を化学反応式で示せ。

(1)　塩化ナトリウムに濃硫酸を加えて加熱すると，塩化水素が得られる。

（　　　　　　　　　　　　　　　　　　　　）

(2)　塩化水素とアンモニアが反応すると，白煙を生じる。

（　　　　　　　　　　　　　　　　　　　　）

▶132〈塩素の製法と性質〉

右図は，酸化マンガン(Ⅳ)と濃塩酸を加熱して，塩素を発生させ，捕集する装置を示したものである。次の問いに答えよ。

(1)　丸底フラスコ中で進行する反応を化学反応式で示せ。

（　　　　　　　　　　　　　　　　　　　　）

(2)　この反応は，次の(ア)〜(ウ)のうちどれか。

(ア)　中和　　(イ)　酸化還元　　(ウ)　分解　（　　）

(3)　洗気びん A，B に入れる液体として正しいものは次の(ア)，(イ)のうちどちらか。

(ア)　A が濃硫酸，B が水　　(イ)　A が水，B が濃硫酸　（　　）

(4)　洗気びん A，B で吸収される気体はそれぞれ何か。

洗気びん A（　　　　　）　洗気びん B（　　　　　）

アドバイス

▶129
ハロゲンの単体は，有色である。

▶130
ハロゲンの単体の酸化力の強さは，
$F_2 > Cl_2 > Br_2 > I_2$ である。
酸化力が強い＝電子を奪って陰イオンになりやすい。

▶131
(1)　実験室における塩化水素の製法である。
濃硫酸は 2 価の酸であるが，この反応では Na_2SO_4 にはならず，$NaHSO_4$ になる。
(2)　中和反応である。

▶132
(1)(2)　酸化マンガン(Ⅳ)は，酸化剤であり，反応後は塩化マンガン(Ⅱ)に変化する。
(3)(4)　塩素は，酸性の気体であり，濃硫酸は，水分を吸収する乾燥剤である。

26 酸素・硫黄(16族)とその化合物

1 酸素と硫黄

酸素や硫黄は 16 族元素で，原子は価電子を 6 個もち，2 価の陰イオンになりやすい。

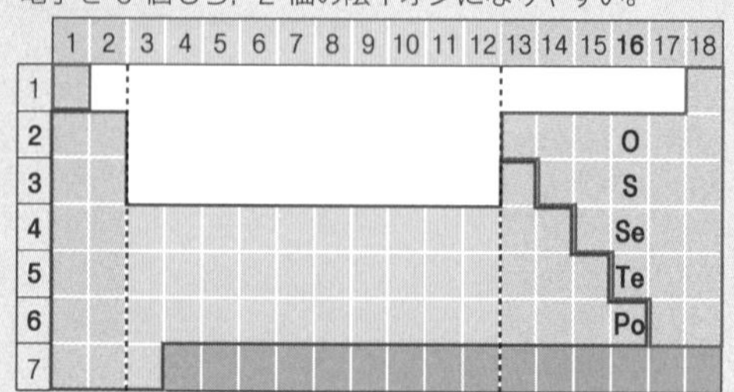

◉酸素 O_2

製法：① 過酸化水素の分解(MnO_2 触媒)

$2H_2O_2 \longrightarrow 2H_2O + O_2\uparrow$

② 液体空気の分留(工業)

性質：

① 無色・無臭の気体で，空気中に体積で約 21％含まれている。

② 多くの物質は，酸素中で燃焼して酸化物を生じる。

◉オゾン O_3

製法：酸素中での無声放電

$3O_2 \longrightarrow 2O_3$

性質：

① 淡青色，特異臭，強い酸化作用のある気体

② ヨウ化カリウムデンプン紙を青変させる。

◉硫黄 S

性質：① 同素体がある(斜方硫黄・単斜硫黄・ゴム状硫黄)。

② 高温で多くの元素と反応して硫化物をつくる。

2 硫黄の化合物

◉硫化水素 H_2S

製法：硫化鉄(Ⅱ)に希硫酸を加える。

$FeS + H_2SO_4 \longrightarrow FeSO_4 + H_2S\uparrow$

性質：① 無色・腐卵臭の有毒な気体

② 水に溶かすと，弱酸性を示す。

③ 還元作用を示す。

④ 硫化物イオンは，多くの金属イオンと反応して硫化物をつくる。$Pb^{2+} + S^{2-} \longrightarrow PbS\downarrow$

◉二酸化硫黄 SO_2

製法：① 亜硫酸水素ナトリウムに希硫酸を加える。

$NaHSO_3 + H_2SO_4 \longrightarrow NaHSO_4 + H_2O + SO_2\uparrow$

② 銅に濃硫酸を加えて加熱する。

$Cu + 2H_2SO_4 \longrightarrow CuSO_4 + 2H_2O + SO_2$

性質：① 無色・刺激臭の有毒な気体

② 水に溶かすと弱酸性を示す。

③ 酸化剤・還元剤の両方のはたらきをする。

④ 還元作用を示し，漂白に用いられる。

◉硫酸 H_2SO_4

製法：接触法 i) $2SO_2 + O_2 \longrightarrow 2SO_3$ (V_2O_5 触媒)

ii) $SO_3 + H_2O \longrightarrow H_2SO_4$

性質：① 濃硫酸(濃度 90％以上)は，密度の大きい液体で，不揮発性・吸湿性・脱水作用・酸化作用(熱濃硫酸)がある。

② 濃硫酸を水でうすめたものを希硫酸といい，強い酸性を示す(2 価の強酸)。

③ 溶解エンタルピーが大きい。

ポイントチェック

基礎 □(1) 酸素と硫黄は周期表の何族の元素か。
( )族

□(2) 酸素と硫黄原子は価電子を^{ア}( )個もち，電子を^{イ}( )個受け取り，^{ウ}( )価の^{エ}(陽・陰)イオンになりやすい性質がある。

□(3) 酸素と硫黄は多くの金属元素と反応し，( )結合の化合物をつくる。

基礎 □(4) 酸素 O_2 の同素体の O_3 の名称を記せ。
( )

□(5) 過酸化水素水に( )を触媒として加えると酸素が発生する。

□(6) (5)の反応を化学反応式で示せ。
( )

□(7) オゾンは^{ア}( )色の気体で，^{イ}(酸化力・還元力)がある。

□(8) オゾンを湿らせたヨウ化カリウムデンプン紙に作用させると，( )色に変色する。

基礎 □(9) 硫黄の単体には，斜方硫黄のほかにどのような同素体があるか。2 つ記せ。
^{ア}( )硫黄，^{イ}( )硫黄

□(10) 硫化水素は^{ア}( )色，^{イ}( )臭の気体で，^{ウ}(有・無)毒である。

基礎 □(11) 硫化水素は^{ア}(酸化・還元)作用があり，その水溶液は^{イ}(酸・塩基)性を示す。

□(12) 二酸化硫黄は^{ア}( )色，^{イ}( )臭の気体で，^{ウ}(有・無)毒である。

基礎 □(13) 二酸化硫黄は還元作用があり，その水溶液は(酸・塩基)性を示す。

□(14) 硫酸は工業的には何とよばれる方法でつくられるか。 ( )法

□(15) 硫酸の工業的製法で用いられる触媒は(酸化鉄(Ⅲ)・酸化バナジウム(Ⅴ))である。

□(16) 濃硫酸は^{ア}(揮発・不揮発)性で，熱すると強い^{イ}(酸化・還元)作用がある。

□(17) 濃硫酸には有機物から水素と酸素を水として奪う( )作用がある。

□(18) 濃硫酸を水でうすめると希硫酸になり，強い(酸・塩基)性を示す。

EXERCISE

▶133〈酸化物〉 次の文章中の（　　）に適する語句を入れよ。

酸素はいろいろな元素と化合物をつくりやすい。たとえば，非金属元素の炭素と化合すれば，ア（　　　　）性酸化物の CO_2 に，金属元素のカルシウムと化合すれば，イ（　　　　）性酸化物の CaO に，両性元素のアルミニウムと化合すれば，ウ（　　　　）性酸化物の Al_2O_3 になる。

▶134〈SO_2 と H_2S の性質〉 次の(1)～(6)の記述は，二酸化硫黄または硫化水素の性質を表している。二酸化硫黄のみの性質には A，硫化水素のみの性質には B，両方に共通の性質には C を記せ。

(1)　無色の気体である。（　　）
(2)　有毒な気体である。（　　）
(3)　腐卵臭の気体である。（　　）
(4)　酸化作用がある。（　　）
(5)　還元作用がある。（　　）
(6)　水に溶けて弱い酸性を示す。（　　）

▶135〈硫酸の製法〉 硫酸は，工業的に(1)～(3)の反応によりつくられる。(1)～(3)の反応を化学反応式で示せ。

(1)　硫黄を燃やし，二酸化硫黄にする。
（　　　　　　　　　　）
(2)　二酸化硫黄を触媒(酸化バナジウム(V))を用いて空気中の酸素と反応させ，三酸化硫黄にする。
（　　　　　　　　　　）
(3)　三酸化硫黄を水と反応させて，硫酸にする。
（　　　　　　　　　　）

▶136〈硫酸の性質〉 次の(1)～(6)の記述は，硫酸のどのような性質によるものか。下の(ア)～(カ)から1つずつ選べ。

(1)　希硫酸をつくるときは，ガラス棒でかき混ぜながら，濃硫酸を水に少しずつ加える。（　　）
(2)　濃硫酸を砂糖に滴下すると，炭化して黒くなる。（　　）
(3)　銅に濃硫酸を加えて加熱すると，銅が溶けて SO_2 が発生した。（　　）
(4)　水蒸気の混じった塩素は，濃硫酸を通してから捕集する。（　　）
(5)　食塩に濃硫酸を加えて加熱すると，HCl が発生した。（　　）
(6)　硫化鉄(Ⅱ)に希硫酸を加えると，H_2S が発生した。（　　）

(ア)　水溶液は，強酸性を示す。　(イ)　脱水性がある。
(ウ)　不揮発性　(エ)　酸化力がある。
(オ)　吸湿性　(カ)　溶解エンタルピーが大きい。

アドバイス

▶133
酸素が化合する元素の種類によって，酸化物の性質が異なる。

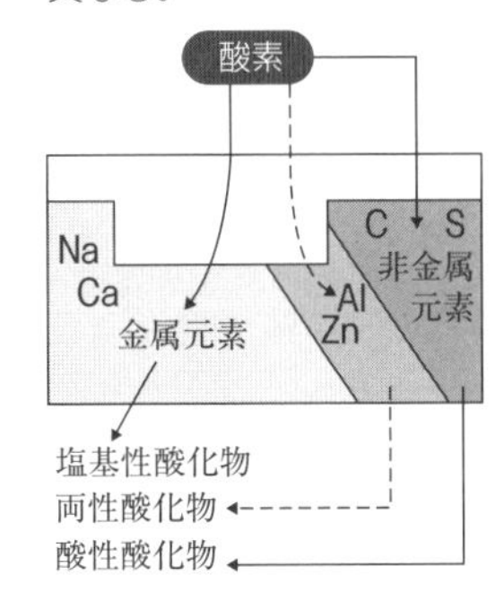

▶134
SO_2 は酸化剤にも還元剤にもなる。
$SO_2 + 4H^+ + 4e^- \longrightarrow S + 2H_2O$
$SO_2 + 2H_2O \longrightarrow SO_4^{2-} + 4H^+ + 2e^-$

▶135
このような硫酸の製法を，接触法という。
(2)　酸化バナジウム(V)は，触媒なので化学反応式には書かない。

▶136
(1)　硫酸の水への溶解エンタルピーは，−95 kJ/mol と大きい。
(2)　濃硫酸は，有機化合物から水素と酸素を水として奪う性質がある。
(5)　塩化水素は，揮発性の酸である。
(6)　硫化水素は，弱酸である。

27 窒素・リン(15族)とその化合物

1 窒素とリン 窒素やリンは15族元素で，原子は価電子を5個もっている。

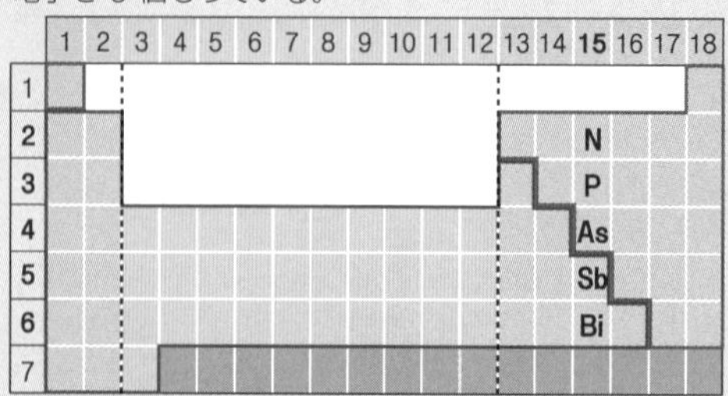

2 窒素とその化合物

◉**窒素** N_2

性質：① 無色・無臭の気体

② 空気中に体積で約78％含まれ，常温で安定である。

◉**アンモニア** NH_3

製法：① **ハーバー・ボッシュ法**

$N_2 + 3H_2 \longrightarrow 2NH_3$ (Fe_3O_4 触媒)

② 塩化アンモニウムと水酸化カルシウムを加熱

$2NH_4Cl + Ca(OH)_2 \longrightarrow CaCl_2 + 2H_2O + 2NH_3\uparrow$

性質：① 無色・刺激臭の気体

② 水によく溶けて弱塩基性を示す。

③ 塩化水素と反応して白煙を生じる。

◉**一酸化窒素** NO と**二酸化窒素** NO_2

	NO	NO_2
色など	無色	赤褐色・刺激臭
水溶性	溶けにくい。	溶けて HNO_3 と NO になる。
反応	空気中で酸化され NO_2 になる。	N_2O_4 との平衡状態となる。

◉**硝酸** HNO_3

製法：**オストワルト法**(白金触媒)

$NH_3 \xrightarrow{O_2} NO \xrightarrow{O_2} NO_2 \xrightarrow{H_2O} HNO_3$

性質：① 濃硝酸は，無色・揮発性の液体

② 強酸。強い酸化作用をもち，銅や銀を溶かす。

③ 濃硝酸は，Fe や Al とは不動態を形成するので，反応しにくくなる。

④ 光や熱で分解されやすい。

⑤ 染料，肥料，爆薬，医薬品などの製造，合成に用いられる。

3 リンとその化合物

◉**リン** P

性質：① 同素体が存在する。

	黄リン	赤リン
色	淡黄色	赤褐色
毒性	猛毒	少ない
CS_2 への溶解性	溶ける	溶けない

② 黄リンは，空気中で自然発火するので，水中に保存する。

◉**十酸化四リン** P_4O_{10}

リンを空気中で燃やすと十酸化四リンを生じる。

性質：① 潮解性がある。

② 水と反応してリン酸になる。

ポイントチェック

基礎 □(1) 窒素とリンは周期表の何族の元素か。
(　　　)族

□(2) 窒素とリン原子は価電子を(　　　)個もっている。

□(3) 窒素は^{ア}(　　　)色，^{イ}(　　　)臭の気体で，^{ウ}(有・無)毒である。

□(4) 窒素は空気中に体積で約何％含まれているか。
(　　　)％

□(5) アンモニアの工業的合成法を何というか。
(　　　　　　　　)

□(6) ハーバー・ボッシュ法では(鉄・銅)を主成分とする触媒が用いられる。

□(7) 窒素と水素からアンモニアが生成する反応を化学反応式で示せ。
(　　　　　　　　　　　　)

□(8) アンモニアは^{ア}(　　　)色，^{イ}(　　　)臭の気体で水に溶かすと弱^{ウ}(酸・塩基)性を示す。

□(9) 一酸化窒素は^{ア}(　　　)色の気体で水に溶け^{イ}(やすい・にくい)。

□(10) 二酸化窒素は^{ア}(　　　)色，^{イ}(　　　)臭の気体で水に溶けて^{ウ}(酸・塩基)性を示す。

□(11) 硝酸の工業的合成法を何というか。
(　　　　　　)

□(12) 硝酸は^{ア}(　　　)色，^{イ}(揮発・不揮発)性の液体で，強い^{ウ}(酸化・還元)作用をもつ。

□(13) 濃硝酸と不動態をつくり，反応しにくくなる金属は(鉄・銅)である。

□(14) 濃硝酸は光にあたると分解するので，(褐色・無色透明)のびんに保存する。

基礎 □(15) リンの単体にはどのような同素体があるか。
^{ア}(　　　　)，^{イ}(　　　　)

□(16) 黄リンは(水・灯油・アルコール)の中に保存する。

□(17) リンが燃焼するときの反応を化学反応式で示せ。
(　　　　　　　　　　　　)

□(18) リン酸の化学式を示せ。(　　　　)

□(19) リン酸は何価の酸か。(　　　)価

EXERCISE

▶ **137〈アンモニアの性質〉** 右図は，実験室でアンモニアをつくる装置である。次の問いに答えよ。

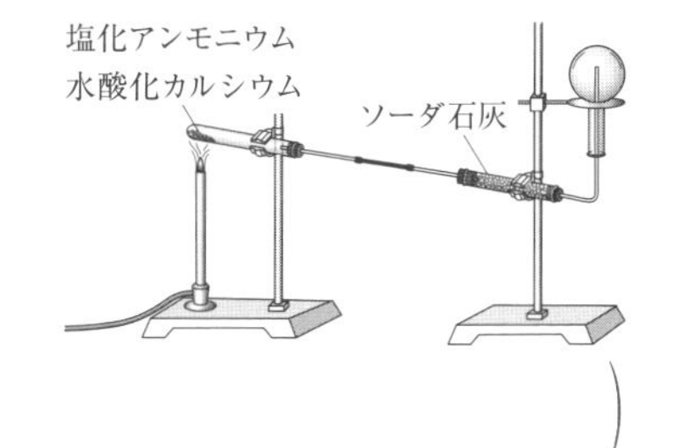

(1) この反応を化学反応式で示せ。

(　　　　　　　　　　)

(2) 試験管を図のように傾けるのはなぜか。その理由を簡単に説明せよ。

(　　　　　　　　　　)

(3) 発生したアンモニアを検出できるものを，次の(ア)〜(エ)からすべて選べ。

(ア) 塩化水素　　(イ) 青色リトマス紙

(ウ) 赤色リトマス紙　　(エ) ヨウ化カリウムデンプン紙

(　　　　)

▶ **138〈窒素酸化物の性質〉** 次の文章中の(　　)に適する語句を入れよ。

銅にア(　　　　)を加えると，一酸化窒素が発生する。一酸化窒素は，イ(　　　　)色の気体で，水に溶けにくい。空気中で速やかに酸化されウ(　　　　)になる。(**ウ**)は，エ(　　　　)色，刺激臭の気体で，水に溶けてオ(　　　　)とカ(　　　　)が生成する。

▶ **139〈硝酸の製造法〉** 次の文章を読み，下の問いに答えよ。

硝酸を工業的につくるには，まず，①アンモニアと空気の混合気体を熱した白金網に通して一酸化窒素をつくる。次に②一酸化窒素に空気を触れさせて二酸化窒素とし，さらに③二酸化窒素を温湯に吸収させて硝酸を得る。

(1) このように硝酸を得る方法を何というか。

(　　　　)

(2) 文章中の下線部①〜③の反応をそれぞれ化学反応式で示し，1つの化学反応式にまとめよ。

①(　　　　)

②(　　　　)

③(　　　　)

まとめると(　　　　)

▶ **140〈硝酸の性質〉** 次の(1)〜(4)の記述のうち，正しいものには○，誤っているものには×を記せ。

(1) 硝酸は，不揮発性の液体である。(　　)

(2) 硝酸は，酸化作用が強く，銅や銀を溶かすことができる。(　　)

(3) 濃硝酸は，アルミニウムと不動態をつくる。(　　)

(4) 濃硝酸は，光にあたると分解するので，褐色のびんに保存する。(　　)

アドバイス

▶**137**

(1) 弱塩基の塩に強塩基を作用させる反応である。

(3) アンモニアは，塩基性の気体であることを考える。

▶**138**

一酸化窒素は，水に溶けにくい。

▶**139**

硝酸は，実験室では硝酸ナトリウムに濃硫酸を加えると得られる。

$NaNO_3 + H_2SO_4 \longrightarrow NaHSO_4 + HNO_3$

(2) 1つにまとめるときは3つの式から NO，NO_2 を消去する。

▶**140**

(2) 銅と硝酸の反応

濃硝酸

$Cu + 4HNO_3 \longrightarrow Cu(NO_3)_2 + 2NO_2\uparrow + 2H_2O$

希硝酸

$3Cu + 8HNO_3 \longrightarrow 3Cu(NO_3)_2 + 2NO\uparrow + 4H_2O$

3章 無機物質

28 炭素・ケイ素(14族)とその化合物

1 炭素とケイ素　炭素やケイ素は 14 族元素で，原子は価電子を 4 個もっている。

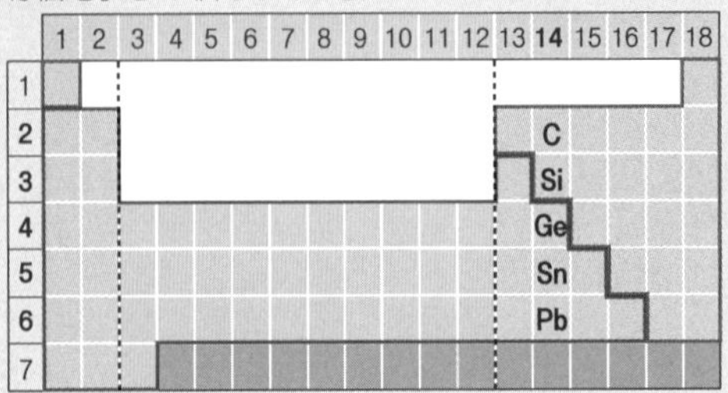

2 炭素とその化合物

◉炭素 C

炭素の同素体

	ダイヤモンド	黒鉛(グラファイト)	フラーレン
化学式	C	C	C_{60}
色	無色	黒色	茶～黒色
かたさ	かたい	やわらかい	—
構造			

◉一酸化炭素 CO

製法：① 炭素の不完全燃焼で生じる。

② ギ酸に濃硫酸を加えて加熱する。

$HCOOH \xrightarrow{濃硫酸} H_2O + CO\uparrow$

性質：① 無色・無臭の気体

② 非常に有毒で，水に溶けにくい。

③ 還元性があり，金属の酸化物を還元する。

◉二酸化炭素 CO_2

製法：① 炭素の完全燃焼　$C + O_2 \longrightarrow CO_2$

② 石灰石(炭酸カルシウム)に塩酸を加える。

$CaCO_3 + 2HCl \longrightarrow CaCl_2 + H_2O + CO_2\uparrow$

③ 石灰石の熱分解 $CaCO_3 \longrightarrow CaO + CO_2\uparrow$

性質：① 無色・無臭の気体で，石灰水に吹き込むと白濁

② 水に少し溶けて弱酸性を示す(炭酸水)。

$CO_2 + H_2O \rightleftarrows H^+ + HCO_3^-$

③ 二酸化炭素の固体は，**ドライアイス**とよばれる。

3 ケイ素とその化合物

◉ケイ素 Si

製法：酸化物を還元する。$SiO_2 + 2C \longrightarrow Si + 2CO$

性質：① 共有結合の結晶

② 電気をわずかに通す性質がある(**半導体**)。

◉二酸化ケイ素 SiO_2

性質：① 石英(**水晶**)や**ケイ砂**(しゃ)として存在

② 結晶は，SiO_2 がくり返しつながった巨大分子

③ かたく，融点が高い。

④ 水に溶けにくく，安定

⑤ セメントやガラスなどに用いられる。

⑥ フッ化水素酸と反応して溶ける。

⑦ 酸性酸化物であり，塩基と反応させると，ケイ酸ナトリウムが生成する。

$SiO_2 + 2NaOH \longrightarrow Na_2SiO_3 + H_2O$

◉ケイ酸塩

二酸化ケイ素に塩基を反応させて得られる塩。

土壌を構成する主成分である。

◉ケイ酸 $SiO_2 \cdot nH_2O$(H_2SiO_3，H_4SiO_4 など)

弱酸であり，加熱脱水すると**シリカゲル**が得られる。

$Na_2SiO_3 + 2HCl \longrightarrow 2NaCl + H_2SiO_3$

ケイ酸ナトリウム $\xrightarrow{水}$ 水ガラス $\xrightarrow{塩酸}$ ケイ酸

ケイ酸 $\xrightarrow{加熱・脱水}$ シリカゲル

ポイントチェック

基礎 □(1) 炭素とケイ素は周期表の何族の元素か。
(　　　)族

□(2) 炭素とケイ素原子は価電子を(　　　)個もっている。

□(3) 炭素の単体にはどのような同素体があるか。
(　　　　　)，(　　　　　)，(　　　　　)など

□(4) ダイヤモンドは^ア(　　　　)結合の結晶で非常に^イ(かたい・やわらかい)。

□(5) 一酸化炭素は炭素の(完全・不完全)燃焼で生じる。

□(6) 一酸化炭素は^ア(　　)色，^{イ}(　　)臭の気体で^ウ(無・有)毒である。

□(7) 一酸化炭素は水に溶け(やすい・にくい)。

基礎 □(8) 一酸化炭素は高温で(酸化・還元)性を示す。

□(9) 二酸化炭素は^ア(　　)色，^{イ}(　　)臭の気体で，水に溶かすと^ウ(弱酸・弱塩基)性を示す。

□(10) 二酸化炭素の固体を一般に何というか。
(　　　　　)

基礎 □(11) ケイ素の単体は電気を(わずかに通す・通さない)。

□(12) 二酸化ケイ素は^ア(やわらかく・かたく)，融点は^イ(高い・低い)。

□(13) 二酸化ケイ素の結晶は(石英・ダイヤモンド)とよばれる。

□(14) 二酸化ケイ素は水に溶け(にくい・やすい)。

□(15) 二酸化ケイ素が水酸化ナトリウムと反応し，ケイ酸ナトリウムができる反応を化学反応式で示せ。
(　　　　　　　　　　)

□(16) ケイ酸を加熱脱水してできる多孔質の物質を何というか。(　　　　　)

EXERCISE

▶141〈炭素・ケイ素の性質〉 次の(1)～(4)の記述について，正しいものには○，誤っているものには×を記せ。

(1) 炭素とケイ素は，どちらも 4 個の価電子をもち，単体は共有結合の結晶をつくる。 (　　)

(2) 炭素の同素体にドライアイスがある。 (　　)

(3) ケイ素の単体は，天然に存在しない。 (　　)

(4) 高純度のケイ素の単体は，半導体として利用される。 (　　)

▶142〈炭素の酸化物の性質〉 次の(1)～(5)の記述は，二酸化炭素または一酸化炭素の性質を表している。二酸化炭素の性質には A，一酸化炭素の性質には B，両方に共通の性質には C を記せ。

(1) 無色・無臭の気体である。 (　　)

(2) 水に溶けて，弱い酸性を示す。 (　　)

(3) 空気中で燃える。 (　　)

(4) 有毒な気体である。 (　　)

(5) 石灰水に通じると，白濁する。 (　　)

▶143〈二酸化炭素の性質〉 次の(1)～(3)の反応を化学反応式で示せ。

(1) 石灰石に塩酸を加えると，二酸化炭素が発生する。

(　　　　　　　　　　　　　　　　　　　　　　　　)

(2) 石灰水に二酸化炭素を通じると，白濁する。

(　　　　　　　　　　　　　　　　　　　　　　　　)

(3) (2)の白濁した水溶液にさらに二酸化炭素を通じると，無色透明の水溶液となる。

(　　　　　　　　　　　　　　　　　　　　　　　　)

▶144〈ケイ素の化合物〉 次の文章を読み，下の問いに答えよ。

ケイ素の単体は，わずかに電気を通す ア(　　　　　)である。その性質を利用してコンピュータなどに用いられている。単体は天然に存在せず，二酸化ケイ素として存在し，石英(イ(　　　　　))・ケイ砂などとして産出される。①二酸化ケイ素の粉末を水酸化ナトリウムと強熱すると，ケイ酸ナトリウムが得られる。そこに水を加えて加熱すると，粘性の大きな水ガラスが得られる。これに塩酸を加えると，白色ゲル状のケイ酸ができる。それを熱して脱水すると，ウ(　　　　　　)が得られる。これは乾燥剤などに利用されている。また，②二酸化ケイ素にフッ化水素を加えると，ヘキサフルオロケイ酸となって溶ける。

(1) 上の文章中の (　　) に適する語句を入れよ。

(2) 下線部①，②の反応を化学反応式で示せ。

①(　　　　　　　　　　　　　　　　　　　　　　　)

②(　　　　　　　　　　　　　　　　　　　　　　　)

アドバイス

▶141
(1) 炭素とケイ素は，14 族の元素である。
(2) ドライアイスは，二酸化炭素の固体である。

▶142
(5) 石灰水は，水酸化カルシウムの水溶液である。

▶143
(1) 弱酸の塩に強酸を加えると，強酸の塩ができて，弱酸が遊離する。
(3) 炭酸水素カルシウムが生成して溶ける。

▶144
ケイ酸ナトリウムは，Na_2SiO_3 で表される化合物である。
Na_2SiO_3 は，弱酸の塩なので，塩酸を加えると，弱酸のケイ酸 $SiO_2 \cdot H_2O$ が遊離する。
ただし，これらの化合物は，鎖状につながった巨大分子である。
ヘキサフルオロケイ酸は，H_2SiF_6 と表される。

29 アルカリ金属とその化合物

1 アルカリ金属

水素を除く 1 族元素を**アルカリ金属**といい，原子は価電子を 1 個もち，電子を 1 個放出して 1 価の陽イオンになりやすい。

アルカリ金属は炎色反応で特有の色を示す。

Li：赤色，Na：黄色，K：赤紫色

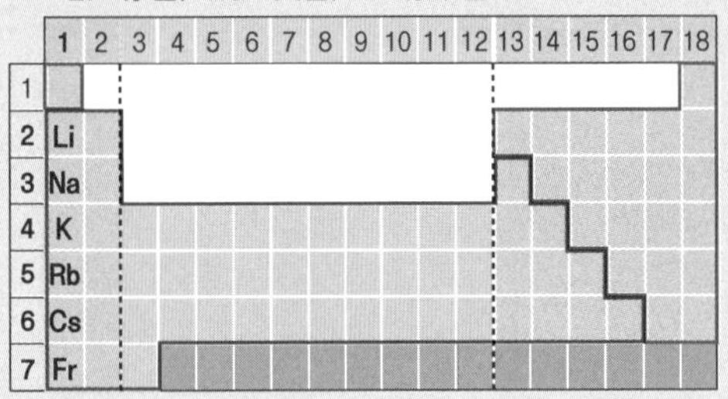

◉アルカリ金属の単体

性質：① 銀白色で，密度が小さく，やわらかい。

② 水と反応して水素を発生し，強塩基性の水溶液となる。$2Na + 2H_2O \longrightarrow 2NaOH + H_2\uparrow$

③ 空気中の酸素と反応するので，石油中に保存する。

$4Na + O_2 \longrightarrow 2Na_2O$

単体は，アルカリ金属の化合物を高温で融解し，電気分解して得られる（**溶融塩（融解塩）電解**）。

2 ナトリウムの化合物

◉水酸化ナトリウム $NaOH$

製法：塩化ナトリウム水溶液の電気分解（→p.54）

$2NaCl + 2H_2O \longrightarrow 2NaOH + H_2 + Cl_2$

性質：① 白色の固体で，水によく溶け，強い塩基性を示す。

② 空気中の水分を吸収して溶ける性質（**潮解性**）がある。

③ 二酸化炭素を吸収して炭酸ナトリウムを生じる。

$2NaOH + CO_2 \longrightarrow Na_2CO_3 + H_2O$

◉炭酸ナトリウム Na_2CO_3

製法：**アンモニアソーダ法（ソルベー法）**

① 飽和食塩水にアンモニア，二酸化炭素を吹き込むと，比較的溶解度の小さい炭酸水素ナトリウムが沈殿する。

$NaCl + NH_3 + CO_2 + H_2O \longrightarrow NaHCO_3\downarrow + NH_4Cl$

② 生じた炭酸水素ナトリウムを加熱すると，炭酸ナトリウムが生成する。

$2NaHCO_3 \longrightarrow Na_2CO_3 + H_2O + CO_2\uparrow$

性質：① 炭酸ナトリウム十水和物 $Na_2CO_3 \cdot 10H_2O$ は，空気中で水和水の一部を失って一水和物 $Na_2CO_3 \cdot H_2O$ になる（**風解**）。

② ガラスやセッケンの原料

◉炭酸水素ナトリウム（重曹（じゅうそう））$NaHCO_3$

性質：① 水にわずかに溶け，弱塩基性を示す。

② 加熱したり強酸を加えたりすると，二酸化炭素を発生する。

$2NaHCO_3 \longrightarrow Na_2CO_3 + H_2O + CO_2\uparrow$

$NaHCO_3 + HCl \longrightarrow NaCl + H_2O + CO_2\uparrow$

ポイントチェック

基礎

□(1) 1 族の金属元素を何というか。（　　　）

□(2) アルカリ金属原子は価電子を（　　　）個もっている。

□(3) アルカリ金属原子は^ア（　　　）価の^イ(陽・陰)イオンになりやすい。

□(4) ナトリウムの炎色反応は何色を示すか。（　　　）色

□(5) リチウムの炎色反応は何色を示すか。（　　　）色

□(6) アルカリ金属の単体は(石油・水)の中に保存する。

□(7) アルカリ金属の単体は密度が，金属の中で(小さい・大きい)。

□(8) アルカリ金属の単体は，化合物を融解し，電気分解して得られる。この方法を何というか。（　　　）

□(9) アルカリ金属の単体は水と反応してその水溶液は(酸性・塩基性)を示す。

□(10) ナトリウムが水と反応するときの反応を化学反応式で示せ。

（　　　）

□(11) 水酸化ナトリウムは水によく溶けて(強い・弱い)塩基性を示す。

□(12) 水酸化ナトリウムの空気中の水分を吸収して溶ける性質を何というか。（　　　）

□(13) 炭酸ナトリウムの工業的製法を何というか。（　　　）

□(14) 炭酸ナトリウム十水和物は空気中で水和水を失う。このことを何というか。（　　　）

□(15) 炭酸水素ナトリウムは別名何とよばれるか。（　　　）

□(16) 炭酸水素ナトリウムを加熱すると何の気体が発生するか。（　　　）

□(17) 炭酸水素ナトリウムに塩酸を加えたときの反応を化学反応式で示せ。

（　　　）

EXERCISE

▶145〈ナトリウムの化合物〉 次の(1)〜(4)の記述にあてはまるナトリウムの化合物を化学式で示せ。

(1) 重曹ともよばれ，医薬品やベーキングパウダーなどに用いられる。
( )

(2) 潮解性があり，その水溶液は強い塩基性を示す。
( )

(3) ガラスやセッケンの原料であり，その十水和物は風解性がある。
( )

(4) 炭酸ナトリウムに塩酸を加えると生成する。
( )

▶146〈アンモニアソーダ法〉 炭酸ナトリウムは工業的に，炭酸カルシウムと塩化ナトリウムを原料につくられている。製造過程における反応は，次の(1)〜(5)のとおりである。各段階の化学反応式を示せ。また，すべての化学反応式を1つにまとめよ。

(1) 塩化ナトリウムの飽和水溶液にアンモニアを十分に吹き込み，その後に二酸化炭素を通じると，炭酸水素ナトリウムが沈殿する。
( )

(2) 沈殿した炭酸水素ナトリウムを分離後，加熱して炭酸ナトリウムを得る。
( )

(3) (1)の反応に用いる二酸化炭素は，石灰石を熱分解してつくる。
( )

(4) (3)で生成した酸化カルシウムを水に溶かし，水酸化カルシウムをつくる。
( )

(5) 水酸化カルシウムと塩化アンモニウムを用いてアンモニアを発生させる。
( )

まとめると
( )

▶147〈ナトリウムの化合物〉

右図は，4種類のナトリウム化合物（固体または水溶液）の間の関係を示したものである。図中の①〜⑦の反応を起こす操作を，次の(ア)〜(オ)のうちから1つずつ選べ。ただし，同じものを複数回選んでもよい。

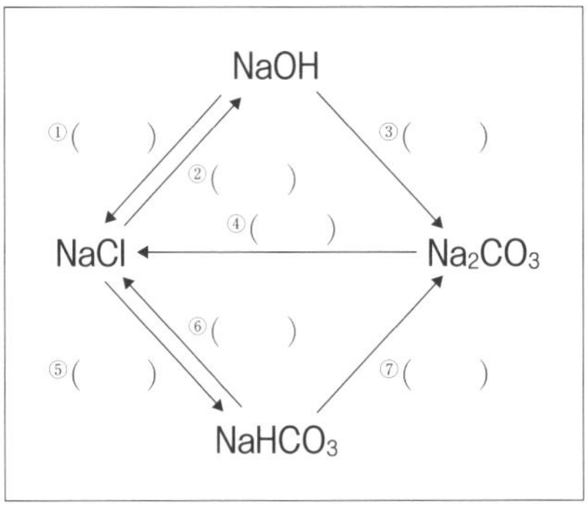

NaOH
①( ) ②( ) ③( )
④( )
NaCl ← Na_2CO_3
⑤( ) ⑥( ) ⑦( )
$NaHCO_3$

(ア) 固体を加熱する。
(イ) 二酸化炭素 CO_2 を通じる。
(ウ) 二酸化炭素とアンモニア NH_3 を通じる。
(エ) 水溶液を電気分解する。　(オ) 塩酸 HCl を加える。

アドバイス

▶145
ナトリウムの化合物は，ほとんど白色なので，さまざまな特徴から化合物の種類を判断する。

▶146
(1) 炭酸水素ナトリウムの溶解度が比較的小さいため，沈殿する。
(2) 炭酸水素ナトリウムを加熱すると，二酸化炭素が発生して，炭酸ナトリウムが生成する。
(3) 石灰石の主成分は，炭酸カルシウムである。
(4) 酸化カルシウムは，塩基性酸化物なので，水と反応して，水酸化カルシウムになる。
(5) 水酸化カルシウムは，強塩基なので，塩化アンモニウムと反応して，アンモニアを遊離する。

▶147
① 中和反応
② 塩素と水素が発生
③ 二酸化炭素と中和反応
④ 弱酸の遊離
⑤ アンモニアソーダ法(ソルベー法)
⑥ 弱酸の遊離
⑦ 熱分解

30 アルカリ土類金属とその化合物

1 アルカリ土類金属

原子は価電子を 2 個もち，電子を 2 個放出して 2 価の陽イオンになりやすい。

炎色反応を示さない Be，Mg 以外は，特有の炎色反応を示す。

Ca：橙赤，Sr：深赤，Ba：黄緑

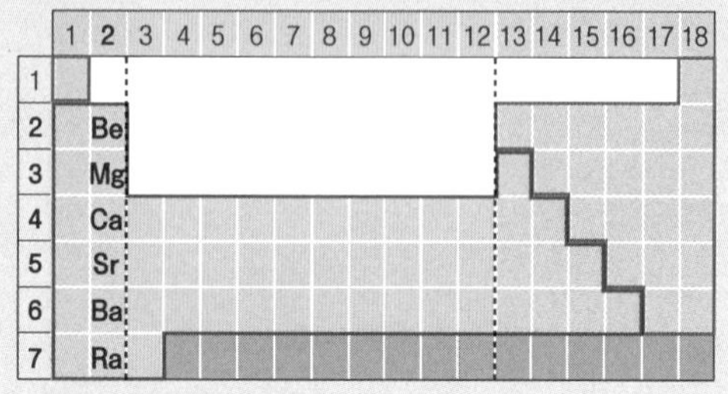

◉アルカリ土類金属の単体

性質：① 銀白色で，アルカリ金属に比べると，密度が大きく，融点が高い。

② Ca，Sr，Ba は常温で水と反応し，水素を発生して水酸化物となり，強塩基性を示す。

$Ca + 2H_2O \longrightarrow Ca(OH)_2 + H_2\uparrow$

③ Be は水とは反応を示さず，Mg は常温の水とは反応しないが，熱水とは反応する。

$Mg + 2H_2O \longrightarrow Mg(OH)_2 + H_2\uparrow$

2 カルシウムなどの化合物

性質：① 酸化物は塩基性酸化物であり，酸と反応して塩を生成する。

② Be，Mg 以外の水酸化物は，水に溶けて強塩基性を示す。

◉酸化カルシウム（生石灰）CaO

製法：石灰石を加熱する。$CaCO_3 \longrightarrow CaO + CO_2\uparrow$

性質：① 白色の固体

② 水を加えると，発熱しながら激しく反応し，水酸化カルシウムを生じる。

$CaO + H_2O \longrightarrow Ca(OH)_2$

◉水酸化カルシウム（消石灰）$Ca(OH)_2$

性質：① 白色の固体

② 水に少し溶けて（石灰水），強塩基性を示す。

③ **石灰水**に二酸化炭素を吹き込むと，炭酸カルシウムの白色沈殿を生じる。

$Ca(OH)_2 + CO_2 \longrightarrow CaCO_3\downarrow + H_2O$

◉炭酸カルシウム（石灰石）$CaCO_3$

性質：① 大理石として自然界に存在

② 強酸と反応し，二酸化炭素を発生して溶ける。

$CaCO_3 + 2HCl \longrightarrow CaCl_2 + H_2O + CO_2\uparrow$

③ CO_2を含んだ水に溶ける。

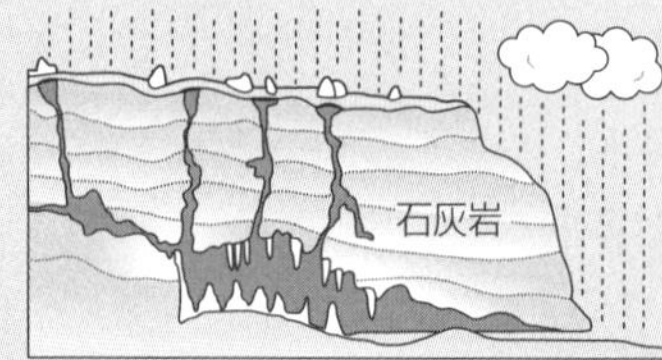

CO_2を含んだ雨水で石灰岩は溶けて鍾乳洞になる

ポイントチェック

基礎

□(1) 2 族元素は価電子を（　　）個もっている。

□(2) 2 族元素を何というか。（　　　）

□(3) カルシウムは何色の炎色反応を示すか。（　　　）色

□(4) ストロンチウムは何色の炎色反応を示すか。（　　　）色

□(5) マグネシウムは（冷水・熱水）と反応して，水酸化マグネシウムになる。

□(6) (5)の化学反応式を示せ。

（　　　　　　　　）

□(7) Ca，Sr，Ba は水と反応して，その水溶液は（強い・弱い）塩基性を示す。

□(8) 酸化カルシウムは別名何とよばれるか。（　　　）

□(9) 酸化カルシウムに水を加えると（発熱・吸熱）しながら反応する。

□(10) 水酸化カルシウムは別名何とよばれるか。（　　　）

□(11) 水酸化カルシウムの飽和水溶液のことを何というか。（　　　）

□(12) 炭酸カルシウムと塩酸が反応して二酸化炭素を発生するときの化学反応式を示せ。

（　　　　　　　　）

□(13) セッコウ（硫酸カルシウム二水和物）の化学式を記せ。（　　　）

□(14) 硫酸バリウムは水に溶け（やすい・にくい）。

□(15) 硫酸バリウムは X 線を透過しないので，（レントゲン・電子顕微鏡）の撮影に使われる。

※炭酸カルシウムと炭酸水素カルシウムの関係：

炭酸カルシウムは，二酸化炭素を含んだ水と反応し，炭酸水素カルシウムになって溶解する。

$CaCO_3 + H_2O + CO_2 \rightleftarrows Ca(HCO_3)_2$

炭酸水素カルシウム水溶液を加熱すると，炭酸カルシウムの白色沈殿を生じる。

◉硫酸カルシウム $CaSO_4$

性質：二水和物として産出し，セッコウとよばれる。建築材料，セメントや医療用ギプスなどに用いられる。

◉硫酸バリウム $BaSO_4$

性質：水に難溶で，X 線撮影の造影剤として用いられる。

EXERCISE

▶148〈2 族元素の性質〉 次の記述のうち，マグネシウム，カルシウム，バリウムの３つに共通するものにはA，マグネシウムだけにあてはまるものにはB，カルシウム，バリウムの２つにあてはまるものにはCを記せ。

(1) その単体は，常温の水とはほとんど反応しない。 (　　)
(2) その水酸化物の水溶液は，強い塩基性を示す。 (　　)
(3) その硫酸塩は，水によく溶ける。 (　　)
(4) その化合物は，特有の色の炎色反応を示す。 (　　)
(5) 炭酸塩は，強酸と反応して二酸化炭素を発生する。 (　　)

▶149〈2 族の化合物〉 次の(1)～(5)の記述にあてはまる物質を化学式で示せ。

(1) 生石灰ともよばれる物質である。吸湿性に富み，乾燥剤に利用されたり，水と反応して多量の熱を発生するので発熱剤として利用されている。 (　　)
(2) セッコウとよばれ，ギブスなどに用いられている。 (　　)
(3) 塩酸と水酸化カルシウムの反応で得られ，その固体は吸湿性があり，乾燥剤として利用されている。 (　　)
(4) 消石灰ともよばれる物質である。その水溶液は塩基性を示し，石灰水とよばれる。 (　　)
(5) きわめて水に難溶であり，X線を通さないのでレントゲンの造影剤として用いられる。 (　　)

▶150〈カルシウムの反応〉 右図は，固体または水溶液状態の化合物の変化を示したものである。図中の(ア)～(ウ)にあてはまる物質を図中に記入せよ。また，(1)～(3)にあてはまる操作を①～⑤の中から１つずつ選べ。

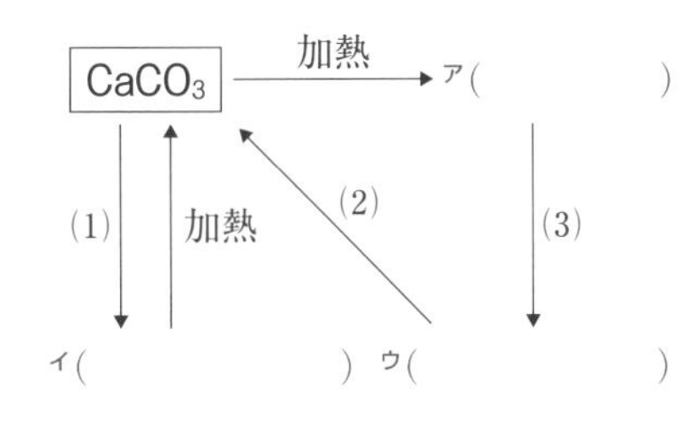

① 固体に水を加え，二酸化炭素を通じる。　② 固体に水を加える。
③ 水溶液を冷却する。　④ 水溶液に塩酸を加える。
⑤ 水溶液に二酸化炭素を通じる。

(1)　　(2)　　(3)

▶151〈カルシウムの反応〉 次の(1)～(3)の反応を化学反応式で示せ。

(1) 生石灰に水を加えると，発熱して消石灰が生成する。
(　　)
(2) 石灰水に二酸化炭素を吹き込むと，炭酸カルシウムの沈殿を生じる。
(　　)
(3) (2)の溶液にさらに二酸化炭素を吹き込むと，沈殿が溶解する。
(　　)

アドバイス

▶148
ベリリウムとマグネシウムは，他の２族元素と性質がやや異なる。

▶149
(2) 硫酸カルシウム二水和物を，セッコウといい，加熱すると，半水和物の焼きセッコウとなる。

▶150
(ア) 炭酸カルシウムを加熱すると，分解して二酸化炭素と酸化カルシウムを生じる。
(イ) 炭酸カルシウムは，二酸化炭素を含んだ水と反応して溶解する。
(ウ) 水酸化カルシウムは，強塩基である。

▶151
生石灰…CaO
消石灰…$Ca(OH)_2$

3章 無機物質

31 1，2族以外の典型元素とその化合物

1 両性金属

アルミニウム，スズ，鉛などの単体は，酸とも強塩基とも反応し，水素を発生する。このような金属を**両性金属**という（12 族の亜鉛も両性金属である）。

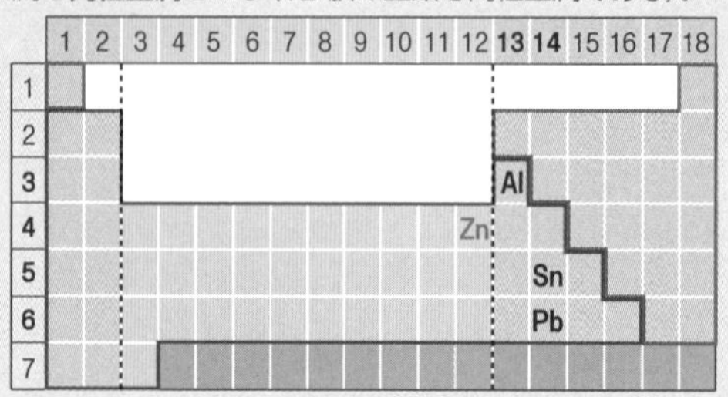

2 アルミニウムとその化合物

◉アルミニウム Al

性質：① 銀白色の軽金属

$$AlCl_3 \xleftarrow{HCl} Al \xrightarrow{NaOH} Na[Al(OH)_4]$$

② 濃硝酸とは不動態となりそれ以上反応しない。

③ 人工的に酸化被膜をつけたものを**アルマイト**という。

④ Cu, Mg, Mn との合金を**ジュラルミン**という。

◉酸化アルミニウム（アルミナ）Al_2O_3

性質：① 白色粉末で，水に溶けにくく，融点が高い。

② 両性酸化物で，酸とも強塩基とも反応する。

$$AlCl_3 \xleftarrow{HCl} Al_2O_3 \xrightarrow{NaOH} Na[Al(OH)_4]$$

③ ルビー，サファイアは，微量の重金属イオンを含んだ酸化アルミニウムの結晶

◉水酸化アルミニウム $Al(OH)_3$

性質：① 白色ゲル状沈殿

② 両性水酸化物で，酸とも強塩基とも反応する。

$$AlCl_3 \xleftarrow{HCl} Al(OH)_3 \xrightarrow{NaOH} Na[Al(OH)_4]$$

③ 過剰のアンモニア水には溶けない。

◉ミョウバン $AlK(SO_4)_2 \cdot 12H_2O$

硫酸カリウムと硫酸アルミニウムの**複塩**（2 種類以上の塩が一定の割合で結合したもの）である。

性質：無色透明の正八面体の結晶

3 スズ，鉛とその化合物

◉スズ Sn

性質：① 展性・延性が大きく加工しやすい。

② 常温では比較的安定。

③ 合金（青銅：銅とスズ，はんだ：鉛とスズ）やブリキ（鉄にスズをめっき）として用いられる。

◉鉛 Pb

性質：① 密度が大きく青白色で，やわらかい。

② X 線の遮蔽材（しゃへいざい），はんだの合金成分，鉛蓄電池（負極 Pb，正極 PbO_2）に利用

③ 水溶液中の Pb^{2+} は，さまざまな陰イオンと反応して沈殿を生じる。$Pb(OH)_2$（白色），$PbCl_2$（白色），$PbSO_4$（白色），$PbCrO_4$（黄色），PbS（黒色）などがある。

ポイントチェック

□(1) アルミニウムは酸とも強塩基とも反応する。このような金属を何というか。（　　　）

基礎 □(2) アルミニウムは何価の陽イオンになるか。（　　　）価

□(3) アルミニウムは濃硝酸と反応（する・しない）。

□(4) アルミニウムの表面を人工的に酸化し，酸化被膜をつけたものを何というか。（　　　）

□(5) 水酸化アルミニウムは塩酸と反応（する・しない）。

□(6) 酸化アルミニウムは白色粉末で，融点は（高い・低い）。

□(7) 宝石として知られるルビーやサファイアの主成分は何か。（　　　）

□(8) 酸化アルミニウムは酸とも強塩基とも反応する。このような酸化物を何というか。（　　　）酸化物

□(9) 水酸化アルミニウムは過剰のアンモニア水と反応（する・しない）。

□(10) ミョウバンのように，2 種類以上の塩が一定の割合で結合したものを何というか。（　　　）

□(11) スズは展性・延性が（大きい・小さい）。

□(12) 塩化スズ（Ⅱ）が塩化スズ（Ⅳ）に変化するとき，相手を（酸化・還元）する。

□(13) 青銅はスズと何の金属か。（　　　）

□(14) 鉛は密度が大きく，（かたい・やわらかい）金属である。

□(15) 鉛は X 線を（通す・通さない）ので，医療現場などで利用されている。

□(16) 鉛蓄電池に用いられている正極の物質の化学式を示せ。（　　　）

□(17) 塩化鉛（Ⅱ）は熱水に（溶ける・溶けない）。

□(18) Pb^{2+} と硫化物イオンが反応してできる沈殿は何色か。（　　　）色

□(19) Pb^{2+} とクロム酸イオンが反応してできる沈殿は何色か。（　　　）色

EXERCISE

▶152〈アルミニウムの性質〉 次の(1)〜(4)の反応を化学反応式で示せ。

(1) アルミニウムに塩酸を加えると，塩化アルミニウムとなり溶け，水素が発生する。
( )

(2) アルミニウムに水酸化ナトリウム水溶液を加えると，溶けてテトラヒドロキシドアルミン酸ナトリウムとなり，水素が発生する。
( )

(3) アルミニウムを酸素中で強熱すると，燃えて酸化アルミニウムになる。
( )

(4) 酸化アルミニウムに塩酸を加えると，塩化アルミニウムとなり溶ける。
( )

▶153〈アルミニウムの化合物〉 次の記述のうち，正しいものには○を，誤っているものには×を記せ。

(1) アルミニウムは濃硝酸に溶けない。 ( )

(2) 水酸化アルミニウムは過剰の水酸化ナトリウム水溶液に溶ける。 ( )

(3) 酸化アルミニウムは過剰の水酸化ナトリウム水溶液に溶けない。 ( )

▶154〈スズと鉛の性質〉 次の(1)〜(5)の記述について正しいものには○，誤っているものには×を記せ。

(1) スズ Sn は，塩酸にも水酸化ナトリウム水溶液にも溶ける。( )

(2) 塩化スズ(Ⅱ) $SnCl_2$ は，酸化作用を示す。 ( )

(3) 硫酸鉛(Ⅱ) $PbSO_4$ は，水に溶けにくい。 ( )

(4) 塩化鉛(Ⅱ) $PbCl_2$ は，冷水に溶けにくい。 ( )

(5) 酸化鉛(Ⅳ) PbO_2 は，鉛蓄電池の負極として使われる。 ( )

▶155〈金属の性質〉 次の文章中の ( ) に適する語句を入れよ。

アルミニウムは私たちの日常生活の身のまわりでよく使われている金属である。アルミニウムは空気中に放置すると，表面にち密な酸化被膜をつくって内部を保護する。この状態をア( )という。また，アルミニウムと銅，マグネシウムなどの合金をイ( )といい，軽くて丈夫なので航空材料などに用いられている。酸化アルミニウムはウ( )ともよばれる白色の粉末で単体のアルミニウムの原料である。酸化アルミニウムの結晶に微量のクロムが含まれているものはエ( )とよばれ，宝石などとして利用されている。

スズは，常温で比較的安定な金属であり，食器などに利用されるほか，銅との合金であるオ( )や，鉛との合金であるカ( )として用いられる。

鉛は，密度が大きく，キ( )を通さない性質がある。鉛(Ⅱ)イオンは多くの陰イオンと反応して沈殿を生じる。硫化鉛(Ⅱ)PbS はク( )色，クロム酸鉛(Ⅱ)$PbCrO_4$ はケ( )色である。

アドバイス

▶152
アルミニウムは，両性金属で，酸とも強塩基とも反応する。
(2) テトラヒドロキシドアルミン酸ナトリウムの化学式は，$Na[Al(OH)_4]$
(4) 酸化アルミニウムは，両性酸化物である。

▶154
(1) スズは，両性金属である。
(2) 塩化スズには，2 価と 4 価がある。
(3) 鉛の化合物は，水に溶けにくいものが多い。

▶155
酸化アルミニウムの結晶に，不純物としてクロムがあるとルビーに，鉄やチタンがあるとサファイアになる。

32 遷移元素(鉄)

1 遷移元素

3〜12 族の元素を**遷移元素**という。すべてが金属元素で，最外殻電子の数が 1 個または 2 個であるため，となりあう元素どうしで性質が似ている。

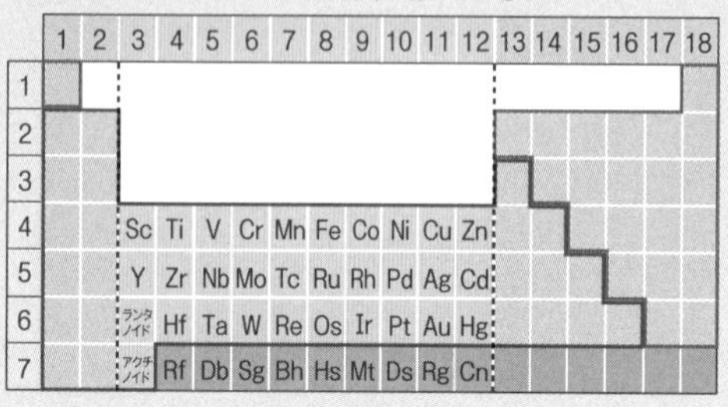

① 単体は，融点が高く，硬度・密度が大きい。
② Sc，Ti 以外は，密度 4〜5 g/cm^3 以上の重金属
③ 複数の酸化数を示す。
④ 遷移元素のイオンや化合物の水溶液は，特有の色をもつものが多い。
⑤ 錯イオンをつくるものがある。

2 鉄とその化合物

◉鉄 Fe

製法：鉄鉱石(主成分 Fe_2O_3)を溶鉱炉で還元する。
得られた鉄は炭素が多く含まれており，**銑鉄**(せんてつ)という。
銑鉄を転炉に移し，炭素分を燃焼させると**鋼**(こう)になる。

性質：① 空気中で酸化されやすい。
② 酸に溶け，水素を発生する。
③ 濃硝酸には，不動態となり溶けにくくなる。

鉄(Ⅱ)の化合物

◉酸化鉄(Ⅱ)FeO
性質：黒色固体

◉硫酸鉄(Ⅱ)七水和物
$FeSO_4 \cdot 7H_2O$
性質：淡緑色。水に可溶。還元作用がある。

◉水酸化鉄(Ⅱ)
$Fe(OH)_2$
性質：緑白色。空気中で酸化され，水酸化鉄(Ⅲ)に変化する。

◉ヘキサシアニド鉄(Ⅱ)酸カリウム
$K_4[Fe(CN)_6]$
性質：黄色結晶。Fe^{3+} と反応して，濃青色沈殿を生じる。

鉄(Ⅲ)の化合物

◉酸化鉄(Ⅲ)Fe_2O_3
性質：赤褐色
さびの主成分

◉塩化鉄(Ⅲ)六水和物
$FeCl_3 \cdot 6H_2O$
性質：黄褐色。水に可溶。潮解性がある。

◉ヘキサシアニド鉄(Ⅲ)酸カリウム
$K_3[Fe(CN)_6]$
性質：赤色結晶。Fe^{2+} と反応して，濃青色沈殿を生じる。

＊Fe^{3+} は，チオシアン酸カリウム KSCN と反応して，血赤色の溶液となる。

3 錯イオンの命名法

例 テトラアンミン銅(Ⅱ)イオン
❶ ❷ ❸ ❹

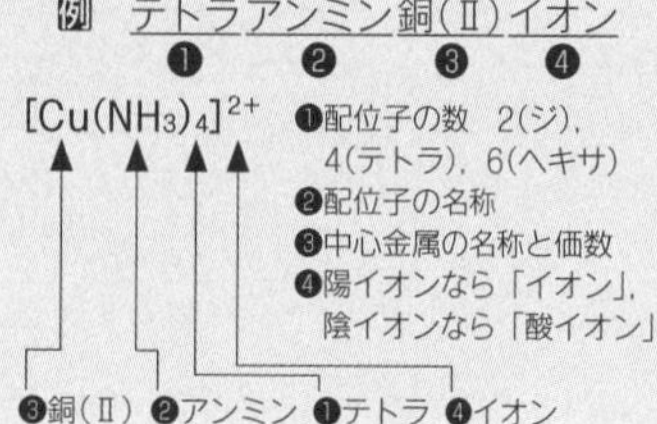

❶配位子の数 2(ジ)，4(テトラ)，6(ヘキサ)
❷配位子の名称
❸中心金属の名称と価数
❹陽イオンなら「イオン」，陰イオンなら「酸イオン」

配位子	名称
NH_3	アンミン
H_2O	アクア
CN^-	シアニド
OH^-	ヒドロキシド
CO	カルボニル
Cl^-	クロリド

ポイントチェック

基礎 □(1) 遷移元素は周期表の^{ア}(　　　)族から^{イ}(　　　)族の元素である。

□(2) 遷移元素はすべて(金属・非金属)元素である。

□(3) 遷移元素は(縦の列・となりどうし)で性質がよく似ている。

□(4) 遷移元素は複数の酸化数をもつ化合物が(多い・少ない)。

□(5) 遷移元素のイオンや化合物は(有・無)色のものが多い。

基礎 □(6) 鉄の単体は鉄鉱石を溶鉱炉で(酸化・還元)することで得ることができる。

□(7) 鉄鉱石から得られる鉄は炭素分が多くもろい。これを何というか。 (　　　　)

□(8) 鉄が希硫酸と反応して水素を発生する変化を化学反応式で示せ。

(　　　　　　　　　　　　)

□(9) 鉄は濃硝酸には酸化被膜をつくって反応しない。このような状態を何というか。

(　　　　)

□(10) 硫酸鉄(Ⅱ)の水溶液は何色か。

(　　　　)色

□(11) 硫酸鉄(Ⅱ)には還元性が(ある・ない)。

□(12) ベンガラともよばれる鉄さびの主成分の化学式を示せ。 (　　　　)

□(13) ヘキサシアニド鉄(Ⅱ)酸カリウム水溶液は^{ア}(Fe^{2+}・Fe^{3+})と反応して^{イ}(濃青・白)色の沈殿を生じる。

□(14) 塩化鉄(Ⅲ)の水溶液は何色か。

(　　　　)色

□(15) ヘキサシアニド鉄(Ⅲ)酸カリウム水溶液は^{ア}(Fe^{2+}・Fe^{3+})と反応して^{イ}(濃青・白)色の沈殿を生じる。

□(16) チオシアン酸カリウムは^{ア}(Fe^{2+}・Fe^{3+})と反応して^{イ}(血赤・青)色の溶液となる。

□(17) 金属イオンが分子や陰イオンと配位結合をしてできたイオンを何というか。

(　　　　)イオン

EXERCISE

▶156〈遷移元素の性質〉 次の(1)～(6)の記述について，遷移元素にあてはまるものには○，あてはまらないものには×を記せ。

(1) すべて金属元素である。（　　）
(2) その化合物の水溶液は無色のものが多い。（　　）
(3) ほとんどが重金属元素である。（　　）
(4) 価電子の数が6～7個である。（　　）
(5) 触媒として用いられていたり，合金をつくったりするものが多い。（　　）
(6) 複数の酸化数をとるものが多い。（　　）

▶157〈鉄の化合物〉 次の(1)～(5)の記述にあてはまる化合物を下から選べ。

(1) 淡緑色の結晶で，鉄を希硫酸に溶かして得られる。（　　）
(2) (1)の水溶液に水酸化ナトリウム水溶液を加えて生じる，緑白色の沈殿である。（　　）
(3) ハーバー・ボッシュ法の触媒として用いられ，また，磁鉄鉱の主成分であり，酸化数＋2と＋3の鉄が含まれる。（　　）
(4) 黄褐色の結晶で潮解性がある。（　　）
(5) 赤色の結晶で水に溶ける。Fe^{2+} と反応して濃青色の沈殿を生じる。（　　）

(ア) $FeCl_3·6H_2O$　(イ) $K_3[Fe(CN)_6]$　(ウ) Fe_3O_4　(エ) Fe_2O_3
(オ) $FeSO_4·7H_2O$　(カ) $K_4[Fe(CN)_6]$　(キ) $Fe(OH)_2$

▶158〈鉄の製錬〉 次の文章中に適する語句を入れ，下線部の反応を化学反応式で示せ。

鉄の単体は<u>赤鉄鉱(主成分ア(　　　　))を溶鉱炉でコークスから生成する一酸化炭素を用いて還元して得る</u>ことができる。得られた鉄は炭素を多く含み，イ(　　　　)とよばれる。(イ)は転炉に移され，空気を吹き込み，炭素を燃焼させ除く。得られた鉄はウ(　　　　)とよばれ，丈夫で粘りがある。

化学反応式(　　　　　　　　　　)

▶159〈鉄イオンの性質〉 次の図について，下の問いに答えよ。

(1) 図の①と②で生じる緑白色の沈殿，赤褐色の沈殿の物質名を示せ。
①(　　　　)　②(　　　　)

(2) 図の⑤と⑥に用いる試薬として適当なものを次の(ア)～(エ)から選べ。
(ア) $K_3[Fe(CN)_6]$　(イ) $K_4[Fe(CN)_6]$　(ウ) KSCN　(エ) NaOH
⑤(　　)　⑥(　　)

(3) 図の③，④，⑦の変化を次の(ア)～(オ)から選べ。
(ア) 酸化　(イ) 還元　(ウ) 中和　(エ) 分解　(オ) 脱水
③(　　)　④(　　)　⑦(　　)

アドバイス

▶156
(1) 遷移元素は，すべて金属元素である。
(3) 密度4～5g/cm³以上のものを，一般に重金属という。
(4) 金属原子の価電子の数は，一般に少ない。

▶157
(1) Fe^{2+} は，淡緑色をしている。
(3) Fe^{3+} は，黄褐色から赤褐色をしている。

▶158
鉄の工業的製法である。鉄鉱石中に含まれる酸化鉄をコークスから生じる一酸化炭素で還元する反応も起こる。

▶159
(2) 鉄イオン Fe^{2+}，Fe^{3+} に特有の反応としては，Fe^{2+} と $K_3[Fe(CN)_6]$，Fe^{3+} と $K_4[Fe(CN)_6]$ の反応があり，いずれも濃青色の沈殿が起こる。
(3) 酸化数が変化していれば，酸化還元反応である。

33 遷移元素(銅・銀・金)

1 銅とその化合物

◉銅 Cu

製法：高純度の銅は，電解精錬によりつくられる。(→p.54)

性質：① 赤みを帯びた金属光沢をもつ。
② 展性・延性が大きく，電気や熱をよく通す。
③ 塩酸や希硫酸には溶けないが，硝酸や熱濃硫酸には溶けて銅イオン Cu^{2+} になる。
④ 亜鉛との合金である黄銅(真鍮)やスズとの合金である青銅(ブロンズ)などに用いられる。
⑤ 長い時間，風雨を受けると緑青(ろくしょう)という緑色のさびが生じる。

◉酸化銅(Ⅰ)Cu_2O と酸化銅(Ⅱ)CuO

銅は酸化数 +1 と +2 の状態をとるので，酸化物も 2 種類ある。

性質：① Cu_2O は赤色の顔料として用いられる。
② CuO は黒色の固体である。

◉硫酸銅(Ⅱ) $CuSO_4$

性質：五水和物は，青色結晶で，加熱すると，水和水を失い，無水物の白色粉末になる。
無水物は水の検出に用いられる。

◉水酸化銅(Ⅱ)$Cu(OH)_2$

製法：Cu^{2+} を含む水溶液に塩基を加える(青白色沈殿)。

性質：過剰のアンモニア水を加えると，テトラアンミン銅(Ⅱ)イオンになり，深青色の溶液となる。

2 銀とその化合物

◉銀 Ag

性質：① 銀白色の美しい金属光沢をもつ。
② 空気中でさびにくい。
③ 電気伝導性や熱伝導性が金属中で最も大きい。
④ 塩酸や希硫酸には溶けないが，熱濃硫酸や硝酸には溶ける。

◉硝酸銀 $AgNO_3$

性質：① 無色の結晶
② 水によく溶ける。
③ 塩基を加えると，酸化銀 Ag_2O の褐色沈殿を生じる。
④ Ag_2O に過剰のアンモニア水を加えると，ジアンミン銀(Ⅰ)イオンを生じて溶ける。

◉塩化銀 AgCl

製法：硝酸銀水溶液に塩化物イオンを含む水溶液を加えると，塩化銀 AgCl を生じる。

性質：① 白色沈殿
② 感光性がある。

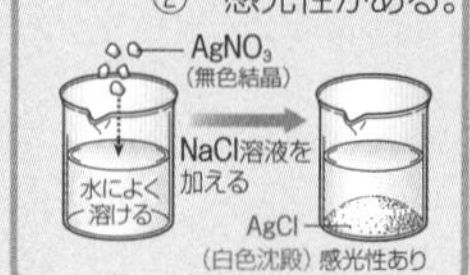

3 金

◉金 Au

性質：① 展性・延性が大きい。
② 反応性に乏しいが，**王水**(濃塩酸：濃硝酸＝3：1 (体積比)の溶液)には溶ける。
③ 古くから装飾品や貨幣などに利用されている。

ポイントチェック

基礎

□(1) 銅は(　　　)色を帯びた光沢をもつ金属である。

□(2) 銅は展性や(　　　)が大きく，熱や電気の良導体である。

□(3) 純粋な銅を電気分解で得る方法を何というか。
銅の(　　　)

□(4) 銅を長い時間風雨にさらすと生成する緑色のさびを何というか。(　　　)

□(5) 銅は，塩酸や希硫酸には溶けないが，(　　　)酸や熱濃硫酸のような酸化力のある酸には溶ける。

□(6) 銅(Ⅱ)イオンは水溶液中で何色を示すか。
(　　　)色

□(7) 銅(Ⅱ)イオンを含む水溶液に水酸化ナトリウムを反応させると生じる沈殿の化学式を示せ。
(　　　)

□(8) 銅(Ⅱ)イオンを含む水溶液に硫化水素を通じると生じる沈殿の化学式を示せ。(　　　)

□(9) 水酸化銅(Ⅱ)に過剰量のアンモニア水を加えると何色の溶液になるか。(　　　)色

□(10) (9)の溶液に含まれる，銅の錯イオンの化学式を示せ。(　　　)

□(11) 銀は熱伝導性や電気伝導性が(大きい・小さい)。

□(12) 銀は空気中で酸化され(やすい・にくい)。

□(13) 硝酸銀水溶液に塩基を加えると，何色の沈殿を生じるか。(　　　)色

□(14) (13)の沈殿の化学式を示せ。(　　　)

□(15) 硝酸銀水溶液に塩酸を加えると生成する，白色沈殿の化学式を示せ。(　　　)

□(16) 塩化銀はアンモニア水に溶解(する・しない)。

□(17) 塩化銀が光に反応して分解することを何というか。(　　　)

□(18) 金は反応性が乏しく，酸に溶けないが，(　　　)には溶解する。

□(19) 王水は濃塩酸と濃硝酸を体積比(　　　)：1 で混合した溶液である。

EXERCISE

▶160〈銅と銀の性質〉 次の(1)～(6)の記述について，銅に関するものには A，銀に関するものには B，両方に共通するものには C を記せ。

(1) 赤色の光沢をもった金属である。（　　）
(2) 熱・電気をよく通す。（　　）
(3) そのイオンを含む水溶液に，アンモニア水を加えていくと沈殿を生じるが，さらにアンモニア水を加えていくと，沈殿が溶ける。（　　）
(4) 希硫酸には溶けないが，熱濃硫酸には溶ける。（　　）
(5) ハロゲン化物は感光性があり，写真のフィルムなどに使われる。（　　）
(6) 硫酸塩の無水物は白色であるが，水や水蒸気に触れると青色になる。（　　）

▶161〈銅の化合物〉 次の文章中の（　）に適する語句を入れ，下の問いに答えよ。

①ア（　　　）色の硫酸銅（Ⅱ）五水和物を試験管に入れて加熱すると，脱水されて，イ（　　　）色の粉末のウ（　　　　　）になった。冷えてからこの試験管に水を加えたところ，エ（　　　）色の溶液になった。②この溶液にアンモニア水を加えると，はじめにオ（　　　）色の沈殿ができた。さらにこの沈殿を生じた溶液に，③アンモニア水を加えたところ，この沈殿はカ（　　　）色のテトラアンミン銅（Ⅱ）イオン $[Cu(NH_3)_4]^{2+}$ となって溶けた。

(1) 下線部①の反応を化学反応式で示せ。
（　　　　　　　　　　　　　　　　　　）
(2) 下線部②の反応をイオン反応式で示せ。
（　　　　　　　　　　　　　　　　　　）
(3) 下線部③の反応をイオン反応式で示せ。
（　　　　　　　　　　　　　　　　　　）

▶162〈銀とその化合物，金の性質〉 次の文章中の（　）に適する語句を入れよ。

銀はイオン化傾向が小さく，濃塩酸とは反応しないが，濃硝酸とは反応し，ア（　　　）を発生しながら溶ける。硝酸銀は無色の結晶で，光と反応し分解するのでイ（　　　）に保存する。硝酸銀は水によく溶け，塩基を加えるとウ（　　）色の沈殿が生じるが，そこに過剰のアンモニア水を加えると，沈殿が溶解しエ（　　）色の溶液となる。

金は非常に安定で反応性に乏しいが，濃塩酸と濃硝酸をオ（　　：　　）の割合で混合したカ（　　）には溶解する。

アドバイス

▶160
(2) 金属の中でも，銀や銅は，電気伝導性や熱伝導性が大きい。
(4) 銅や銀は，イオン化傾向が小さく，一般に酸とは反応しないが，酸化力のある酸とは反応する。

▶161
硫酸銅（Ⅱ）五水和物は，加熱すると，水和水を失い，硫酸銅（Ⅱ）無水物になる。銅（Ⅱ）イオンに塩基を加えると，水酸化銅（Ⅱ）が沈殿するが，過剰のアンモニア水には，テトラアンミン銅（Ⅱ）イオンになって溶ける。

34 遷移元素(クロム・マンガン・亜鉛・水銀)

1 ●クロム・マンガンとその化合物

◉クロム Cr

性質：① 銀白色の金属で，常温で酸化されにくい。
② 鉄との合金である**ステンレス鋼**などに用いられる。
③ クロム酸イオンは，Ag^{+}，Pb^{2+}，Ba^{2+} と反応して，それぞれ暗赤色のクロム酸銀，黄色のクロム酸鉛，黄色のクロム酸バリウムの沈殿が生じる。

◉クロム酸カリウム K_2CrO_4
◉二クロム酸カリウム $K_2Cr_2O_7$

性質：① クロム酸カリウムは黄色結晶で，二クロム酸カリウムは橙赤色結晶である。
② クロム酸イオンと二クロム酸イオンは，水溶液中で平衡にあり，酸性では二クロム酸イオンを生じ，橙赤色になる。塩基性ではクロム酸イオンを生じ黄色になる。
③ 硫酸酸性の二クロム酸カリウムは，強い酸化剤として用いられる。

◉マンガン Mn

性質：① 銀白色の金属で，かたいがもろい。
② 空気中で表面が酸化される。

◉過マンガン酸カリウム $KMnO_4$

性質：① 黒紫色の結晶
② 水によく溶け，赤紫色の過マンガン酸イオンを生じる。硫酸酸性の水溶液は，強い酸化剤として用いられる。

2 ●亜鉛・水銀とその化合物

◉亜鉛 Zn

性質：① 青白色を帯び，融点が比較的低い。
② 電池の負極やトタン(鉄に亜鉛めっき)，黄銅などの合金に利用されている。
③ 酸とも強塩基の水溶液とも反応する**両性金属**である。

◉酸化亜鉛 ZnO
① 白色の粉末
② 両性酸化物
③ 亜鉛華ともよばれ，白色顔料や医薬品に用いられる。

◉水酸化亜鉛 $Zn(OH)_2$
① 白色ゲル状沈殿
② 両性水酸化物
③ 過剰のアンモニア水，水酸化ナトリウム水溶液と反応して無色の水溶液になる。

$$ZnCl_2 \xleftarrow{HCl} ZnO,\ Zn(OH)_2 \xrightarrow{NaOH} [Zn(OH)_4]^{2-}$$
$$Zn(OH)_2 \xrightarrow{NH_3} [Zn(NH_3)_4]^{2+}$$

◉水銀 Hg

性質：① 融点が低く，常温で**液体**の金属である。
② 多くの金属と合金をつくる(**アマルガム**)。
③ 単体・化合物(塩化水銀(Ⅱ)$HgCl_2$ など)ともに毒性が強い。

ポイントチェック

□(1) クロムは何族の元素か　(　　)族
□(2) クロムと鉄の合金を何というか。　(　　　　)
□(3) クロム酸イオンと二クロム酸イオンの水溶液中における色はそれぞれ何色か。
クロム酸イオン ア(　　　　)色
二クロム酸イオン イ(　　　　)色
□(4) 硫酸酸性の二クロム酸カリウムは強い(酸化剤・還元剤)として用いられる。
□(5) マンガンは何族の元素か　(　　)族
□(6) 過マンガン酸イオンは水溶液中で何色を示すか。　(　　　　)色
□(7) 硫酸酸性の過マンガン酸カリウムは強い(酸化剤・還元剤)として用いられる。
□(8) 亜鉛は酸とも強塩基の水溶液とも反応する。このような金属を何というか。　(　　　　)
基礎 □(9) 亜鉛は何価の陽イオンになるか。　(　　　)価
□(10) 亜鉛は希硫酸と反応して(水素・二酸化硫黄)を発生する。
□(11) 亜鉛は濃硝酸と反応(する・しない)。
□(12) 鉄の表面を亜鉛めっきしたものを何というか。　(　　　　)
□(13) 黄銅は銅と何の金属の合金か。　(　　　　)
□(14) 酸化亜鉛は白色の顔料として用いられている。その化学式を示せ。　(　　　　)
□(15) 水酸化亜鉛は水酸化ナトリウム水溶液と反応(する・しない)。
□(16) 水酸化亜鉛はアンモニア水と反応(する・しない)。
□(17) 水銀は常温で(固体・液体)である。
□(18) 水銀とほかの金属との合金を何というか。　(　　　　)

EXERCISE

▶163〈クロム，マンガンの性質〉 次の文章中の(　　)に適する語句を入れ，下線部の変化をイオン反応式で示せ。

過マンガン酸カリウムは水溶液中でア(　　　　)色の過マンガン酸イオン MnO_4^- を生じる。このイオンの硫酸酸性溶液は強いイ(　　　　)剤としてはたらき，そのとき Mn^{2+} を生じる。このとき，マンガンの酸化数はウ(　　　　)からエ(　　　　)へ変化している。

クロムの化合物のクロム酸カリウムは水溶液中でクロム酸イオンを生じる。クロム酸イオンの水溶液を酸性にすると二クロム酸イオンを生じてオ(　　　　)色になる。

イオン反応式(　　　　　　　　　　　　　　　　　　　　)

▶164〈亜鉛とその性質〉 次の文章を読み，下の問いに答えよ。

亜鉛は周期表のア(　　)族の元素である。亜鉛は両性金属であり，①酸とも②強塩基の水溶液とも反応する。亜鉛はイオン化傾向が大きく，電池のイ(　　)極として用いられたり，鉄に亜鉛をめっきしたウ(　　　　)として利用されたりしている。

亜鉛イオンを含む水溶液にアンモニア水を加えると，エ(　　　　)が沈殿する。さらにこの水溶液にアンモニア水を加えると，沈殿がオ(　　　　　　　　)となって溶解し，無色の水溶液となる。

(1) 文章中の(　　)に適する語句を入れよ。

(2) 下線部①について，亜鉛と塩酸が反応したときの化学反応式を示せ。

(　　　　　　　　　　　　　　　　　　　　)

(3) 下線部②について，亜鉛と水酸化ナトリウム水溶液が反応したときの化学反応式を示せ。

(　　　　　　　　　　　　　　　　　　　　)

▶165〈化合物の特徴〉 次の(1)～(4)の記述に当てはまる化合物を，下の[　　]から選べ。

(1) 濃塩酸と反応して刺激臭のある気体が発生する。 (　　　)

(2) 白色の固体であり，白色顔料や医薬品に用いられる。 (　　　)

(3) 強い酸化剤であり，反応後は緑色の溶液となる。 (　　　)

(4) 白色ゲル状で，塩酸や過剰の水酸化ナトリウム水溶液と反応する。 (　　　)

[MnO_2　　ZnO　　$K_2Cr_2O_7$　　$Zn(OH)_2$]

▶166〈合金の利用〉 次の(1)～(4)の合金のおもな利用として正しいものを，下の(ア)～(エ)から1つずつ選べ。

(1) ステンレス鋼 (　　)

(2) 黄銅 (　　)

(3) ジュラルミン (　　)

(4) 形状記憶合金(ニッケルとチタン) (　　)

(ア) 航空機の機体　(イ) 流し台　(ウ) めがねのフレーム

(エ) 金管楽器

アドバイス

▶163
硫酸酸性の過マンガン酸カリウムや二クロム酸カリウムは，強い酸化剤である。Mn^{2+} は，淡桃色である。クロム酸イオンと二クロム酸イオンは，水溶液中で平衡状態にある。

▶166
(1) ステンレス鋼とは，鉄とニッケル・クロムとの合金である。
(2) 黄銅は，銅と亜鉛との合金である。
(3) ジュラルミンは，アルミニウムとマグネシウムなどとの合金である。

35 金属イオンの分離と確認

1 金属イオンの系統分離

通常，塩は水に溶けるが，物質によって溶けない(沈殿する)場合がある。その違いを利用してそれぞれの金属イオンごとに分離する。

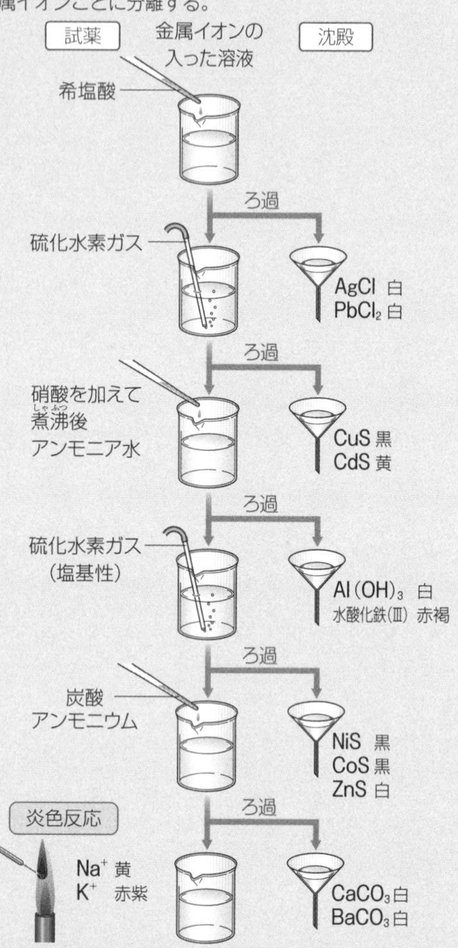

2 重要な反応

① 硝酸イオンで沈殿するイオン…なし

② 硫酸イオンで沈殿するイオン…Ca^{2+}，Ba^{2+}，Pb^{2+} それぞれ $CaSO_4$(白)，$BaSO_4$(白)，$PbSO_4$(白)になり沈殿する。

③ 炭酸イオンで沈殿するイオン…Ca^{2+}，Ba^{2+}，Pb^{2+} (Na^+，K^+ は沈殿しない。)

④ クロム酸イオンで沈殿するイオン…Ba^{2+}，Ag^+，Pb^{2+} Ag_2CrO_4(暗赤)，$PbCrO_4$(黄)，$BaCrO_4$(黄)になり沈殿する。

⑤ 硫化物の沈殿の色…ほとんど黒色である。ZnS(白)，CdS(黄)は黒色ではない。

⑥ 鉄イオンの反応　－：明確な色の変化を示さない。

	Fe^{2+}	Fe^{3+}
$K_4[Fe(CN)_6]$	－	濃青色沈殿
$K_3[Fe(CN)_6]$	濃青色沈殿	－
KSCN	－	血赤色溶液

ポイントチェック

□(1) Ag^+ を含む溶液に塩酸を加えると，何色の沈殿を生じるか。　(　　　　)色

□(2) Pb^{2+} を含む溶液に塩酸を加えると，何色の沈殿を生じるか。　(　　　　)色

□(3) $AgCl$ と $PbCl_2$ のうち，熱水に溶けるのはどちらか。　(　　　　)

□(4) 酸性の条件で，硫化水素を反応させると，(Cu^{2+}・Fe^{2+})が沈殿する。

□(5) Cd^{2+} は硫化水素を反応させると，何色の沈殿を生じるか。　(　　　　)色

□(6) 塩基性の条件で Zn^{2+} を含む溶液に硫化水素を反応させると，何色の沈殿を生じるか。　(　　　　)色

□(7) Fe^{3+} を含む水溶液にアンモニア水を加えて塩基性にすると，何色の沈殿を生じるか。　(　　　　)色

□(8) 周期表で 2 族のイオンは^ア(塩化物・炭酸)イオンと反応して^イ(　　　　)色沈殿を生じる。

□(9) (Na^+・Pb^{2+})はどのような溶液とも沈殿を生じないので，炎色反応で確認する。

□(10) K^+ の炎色反応は何色か。　(　　　　)色

□(11) Ca^{2+} と硫酸イオンが反応してできる沈殿の化学式を示せ。　(　　　　)

□(12) Ba^{2+} と硫酸イオンが反応してできる沈殿の色は何色か。　(　　　　)色

□(13) Al^{3+} は水酸化ナトリウム水溶液を加えると^ア(白・黒)色の沈殿を生じるが，さらに加えると沈殿が溶解し^イ(無・青)色の溶液となる。

□(14) Cu^{2+} は水酸化ナトリウム水溶液と反応して^ア(青白・淡緑)色の沈殿を生じるが，過剰量の^イ(水酸化ナトリウム水溶液・アンモニア水)に溶けて，^{ウ}(深青・無)色の溶液となる。

□(15) クロム酸銀とクロム酸鉛の色をそれぞれ答えよ。

クロム酸銀^ア(　　　　)色

クロム酸鉛^イ(　　　　)色

□(16) (Fe^{2+}・Fe^{3+})はヘキサシアニド鉄(Ⅲ)酸カリウム溶液と反応して，濃青色の沈殿を生じる。

□(17) (Fe^{2+}・Fe^{3+})はチオシアン酸カリウム溶液と反応して，血赤色の溶液となる。

EXERCISE

▶167〈金属イオンの反応と分離〉 次の(1)～(7)のそれぞれ3種の金属イオンを含む水溶液がある。〔　　〕内の操作をしたとき，沈殿するイオンと，その沈殿の化学式を示せ。

(1) Zn^{2+}, Ag^{+}, Ca^{2+} 〔塩酸を加える〕
(:)

(2) Fe^{2+}, Cu^{2+}, Zn^{2+} 〔酸性で，硫化水素を通じる〕
(:)

(3) Ba^{2+}, Zn^{2+}, Ca^{2+} 〔塩基性で，硫化水素を通じる〕
(:)

(4) Al^{3+}, Cu^{2+}, Zn^{2+} 〔水酸化ナトリウム水溶液を過剰に加える〕
(:)

(5) Al^{3+}, Cu^{2+}, Zn^{2+} 〔アンモニア水を過剰に加える〕
(:)

(6) Na^{+}, Fe^{3+}, Ba^{2+} 〔硫酸を加える〕
(:)

(7) Na^{+}, K^{+}, Ca^{2+} 〔炭酸アンモニウムを加える〕
(:)

▶168〈アルミニウムと亜鉛の判別〉 塩化アルミニウムの水溶液と塩化亜鉛水溶液の判別に最も適した試薬は，次の(ア)～(エ)のうちどれか。また，その理由を簡単に説明せよ。

(ア) 希硫酸　(イ) 希塩酸　(ウ) 水酸化ナトリウム　(エ) アンモニア水

試薬(　　　)

理由(　　　)

▶169〈金属イオンの分離〉 Ag^{+}, Cu^{2+}, Al^{3+} を含む混合水溶液から，各イオンを分離する操作を右に示す。次の問いに答えよ。

Ag⁺, Cu²⁺, Al³⁺ → HClを加える。 → 沈殿①／ろ液①
ろ液① → 多量のNH_3水を加える。 → 沈殿②／ろ液②

(1) 沈殿①，②の化学式を示し，またその色を記せ。

沈殿①(化学式 : 色)色

沈殿②(化学式 : 色)色

(2) ろ液②に含まれる金属元素を含むイオンの化学式を示し，また溶液の色も記せ。

ろ液②(化学式 : 色)色

基礎 ▶170〈炎色反応〉 次の(1)～(3)の物質が溶けた水溶液がある。それを白金線につけてガスバーナーの炎に入れると，何色を示すか。

(1) 塩化ナトリウム ( )色

(2) 水酸化バリウム ( )色

(3) 塩化リチウム ( )色

アドバイス

▶167
(2)(3) 硫化水素を通じると，S^{2-} が発生し，硫化物が沈殿する。
(4) 過剰の NaOH 水溶液に溶けるのは，両性金属である。
(5) 過剰のアンモニア水に溶けるのは，銅・亜鉛である。

▶168
アルミニウムも亜鉛も，両性金属である。
亜鉛は，過剰のアンモニア水と反応してテトラアンミン亜鉛(Ⅱ)イオンを生じて溶ける。

▶169
塩酸と反応して沈殿を生じるのは，Ag^{+} である。
アンモニア水を加えると，塩基性になって水酸化物が沈殿するが，銅は，過剰のアンモニア水を加えるとテトラアンミン銅(Ⅱ)イオンとなって溶ける。

▶170
炎色反応　Li：赤
Na：黄　Ca：橙赤
K：赤紫　Sr：深赤
Cu：青緑　Ba：黄緑

章末問題

1 図に示した周期表の元素**ア～サ**に関する記述として**誤りを含むもの**を，下の①～⑤のうちから一つ選べ。

周期＼族	1	2	3～12	13	14	15	16	17	18
1									
2				ア	イ				
3		ウ		エ	オ	カ	キ	ク	
4		ケ						コ	
5								サ	

① **ア**は非金属元素であり，**エ**は金属元素である。
② **イ**の単体は，**オ**の単体と同じような原子配列をした共有結合の結晶となりうる。
③ **ウ**および**ケ**の硫酸塩は，どちらも水に難溶性である。
④ **カ**および**キ**の酸化物を水に加えると，いずれの場合も酸性水溶液が得られる。
⑤ **ク**，**コ**，**サ**のそれぞれと銀のみからなる 1：1 の組成の化合物は，いずれも水に難溶性である。

[2016年センター試験]➲p.74 **1**，▶**125**

（　　）

2 ハロゲンの単体および化合物に関する記述として**誤りを含むもの**を，次の①～⑤のうちから一つ選べ。
① フッ素は，ハロゲンの単体の中で水素との反応性が最も高い。
② フッ化水素酸は，ガラスを腐食する。
③ 塩化銀は，アンモニア水に溶ける。
④ 次亜塩素酸は，塩素がとりうる最大の酸化数を持つオキソ酸である。
⑤ ヨウ化カリウム水溶液にヨウ素を溶かすと，その溶液は褐色を呈する。

[2018年センター試験]➲p.76 **2**，**3**，▶**129**

（　　）

3 図の装置を用い，炭酸水素ナトリウムを加熱して気体を発生させた。この気体に関する下の記述 a～c について，正誤の組合せとして正しいものを，次の①～⑧のうちから一つ選べ。

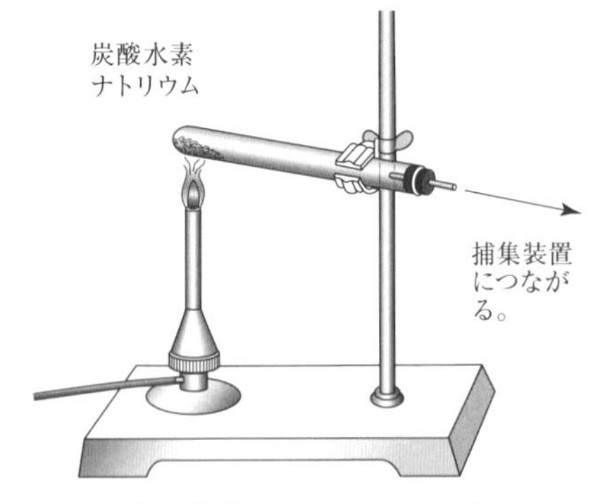

	a	b	c
①	正	正	正
②	正	正	誤
③	正	誤	正
④	正	誤	誤
⑤	誤	正	正
⑥	誤	正	誤
⑦	誤	誤	正
⑧	誤	誤	誤

a　この気体の捕集には，下方置換を用いる。
b　この気体を水酸化カルシウム水溶液に通じると白色沈殿が生じるが，さらに長時間通じると沈殿は消える。
c　試験管内に残った固体に塩酸を加えると，同じ気体が発生する。

[2005年センター試験・追試]➲p.82 **2**，p.84 **2**，▶**143**，**145**，**146**，**147**

（　　）

4 表に示す2種類の薬品の反応によって発生する気体ア～オのうち，水上置換で**捕集できないもの**の組合せを，次の①～⑤のうちから一つ選べ。

2種類の薬品	発生する気体
Al，水酸化ナトリウム水溶液	ア
CaF_2，濃硫酸	イ
FeS，希硫酸	ウ
$KClO_3$，MnO_2	エ
Zn，希塩酸	オ

① アとイ　② イとウ　③ ウとエ
④ エとオ　⑤ アとオ

[2015年センター試験・追試]➲p.74 2，p.78 2

(　　)

5 アルカリ金属 Li，Na とアルカリ土類金属 Ca，Ba の四つの元素に共通する記述として**誤りを含むもの**を，次の①～④のうちから一つ選べ。

① 陽イオンになりやすい元素である
② 単体は，常温の水と反応する
③ 炎色反応を起こす
④ 炭酸塩は，水によく溶ける

[2019年センター試験]➲p.84 2，p.86 2，▶146，147，148

(　　)

6 図は，アンモニアソーダ法によって炭酸ナトリウムと塩化カルシウムを製造する過程を示したものである。図に関する記述として**誤りを含むもの**を，下の①～⑤のうちから一つ選べ。ただし，発生する化合物Aと化合物Bは，すべて回収され，再利用されるものとする。

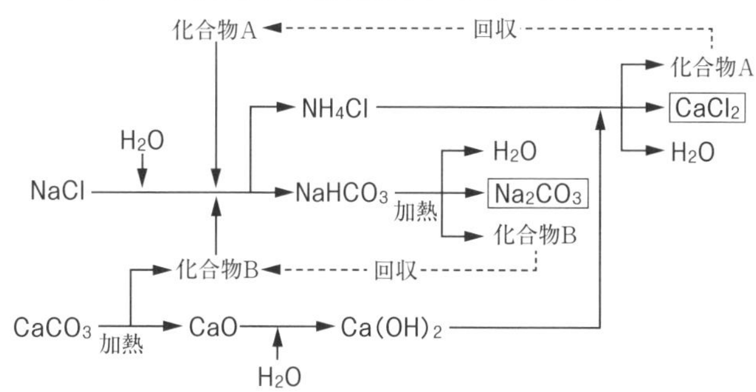

① 化合物Aは水によく溶け，水溶液は塩基性を示す。
② 化合物Bを $Ca(OH)_2$ 水溶液(石灰水)に通じると白濁する。
③ NaCl 飽和水溶液に化合物Aと化合物Bを加えると，$NaHCO_3$ が沈殿する。
④ 図の製造過程において化合物Aと NH_4Cl の物質量の合計は変化しない。
⑤ 図の製造過程において必要な $CaCO_3$ と NaCl の物質量は等しい。

[2012年センター試験]➲p.84 2，▶146

(　　)

3章 無機物質

7 亜鉛またはアルミニウムの**どちらか一方のみ**に当てはまる記述を，次の①～④のうちから一つ選べ。

① 単体は，水酸化ナトリウム水溶液と希塩酸のどちらにも溶ける。

② 単体を空気中で強熱すると，酸化物が生成する。

③ 単体が高温の水蒸気と反応すると，水素が発生する。

④ 陽イオンを含む水溶液にアンモニア水を加えていくと，白い沈殿が生じるが，さらに加えるとその沈殿が溶ける。

[2014年センター試験] ➲p.88 1, 2, p.94 2, ▶152, 153, 164, 168

（　　）

8 鉄イオンに関する次の文章中の空欄［ア］～［ウ］に当てはまる語の組合せとして最も適当なものを，下の①～⑧のうちから一つ選べ。

鉄粉を希硫酸に溶かすと，鉄(Ⅱ)イオンに［ア］が配位結合したイオンを含む水溶液 A が得られる。この水溶液 A に［イ］を加えると，ターンブル青とよばれる濃青色の沈殿が生じる。また，水溶液 A に過酸化水素水を加えると，鉄(Ⅲ)イオンを含む水溶液 B が得られる。水溶液 B に［ウ］を加えると，赤褐色の水酸化鉄(Ⅲ)が沈殿する。

	ア	イ	ウ
①	硫化物イオン	ヘキサシアニド鉄(Ⅱ)酸カリウム	チオシアン酸カリウム
②	硫化物イオン	ヘキサシアニド鉄(Ⅱ)酸カリウム	アンモニア水
③	硫化物イオン	ヘキサシアニド鉄(Ⅲ)酸カリウム	チオシアン酸カリウム
④	硫化物イオン	ヘキサシアニド鉄(Ⅲ)酸カリウム	アンモニア水
⑤	水分子	ヘキサシアニド鉄(Ⅱ)酸カリウム	チオシアン酸カリウム
⑥	水分子	ヘキサシアニド鉄(Ⅱ)酸カリウム	アンモニア水
⑦	水分子	ヘキサシアニド鉄(Ⅲ)酸カリウム	チオシアン酸カリウム
⑧	水分子	ヘキサシアニド鉄(Ⅲ)酸カリウム	アンモニア水

[2005年センター試験・追試　改] ➲p.90 2, ▶157, 159

（　　）

9 銅に関する記述として下線部に**誤りを含むもの**を，次の①～⑤のうちから一つ選べ。

① 銅は，熱濃硫酸と反応して溶ける。

② 銅は，湿った空気中では緑色のさびを生じる。

③ 青銅は，銅と銀の合金であり，美術工芸品などに用いられる。

④ 黄銅は，銅と亜鉛の合金であり，5 円硬貨などに用いられる。

⑤ 水酸化銅(Ⅱ)を加熱すると，酸化銅(Ⅱ)に変化する。

[2015年センター試験] ➲p.92 1, ▶160

（　　）

⑩ Al^{3+}, Ba^{2+}, Fe^{3+}, Zn^{2+} を含む水溶液から，図の実験により各イオンをそれぞれ分離することができた。この実験に関する記述として**誤りを含むもの**を，次の①～⑥のうちから一つ選べ。

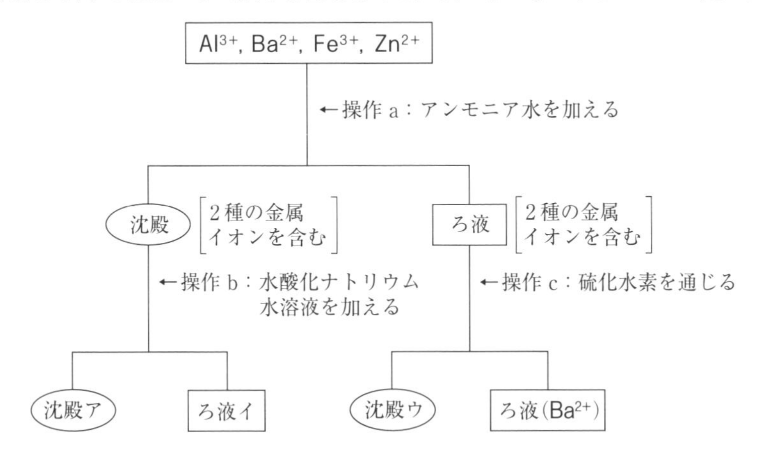

① 操作 a では，アンモニア水を過剰に加える必要があった。
② 操作 b では，水酸化ナトリウム水溶液を過剰に加える必要があった。
③ 操作 c では，硫化水素を通じる前にろ液を酸性にする必要があった。
④ 沈殿アを塩酸に溶かして $K_4[Fe(CN)_6]$ 水溶液を加えると，濃青色沈殿が生じる。
⑤ ろ液イに塩酸を少しずつ加えていくと生じる沈殿は，両性水酸化物である。
⑥ 沈殿ウは，白色である。

[2016年センター試験] ➲p.96 **1**，**2**，▶**167**，**169**

(　　)

⑪ 化学薬品の性質とその保存方法に関する記述として**誤りを含むもの**を，次の①～⑤のうちから一つ選べ。
① フッ化水素酸はガラスを腐食するため，ポリエチレンのびんに保存する。
② 水酸化ナトリウムは潮解するため，密閉して保存する。
③ ナトリウムは空気中の酸素や水と反応するため，エタノール中に保存する。
④ 黄リンは空気中で自然発火するため，水中に保存する。
⑤ 濃硝酸は光で分解するため，褐色のびんに保存する。

[2012年センター試験] ➲p.76 **3**，p.80 **2**，**3**，p.84 **1**，**2**，▶**140**

(　　)

⑫ 銅と亜鉛の合金である黄銅 20.0 g を酸化力のある酸で完全に溶かし，水溶液にした。この溶液が十分な酸性であることを確認した後，過剰の硫化水素を通じたところ，純粋な化合物の沈殿 19.2 g が得られた。この黄銅中の銅の含有率(質量パーセント)は何%か。最も適当な数値を，次の①～⑧のうちから一つ選べ。

① 4.0　② 7.7　③ 13　④ 36　⑤ 38　⑥ 61　⑦ 64　⑧ 96

[2017年センター試験] ➲p.96 **1**，▶**167**

(　　)

36 有機化合物の特徴と分類

1 有機化合物

有機化合物は炭素を含んだ化合物である。ただし，炭素を含んでいても無機化合物として扱う化合物もある。

有機化合物の例	炭素を含んでいるが，無機化合物として扱うもの
油脂，デンプン，タンパク質，ビニール	CO，CO_2，KCN，$CaCO_3$ など

2 有機化合物と無機物質の違い

	有機化合物	無機物質
構成元素	主として C，H，O，N のほかに S や P などの数種で構成	すべての元素で構成
種類	非常に多い	有機化合物に比べて少ない
化学結合	ほとんどが共有結合	イオン結合と共有結合
融点	一般に低い（300 ℃以下），分解しやすい	高いものが多い
溶解性	水に溶けにくく，有機溶媒には溶けやすい	水に溶けやすく，有機溶媒には溶けにくい
反応速度	一般に遅く，完全に進行しにくい	一般に速く，完全に反応するものが多い
燃焼性	可燃性のものが多く，C は完全燃焼して，二酸化炭素となる	食塩のように不燃性のものが多い
例	プロパン，エタノール，ナフタレン	塩化ナトリウム，硫酸，炭酸カルシウム

3 炭素骨格による有機化合物の分類

鎖式炭化水素		
飽和炭化水素	不飽和炭化水素	
（アルカン） H H H−C−C−H H H	（アルケン） H>C=C<H H H	（アルキン） H−C≡C−H
環式炭化水素		
飽和炭化水素	不飽和炭化水素	
（シクロアルカン） H H H C H H−C C−H H−C C−H H C H H H	（シクロアルケン） H H H C H H−C C H−C C H C H H H	H H C H C C C C H C H H

4 官能基による有機化合物の分類

特定の性質を与える原子団を**官能基**といい，官能基によって分類することができる。

官能基	一般名	化合物の例	官能基	一般名	化合物の例
ヒドロキシ基（−OH）	アルコール	メタノール CH_3OH	カルボニル基（>C=O）	アルデヒド	アセトアルデヒド CH_3CHO
	フェノール類	フェノール C_6H_5OH		ケトン	アセトン CH_3COCH_3
エーテル結合（−O−）	エーテル	ジエチルエーテル $C_2H_5OC_2H_5$	カルボキシ基（−C(=O)−OH）	カルボン酸	酢酸 CH_3COOH

ポイントチェック

□(1) 有機化合物に必ず含まれる元素は何か。
（　　　　　　）

□(2) 有機化合物は，構成する元素の種類は ア(多い・少ない)が，化合物の種類は イ(多い・少ない)。

□(3) 有機化合物は，水よりもジエチルエーテルなどに溶けやすい。ジエチルエーテルのような溶媒を何というか。（　　　　　　）

□(4) 一般に，有機化合物は，無機物質に比べて融点や沸点は(高い・低い)。

□(5) 有機化合物には，無機物質に比べて熱や光で分解(しやすい・しにくい)ものが多い。

□(6) 炭化水素は炭素が鎖状に結合した ア(　　　　)式炭化水素と，炭素が環状に結合した イ(　　　　)式炭化水素に分類できる。

□(7) 炭素原子間の結合が，すべて単結合のものを飽和炭化水素というが，二重結合や三重結合を含むものを何というか。（　　　　　　）炭化水素

□(8) エタンは(鎖式・環式)炭化水素である。

□(9) シクロヘキサンは(鎖式・環式)炭化水素である。

□(10) 最も簡単な炭化水素であるメタンの構造式を示せ。

□(11) C_nH_{2n+2} で示される飽和炭化水素は単結合のみでできているが，何とよばれるか。
（　　　　　　）

□(12) 一般に直鎖状のアルカンは，炭素原子の数が多くなると融点・沸点が(高く・低く)なる。

□(13) 特定の性質を与える原子団を何というか。
（　　　　　　）

□(14) メタノールは，メタンを構成する水素原子の 1 つが何という官能基と置き換わった物質か。
（　　　　　　）基

□(15) 酢酸分子内にある官能基を何というか。
（　　　　　　）基

EXERCISE

▶171〈有機化合物の特徴〉 次の(ア)～(オ)の記述のうち，有機化合物の特徴としてあてはまるものをすべて選べ。

(ア)　一般に，融点，沸点が高いものが多い。

(イ)　多くの化合物は，共有結合による分子で，種類が非常に多い。

(ウ)　一般に，化学反応の速さは遅い。

(エ)　一般に，燃えやすいものが多く，燃えるときに二酸化炭素が発生する。

(オ)　CO_2 は，炭素を含むので，有機化合物である。

（　　　　　　）

アドバイス

▶171
左ページの有機化合物と無機物質の違いを確認する。

▶172〈官能基〉 次の文章中の（　　）に適する語句・化学式を入れよ。

有機化合物の分子構造の中で，その化合物に特有の性質を与えている原子の集団をア（　　　　　）基という。したがって，有機化合物を表す場合は，その化合物の特性がわかるように（**ア**）基とそれ以外の部分を区別して示した式，すなわち，イ（　　　　　）式を用いることが多い。

たとえば，メタノールウ（分子式　　　　　　　　）とエタノールエ（分子式　　　　　　　　）は，両方とも水によく溶け，水溶液はともに中性で，金属ナトリウムと反応して水素を発生するなどの共通の性質がある。これは，両方の分子構造の中にヒドロキシ基オ（　　　　　）をもっているからである。そこで，この部分を強調して式を書くと，メタノールはカ（　　　　　　）, エタノールはキ（　　　　　　）と表すことができ，この式を見るだけで，共通した性質をもつ物質であることがわかる。

▶172
結合している官能基がわかるようにした化学式を，示性式という。
結合している官能基によって性質が決まる。

▶173〈炭化水素の分類〉 次の(1)～(4)の構造式で示される炭化水素を，下の(ア)～(エ)に分類し，分子式を示せ。

(1)
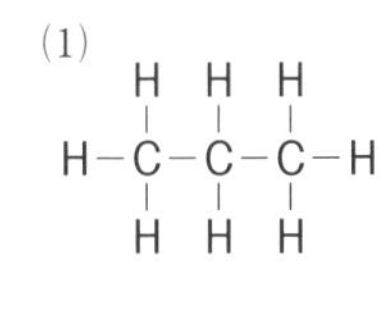

(2)
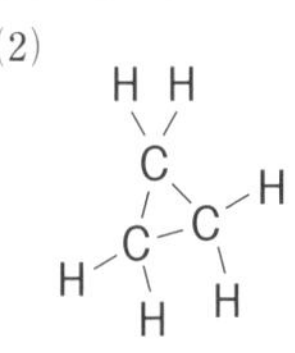

(3)
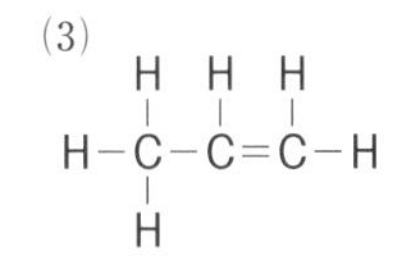

(4)
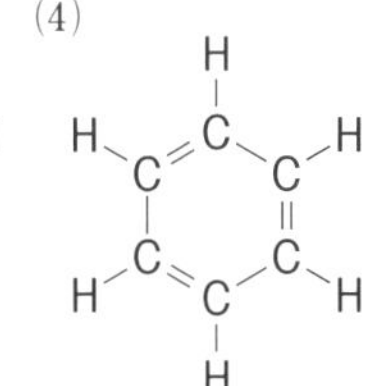

(ア)　鎖式飽和炭化水素　　(イ)　鎖式不飽和炭化水素

(ウ)　環式飽和炭化水素　　(エ)　芳香族炭化水素

(1)（　　，　　　　　　）(2)（　　，　　　　　　）

(3)（　　，　　　　　　）(4)（　　，　　　　　　）

▶173
単結合だけ(＝飽和)か，二重結合もしくは三重結合をもつ(＝不飽和)かを考える。
炭素の鎖(炭素骨格)が，輪っか状(環状)であるか，そうでない(鎖状)かを考える。

▶174〈官能基〉 次の(1)，(2)の示性式で示される物質を構造式で示し，物質内にある官能基をそれぞれ答えよ。

(1)　$CH_3CH_2CH_2OH$

構造式

官能基（　　　　　　）

(2)　$CH_3OC_2H_5$

構造式

官能基（　　　　　　）

▶174
(1)，(2)はともに分子式が C_3H_8O であるが，もっている官能基が異なるために性質が異なる異性体(→p.104)の関係にある物質である。

37 有機化合物の構造式の決定

1 有機化合物の構造決定

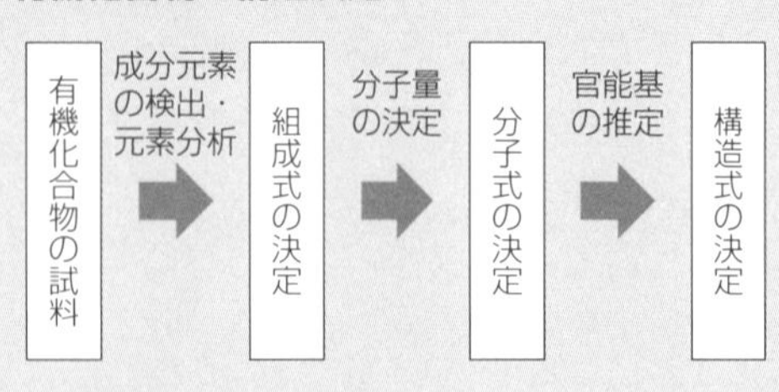

(1) 成分元素の検出

化学変化を利用して，成分元素を確認する。

① 炭素の検出：二酸化炭素を生成させて検出
② 水素の検出：水を生成させて検出
③ 窒素の検出：アンモニアを生成させて検出
④ 硫黄の検出：硫化物イオンを生成させて検出
⑤ 塩素の検出：塩化銅(Ⅱ)を生成させて検出

(2) 元素分析

炭素，水素，酸素からなる有機化合物は，次のようにして求める。

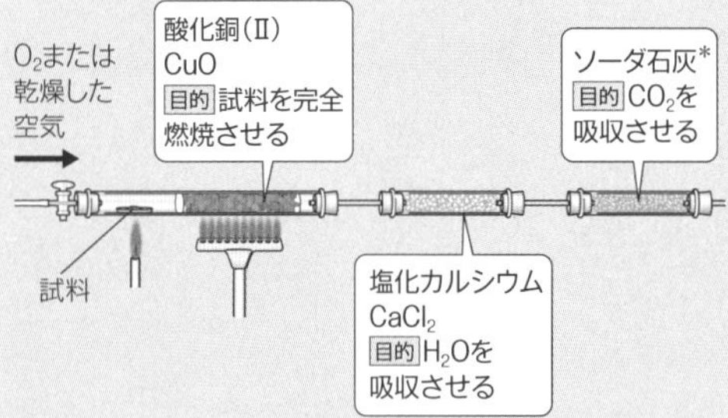

*ソーダ石灰は，CaOとNaOHの混合物である。ソーダ石灰は，CO_2もH_2Oも吸収するため，$CaCl_2$の後に設置する。

2 異性体

分子式が同じでも性質の異なる分子どうしを**異性体**という。

アルカンでは C 原子の数が 4 つ以上になると異性体ができる。

*ブタンと 2-メチルプロパンは，分子式は同じ C_4H_{10} だが，性質の異なる別の化合物（異性体）である。

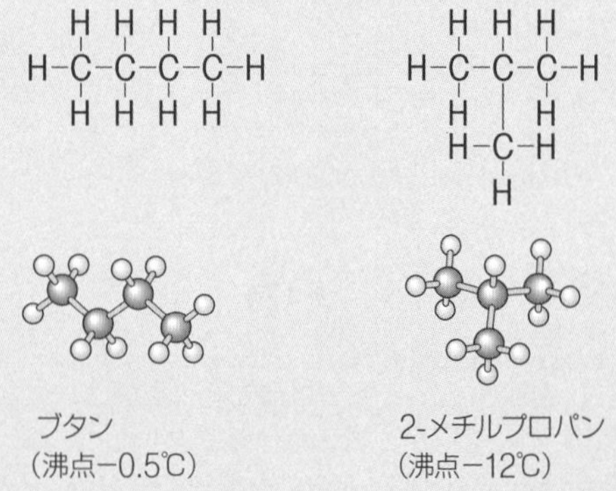

構造異性体だけでなく，シス-トランス(幾何)異性体(→p.108)，鏡像(光学)異性体(→p.114)についても考える。

ポイントチェック

□(1) 有機化合物の成分元素の質量組成を求めることを何というか。（　　　）

□(2) 炭素が完全燃焼するときの反応を化学反応式で示せ。
（　　　）

□(3) 水素が燃焼するときの反応を化学反応式で示せ。
（　　　）

□(4) 試料を酸素気流中で完全燃焼させたのち，石灰水に通したところ，白色沈殿が生じた。検出された成分元素は何か。（　　　）

□(5) 試料を水酸化ナトリウムとともに加熱して，生じた気体を濃塩酸の蒸気と接触させたところ，白煙が生じた。検出された成分元素は何か。
（　　　）

□(6) 硫酸銅(Ⅱ)無水物が反応して，青くなった。反応した物質は何か。（　　　）

□(7) 塩化カルシウムは，何を吸収するか。
（　　　）

□(8) ソーダ石灰管は，水も二酸化炭素も吸収するため，元素分析の際には，塩化カルシウム管の（前・後）に用いる。

□(9) C，H，O からなる有機化合物の O の質量は，完全燃焼で求めた^{ア}(　　)と^{イ}(　　)の質量の合計を燃焼前の質量から差し引いた値になる。

□(10) 二酸化炭素 44 mg の中に含まれる炭素原子 C の質量は何 mg か。（　　　）mg

□(11) 水 18 mg の中に含まれる水素原子(H)の質量は何 mg か。（　　　）mg

□(12) 化合物の構成元素数の比を最も簡単な整数で示した式を何というか。（　　　）

□(13) 分子式が同じで性質が異なる分子どうしを何というか。（　　　）

□(14) 有機化合物は，分子式では表現しにくいことがあるので，何で示すことが多いか。
（　　　）

□(15) 炭素と水素と酸素からなる化合物で，ナトリウムを加えたところ，水素が発生したことからこの化合物は（アルコール・エーテル）と考えられる。

EXERCISE

原子量 H＝1.0, C＝12, O＝16

例題 17 組成式・分子式の決定

▶175

炭素・水素・酸素からなる有機化合物 1.20 mg を，空気中で完全燃焼させたところ，二酸化炭素 1.76 mg と水 0.72 mg が得られた。また，この化合物の分子量は 60 であることがわかった。この化合物の(1)組成式，(2)分子式を求めよ。

ここがポイント

CO_2，H_2O の質量から C，H の質量を求め，さらに O の質量を求める。原子数の比＝$\dfrac{元素の質量}{原子量}$ の比から，組成式を求める。

分子量は，組成式の式量の整数倍(n)であるから，n の値を得ることによって，分子式を求めることができる。

◆解法◆

(1) $CO_2 = 44$，$H_2O = 18$ より，

C の質量；$1.76 \times \dfrac{12}{44} = 0.48\,\mathrm{mg}$

H の質量；$0.72 \times \dfrac{2.0}{18} = 0.080\,\mathrm{mg}$

O の質量；$1.20 - (0.48 + 0.080) = 0.64\,\mathrm{mg}$

原子数の比は，

$$\mathrm{C : H : O} = \frac{0.48}{12} : \frac{0.080}{1.0} : \frac{0.64}{16} = 1 : 2 : 1$$

よって，組成式は，CH_2O

(2) 式量 $CH_2O = 30$ より，$30 \times n = 60$　$n = 2$

よって，分子式は，$C_2H_4O_2$

答 (1) CH_2O (2) $C_2H_4O_2$

▶175〈有機化合物の分析〉 C，H，O からできている有機化合物 110 mg を，次の図のように完全燃焼させたところ，塩化カルシウムの質量が 90 mg，ソーダ石灰の質量が 220 mg 増加した。これについて下の問いに答えよ。

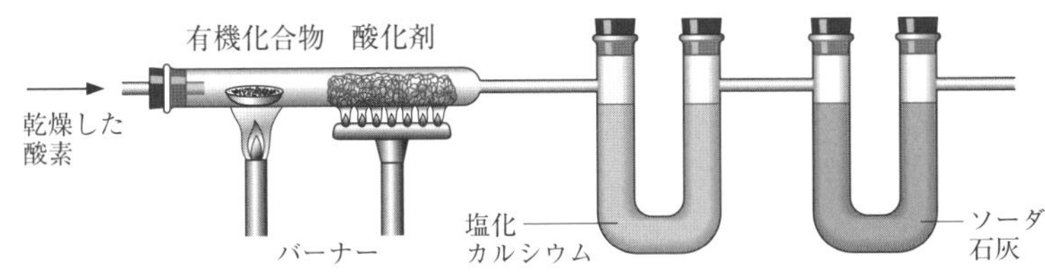

(1) 有機化合物の燃焼で生じた水と二酸化炭素は，どこで吸収されるか。
　水(　　　　　)　二酸化炭素(　　　　　)

(2) この有機化合物 110 mg に含まれる C，H，O の質量はいくらか。
　C(　　　　)mg　H(　　　　)mg　O(　　　　)mg

(3) この有機化合物の組成式を求めよ。　(　　　　)

(4) この有機化合物の分子量は 88 であった。分子式を求めよ。
　(　　　　)

▶176〈異性体〉 次の(1)～(4)で示された(ア)，(イ)それぞれの構造式が同じ場合には○，そうでない場合には×を記せ。

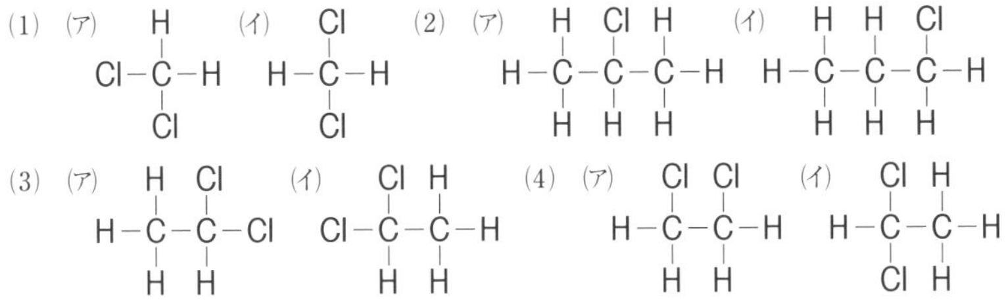

```
(1) (ア)    H         (イ)    Cl
            |                 |
        Cl－C－H          H－C－H
            |                 |
            Cl                Cl

(2) (ア)   H  Cl H        (イ)   H  H  Cl
           |  |  |               |  |  |
        H－C－C－C－H         H－C－C－C－H
           |  |  |               |  |  |
           H  H  H               H  H  H

(3) (ア)   H  Cl          (イ)   Cl H
           |  |                  |  |
        H－C－C－Cl          Cl－C－C－H
           |  |                  |  |
           H  H                  H  H

(4) (ア)   Cl Cl          (イ)   Cl H
           |  |                  |  |
        H－C－C－H            H－C－C－H
           |  |                  |  |
           H  H                  Cl H
```

(1)　　　(2)　　　(3)　　　(4)

アドバイス

▶175
塩化カルシウムは，水を吸収し，ソーダ石灰は，水と二酸化炭素を吸収することができる。
90 mg，220 mg は，何の質量であるかを考える。

▶176
炭素数と，どの炭素に塩素がついているかで考えてみる。

38 飽和炭化水素

1 飽和炭化水素の種類

(1) **アルカン**

一般式：C_nH_{2n+2}

メタン	エタン	プロパン
正四面体構造		

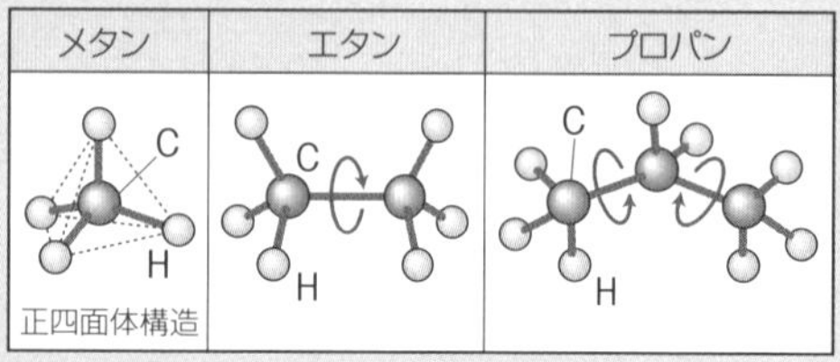

＊単結合C－C(C－H)は自由に回転できる。

アルカンは，燃えやすく燃料として使われる。

例 天然ガスの主成分であるメタンガスやプロパンガス

(2) **シクロアルカン**

一般式：C_nH_{2n} ($n \geqq 3$)

シクロプロパン	シクロペンタン

＊「シクロ」は，環状の意で，シクロアルカンは，環式アルカンと考える。

2 アルカンの反応

一般に反応しにくいが，置換反応を起こす。

置換反応

分子中の原子(原子団)がほかの原子(原子団)と置き換わる反応

$$\text{H-C(H)(H)-H} + \text{Cl}_2 \longrightarrow \text{H-C(H)(H)-Cl} + \text{HCl}$$

メタン CH_4 ＋ Cl_2 ⟶ クロロメタン CH_3Cl ＋ HCl

3 構造異性体

分子式が同じでも性質の異なる分子どうしを，**異性体**という。異性体の中で構造式が異なる分子どうしを，**構造異性体**という。

例 C_2H_6O の構造異性体

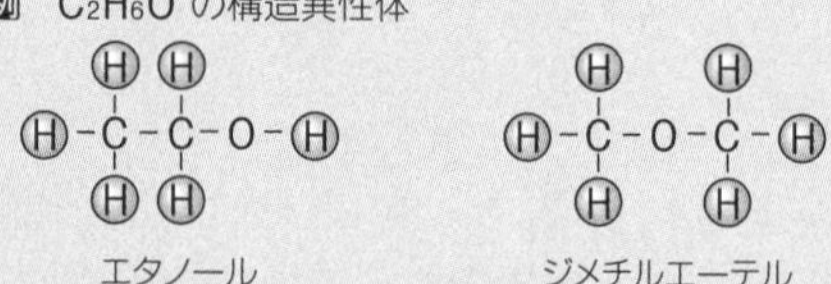

エタノール　　ジメチルエーテル

異性体には，構造異性体のほかに，**シス-トランス異性体**(**幾何異性体**)(→p.108)，**鏡像異性体**(→p.114)がある。

4 同族体

アルカンの一般式が C_nH_{2n+2}，アルケンの一般式が C_nH_{2n} で表されるように，共通の一般式で表される一連の化合物を**同族体**という。

ポイントチェック

□(1) 鎖式の炭化水素で，二重結合，三重結合をもたない炭化水素を一般に何というか。

(　　　　　)炭化水素

□(2) エタン，ブタンの分子式を示せ。

エタン(　　　　)　ブタン(　　　　)

□(3) 環式の炭化水素で，二重結合，三重結合をもたない炭化水素を一般に何というか。

(　　　　　)炭化水素

□(4) シクロヘキサン，ヘキサンの分子式を示せ。

シクロヘキサン(　　　　)

ヘキサン(　　　　)

□(5) 分子式が同じでも，原子の並び方や結合が異なる物質を何というか。(　　　　)

□(6) C_nH_{2n+2} の一般式で表される一連の化合物を何というか。(　　　　)

□(7) メタンの完全燃焼を化学反応式で示せ。

(　　　　　　　　　)

□(8) C_4H_{10} で表される化合物の構造式を2種類示せ。

□(9) 異性体のうち，エタノールとジメチルエーテルのように，分子式が同じでも，原子の結合の順序が異なるものを何というか。

(　　　　)異性体

□(10) メタン分子の形は，炭素原子を中心に4個の水素原子を頂点とする立体的な形である。この形を何というか。(　　　　)構造

□(11) メタンと臭素の混合物に紫外線をあてると，水素原子と臭素原子の置換が起こる。この生成物の構造式を示せ。

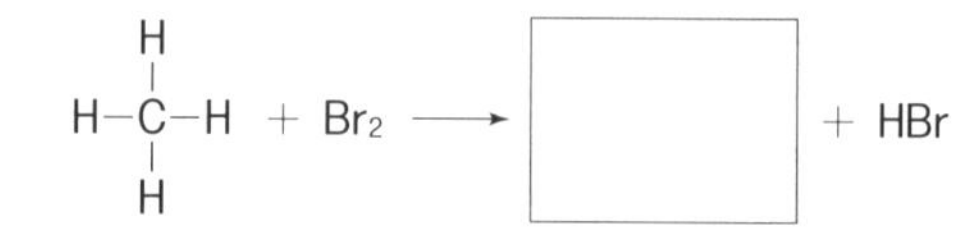

EXERCISE

▶177〈飽和炭化水素の分類〉 次の(ア)～(ク)の分子式のうち，アルカンとシクロアルカンにあてはまるものをそれぞれすべて選べ。

(ア) CH_4　(イ) C_2H_2　(ウ) C_2H_4　(エ) C_3H_4　(オ) C_2H_6
(カ) C_3H_6　(キ) C_3H_8　(ク) $C_{17}H_{36}$

アルカン(　　　　　　)　シクロアルカン(　　　　　　)

▶178〈同族体〉 次のうち，2つの化合物が同族体であるものをすべて選べ。

(ア) CH_4 と C_4H_{10}　(イ) C_2H_4 と C_3H_4　(ウ) C_3H_6 と C_4H_8
(エ) C_3H_6 と C_3H_8　(オ) C_5H_{12} と $C_{10}H_{22}$

(　　　　　　)

▶179〈飽和炭化水素の反応〉 次の(1)，(2)の反応を化学反応式で示せ。

(1) ジクロロメタン(塩化メチレン)に塩素を作用させてトリクロロメタン(クロロホルム)を得た。
(　　　　　　)

(2) プロパンを空気中で完全燃焼させた。
(　　　　　　)

▶180〈飽和炭化水素の異性体〉 分子式 C_5H_{12} の構造式をすべて示せ。

▶181〈アルカン〉 アルカンに関する次の(ア)～(オ)の記述のうち，**誤っているもの**を1つ選べ。

(ア) 直鎖状アルカンは，分子中の炭素原子の数が多くなるにつれて，一般に沸点・融点が高くなる。
(イ) 二重結合や三重結合がなく，また，環状の構造もない。
(ウ) 分子式は，互いに CH_2 の整数倍の差がある。
(エ) $C_{16}H_{34}$ はアルカンに属する。
(オ) 分子中の炭素原子の数が3以上になると，異性体が存在する。

(　　　)

▶182〈構造式〉 $CH_3-CH_2-CH_2-CH_3$ と同じ物質を次からすべて選べ。

(ア)
CH3
|
CH2−CH2−CH3

(イ)
CH3
|
CH2−CH2
　　　|
　　　CH3

(ウ)
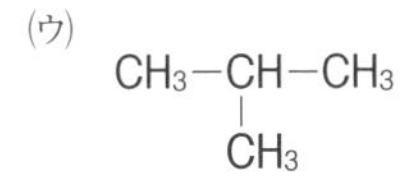

(エ)
　　　CH3
　　　|
CH3−C−H
　　　|
　　　CH3

(オ)
CH3　CH3
|　　　|
CH2−CH2

(カ)
CH2−CH2
|　　　|
CH2−CH2

(　　　　　　)

アドバイス

▶177
アルカンとシクロアルカンの一般式に注目する。

▶179
(1) アルカンの置換反応を考える。ジクロロメタンは，メタン内の2個の水素原子が，2個の塩素原子と置き換わった物質である。
(2) 炭化水素が完全燃焼すると，二酸化炭素と水が生成する。

▶180
炭素原子の並び方(炭素骨格)で考える。

▶181
アルカンは，鎖式飽和炭化水素である。
一般に，同族体で，分子の形が似ているものは，分子量が大きくなると沸点・融点が高くなる。

▶182
炭素骨格が曲がっているものは，まっすぐにして考える。

39 不飽和炭化水素

1 不飽和炭化水素の種類

(1) **アルケン**　二重結合を 1 つもつ炭化水素
一般式：C_nH_{2n}（$n \geqq 2$）

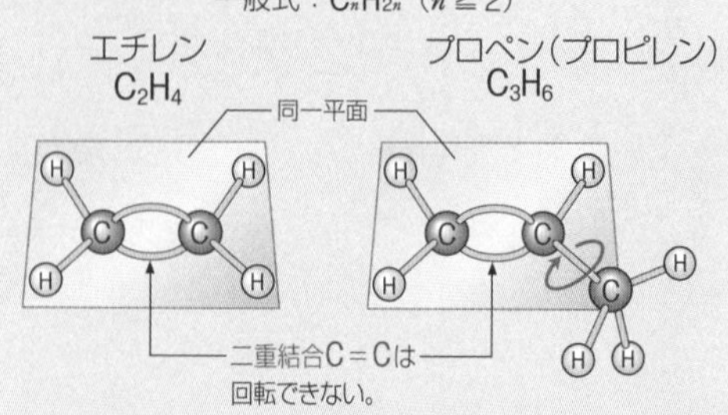

(2) **アルキン**　三重結合を 1 つもつ炭化水素
一般式：C_nH_{2n-2}（$n \geqq 2$）

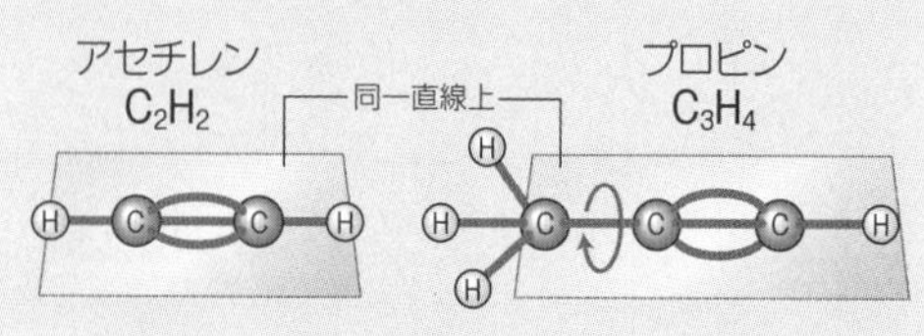

アセチレンの発生方法：
$CaC_2 + 2H_2O \longrightarrow HC{\equiv}CH + Ca(OH)_2$
炭化カルシウム　　アセチレン

2 アルケンやアルキンの性質

付加反応

分子中の二重結合にほかの原子が付加する反応

$H_2C{=}CH_2$ ＋ Br–Br ⟶ $H{-}CHBr{-}CHBr{-}H$

エチレン C_2H_4 ＋ Br_2 ⟶ 1,2−ジブロモエタン $C_2H_4Br_2$

$H{-}C{\equiv}C{-}H$ ＋ Br–Br ⟶ $HBrC{=}CBrH$

アセチレン C_2H_2 ＋ Br_2 ⟶ 1,2−ジブロモエチレン $C_2H_2Br_2$

3 アルケンの異性体

炭素数が 4 以上のアルケンでは，構造異性体のほかに**シス-トランス異性体**(**幾何異性体**)が存在することがある。

例　不飽和炭化水素 C_4H_8 の異性体

$CH_2{=}CH{-}CH_2{-}CH_3$　1-ブテン

$CH_2{=}C(CH_3)_2$　2-メチルプロペン

［シス形］
$\mathrm{(CH_3)(H)C{=}C(CH_3)(H)}$　シス-2-ブテン

［トランス形］
$\mathrm{(CH_3)(H)C{=}C(H)(CH_3)}$　トランス-2-ブテン

＊C_4H_8 の異性体は，そのほかに環式の飽和炭化水素が考えられる。

シクロブタン　　メチルシクロプロパン

ポイントチェック

□(1)　C_nH_{2n} で示され，分子中に二重結合を 1 つもつ不飽和炭化水素は何か。　（　　　　　）

□(2)　二重結合や三重結合の部分に臭素や水素などの物質が結合して，単結合や二重結合になる反応を何というか。　（　　　　　）反応

□(3)　アルケンは，臭素と反応させると臭素の色を(濃く・脱色)する。

□(4)　臭素を含む溶液に(メタン・エチレン・ブタン)を吹き込むと，臭素の赤褐色が消え無色になる。

□(5)　エチレンに塩素 1 分子を反応させてできた物質の名称を記せ。（　　　　　）

□(6)　同じ示性式の物質でも，アルケンでは二重結合を軸にした回転ができないために，そこに結合している原子団の並び方の違いによって何という異性体が存在するか。（　　　　　）異性体

□(7)　$C_2H_2Cl_2$ で表される化合物の構造式を 3 種類示せ。

□(8)　プロペンの炭素原子は，(同一平面上・同一直線上)の位置関係にある。

□(9)　多数の分子が結合して分子量の大きな化合物を生じる反応を何というか。　（　　　　　）

□(10)　ポリエチレンは，何という分子が付加重合してつくられた高分子化合物か。　（　　　　　）

□(11)　C_nH_{2n-2} で示され，分子中に三重結合を 1 つもつ不飽和炭化水素は何か。　（　　　　　）

□(12)　炭化カルシウム(カルシウムカーバイド)と水を反応させてできる気体の分子式と名称を記せ。
分子式（　　　　　）　名称（　　　　　）

□(13)　アセチレンに触媒を用いて，水を付加して最終的にできる物質は何か。（　　　　　）

□(14)　構成する原子がすべて同一直線上にあるのは(アセチレン・エチレン)である。

EXERCISE

▶183〈反応の種類〉 次の(1)～(6)の反応は，下の(ア)～(ウ)のどの反応に属するか1つずつ選べ。

(1) $C_2H_4 + Br_2 \longrightarrow C_2H_4Br_2$(1,2-ジブロモエタン)　(　　)
(2) $CH_4 + Cl_2 \longrightarrow CH_3Cl$(クロロメタン)$+ HCl$　(　　)
(3) $C_2H_2 + HCl \longrightarrow CH_2{=}CHCl$(塩化ビニル)　(　　)
(4) $C_2H_2 + H_2 \longrightarrow C_2H_4$(エチレン)　(　　)
(5) $nC_2H_4 \longrightarrow (C_2H_4)_n$(ポリエチレン)　(　　)
(6) $C_2H_6 + Br_2 \longrightarrow C_2H_5Br$(ブロモエタン)$+ HBr$　(　　)

(ア) 置換反応　(イ) 付加反応　(ウ) 付加重合反応

▶184〈エチレンの反応〉 次の図は，エチレンの反応を表している。図の①～⑤の（　）には反応の種類を下の語群から選び，⑥～⑧の□には化合物の示性式を示せ。

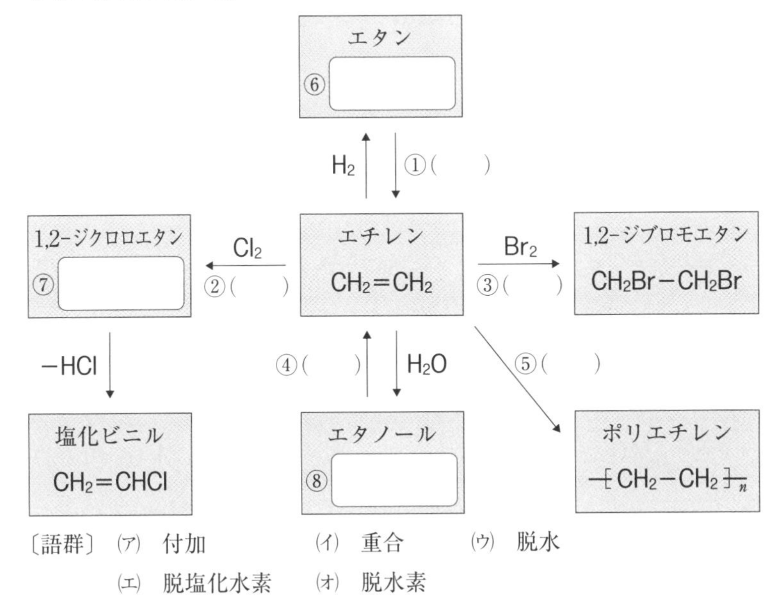

〔語群〕(ア) 付加　(イ) 重合　(ウ) 脱水
(エ) 脱塩化水素　(オ) 脱水素

▶185〈異性体〉 分子式 C_5H_{10} で表され，臭素水を脱色する化合物の構造式をシス-トランス異性体の関係にあるものを含めてすべて示せ。

アドバイス

▶183
置換…原子や原子団(官能基)の置き換わり
付加…二重結合や三重結合への原子や原子団(官能基)の結合
重合…多数の分子が次々と結合する反応

▶184
アルケンの二重結合は，HやClなどと結合して単結合になる。
エチレンは，濃硫酸を触媒として，エタノールから水がとれる反応で生成する。

▶185
C_5H_{10} は，アルケンとシクロアルカンが考えられる。構造式は炭素骨格で考える。

40 アルコールとエーテル

1 アルコール R−OH

−OH の数による分類	
1 価アルコール（−OH 1 個）	CH_3OH メタノール C_2H_5OH エタノール C_3H_7OH プロパノール C_4H_9OH ブタノール
2 価アルコール（−OH 2 個）	CH_2-OH / CH_2-OH エチレングリコール（1,2-エタンジオール）
3 価アルコール（−OH 3 個）	CH_2-OH / $CH-OH$ / CH_2-OH グリセリン（1,2,3-プロパントリオール）

−OHがついた炭素原子に結合している炭化水素基の数による分類	
第一級アルコール R^1-CH_2-OH（H, H）	$CH_3CH_2CH_2-CH_2-OH$ 1-ブタノール $CH_3-CH(CH_3)-CH_2-OH$ 2-メチル-1-プロパノール
第二級アルコール $R^1-CH(R^2)-OH$	$CH_3-CH(CH_3)-OH$ 2-プロパノール
第三級アルコール $R^2-C(R^1)(R^3)-OH$	$CH_3-C(CH_3)_2-OH$ 2-メチル-2-プロパノール

性質：酸化すると，次のように変化する。

R^1-CH_2-OH（第一級アルコール） $\xrightarrow{酸化}$ $R^1-C(=O)-H$（アルデヒド） $\xrightarrow{酸化}$ $R^1-C(=O)-O-H$（カルボン酸）

$R^2-CH(R^1)-OH$（第二級アルコール） $\xrightarrow{酸化}$ $R^2-C(=O)-R^1$（ケトン）

※第三級アルコールは酸化されにくい。

2 エーテル R^1-O-R^2

アルコールの構造異性体である。

「R^1-O-R^2」エーテル結合

エーテルの例 $C_2H_5OC_2H_5$ ジエチルエーテル

$CH_3OC_2H_5$ エチルメチルエーテル

〈アルコールとエーテルの違い〉

	アルコール	エーテル
沸点	高い	低い
水への溶解性	炭素数が小さいものは溶けやすい	水に溶けにくいものが多い
Na との反応性	反応して水素が発生する	反応しない

ポイントチェック

□(1) アルコールは，鎖式炭化水素の水素原子を何で置換したものか。（　　　）

□(2) 分子中の −OH の数が，1 個のものを ア（　）価アルコール，2 個のものを イ（　）価アルコールという。

□(3) メタノール CH_3OH は，何価アルコールか。（　）価アルコール

□(4) 炭素数の(多い・少ない)アルコールは，水とよく混ざり合う。

□(5) 水とよく混ざり合うグリセリンは，何価アルコールか。（　）価アルコール

□(6) 炭素数の多いアルコールを ア(高級・低級)アルコールといい，炭素数の少ないアルコールを イ(高級・低級)アルコールという。

□(7) ヒドロキシ基の結合している炭素原子に，別の炭素原子が，0 または 1 個結合しているアルコールを ア（　　）アルコール，2 個結合しているアルコールを イ（　　）アルコール，3 個結合しているアルコールを ウ（　　）アルコールという。

□(8) 第一級アルコールを酸化すると，アルデヒドになる。これをさらに酸化すると，何になるか。（　　　）

□(9) 第二級アルコールを酸化すると，カルボニル基をもった何を生じるか。（　　　）

□(10) エタノールに少量の濃硫酸を加えて約 130℃に保つと，エタノール 2 分子から水が 1 分子とれて何が生成するか。（　　　）

□(11) 2 つの炭化水素基が酸素原子を間にはさんでつながった構造の化合物を何というか。（　　　）

□(12) エーテルがつくられるときの反応のように，2 つの分子から簡単な分子がとれて新しい化合物ができる反応を何というか。（　　　）

□(13) ジエチルエーテルは，金属ナトリウムと反応(する・しない)。

□(14) エタノールは，金属ナトリウムと反応してナトリウムエトキシドになるとき，何を発生するか。（　　　）

EXERCISE

▶186〈エタノールの反応〉 次の図の①～⑥は，エタノールから関連した化合物をつくる反応経路を示している。それぞれにあてはまる操作を下の(ア)～(カ)から１つずつ選べ。

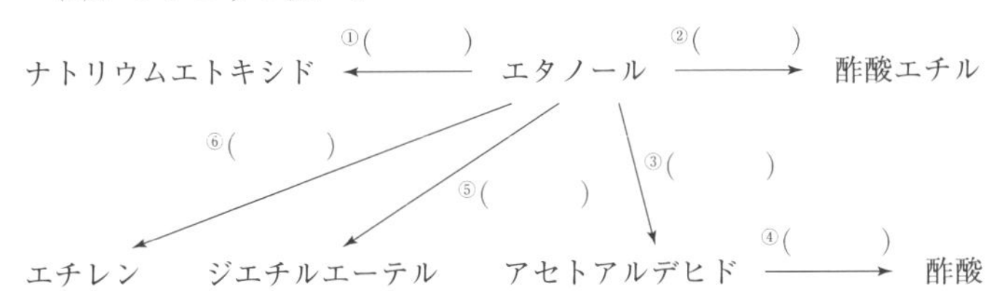

(ア)　酸化剤を用いて分子中の水素原子を２個取り去る。
(イ)　濃硫酸を加えて約130℃で反応させる。
(ウ)　金属ナトリウムを反応させる。
(エ)　濃硫酸を加えて約160℃で反応させる。
(オ)　酸化剤を用いて分子に酸素原子を１個与える。
(カ)　酢酸と少量の濃硫酸を加えて温める。

▶187〈アルコールの分類〉 次の(1)～(5)のアルコールを，第一級アルコールにはA，第二級アルコールにはB，第三級アルコールにはCを入れて分類せよ。

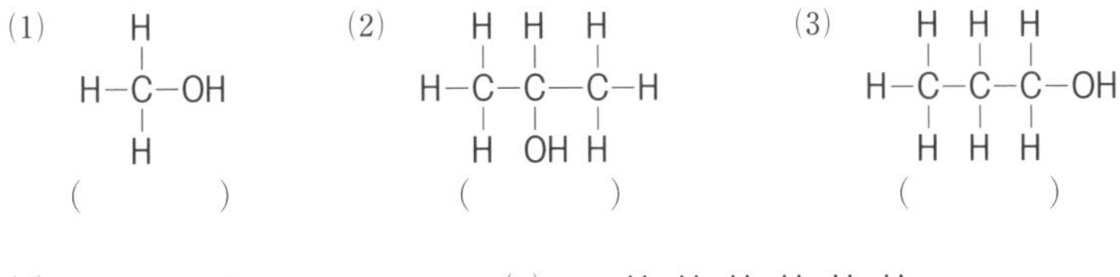

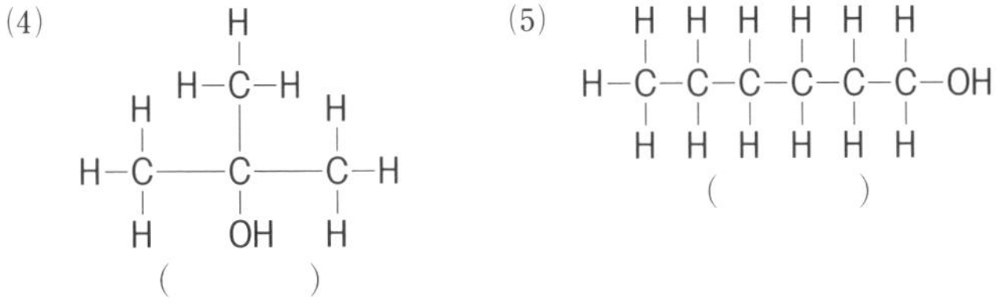

▶188〈エーテルの性質〉 次の(ア)～(エ)のうち，**ジエチルエーテルの性質でないもの**を１つ選べ。

(ア)　Naを加えても水素を発生しない。　(イ)　水に非常に溶けやすい。
(ウ)　空気中でよく燃える。　(エ)　種々の有機化合物を溶かす。
(　　　)

▶189〈アルコールとエーテル〉 次の(1)～(3)にあてはまるものを，下の(ア)～(オ)から選べ。ただし，答えはそれぞれ１つとは限らない。

(1)　ナトリウムと反応して水素を発生するもの　(　　　)
(2)　第一級アルコール　(　　　)
(3)　互いに異性体であるもの　(　　　)

(ア)　$CH_3CH(OH)CH_3$　(イ)　CH_3OH　(ウ)　CH_3OCH_3
(エ)　$CH_3CH_2OCH_2CH_3$　(オ)　$CH_3CH_2CH_2OH$

アドバイス

▶186
カルボン酸とアルコールが反応すると，エステルが生成する。

▶187
－OHがついた炭素原子に注目する。

▶188
ジエチルエーテルは，有機溶媒として用いられる。

▶189
(ア)～(オ)の物質の構造式をかいてみると，わかりやすい。

41 アルデヒドとケトン

1 アルデヒド R−CHO

酸化されやすく，還元性を示す。

カルボニル基（>C=O）に水素原子が 1 個結合した構造（ホルミル基）をもつ。

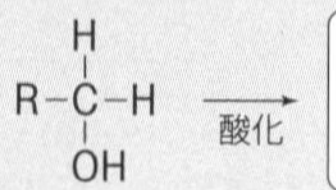

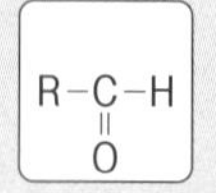

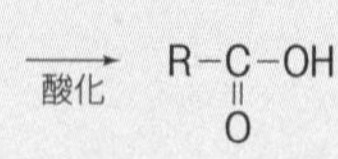

アルデヒドは，第一級アルコールを酸化すると得られる。
アルデヒドを酸化すると，カルボン酸が生成する。

◉ホルムアルデヒド HCHO

製法：CH_3OH $\xrightarrow{酸化}$ H−CHO
メタノール　ホルムアルデヒド

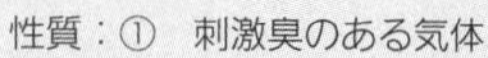

$\xrightarrow{酸化}$ H−COOH
ギ酸

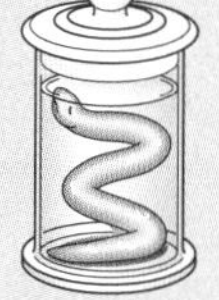

性質：① 刺激臭のある気体
② 約 37 %水溶液は，**ホルマリン**とよばれる。
③ 酸化するとギ酸になる。

◉アセトアルデヒド CH_3CHO

製法：CH_3CH_2OH $\xrightarrow{酸化}$ CH_3−CHO
エタノール　アセトアルデヒド

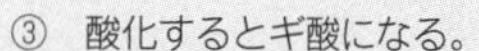

$\xrightarrow{酸化}$ CH_3−COOH
酢酸

性質：① 刺激臭のある液体
② 酸化すると酢酸になる。

○アルデヒドの還元性
・フェーリング液を還元して赤色沈殿→**フェーリング液の還元**
・アンモニア性硝酸銀を還元して銀を析出し，鏡をつくる。
→銀鏡反応

2 ケトン R^1−CO−R^2

酸化されにくく，還元性を示さない。

カルボニル基に炭化水素基が 2 つ結合した構造をもつ化合物

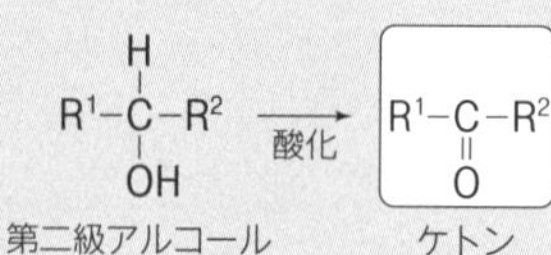

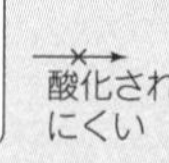

酸化されにくい

ケトンは，第二級アルコールの酸化により得られる。

◉アセトン CH_3−CO−CH_3

性質：① 無色で特有のにおいを有する揮発性の液体
② 水によく溶け，有機溶媒としてさまざまな物質を溶かす。

○ヨードホルム反応

アセトン，エタノール，アセトアルデヒドのような −CO−CH_3，−CH(OH)CH_3 の構造をもつ物質に，塩基性の条件下でヨウ素を反応させると，黄色のヨードホルム CHI_3 を生じ，検出反応として用いられる。

ポイントチェック

□(1) メタノールを酸化して最初にできる物質の名称を記し，構造式を示せ。
名称（　　　　）　構造式

□(2) ホルムアルデヒドは，常温で刺激臭のある（固体・液体・気体）で，水に溶けやすい。

□(3) ホルムアルデヒドの水溶液は，生物標本の保存液にも使われることがあるが，これを何というか。（　　　　）

□(4) エタノールを酸化して最初にできる物質は何か。（　　　　）

□(5) アルデヒドは，酸化されやすいので，ほかの物質を（酸化・還元）するはたらきをもつ。

□(6) アルデヒドは，アンモニア性の硝酸銀を還元してガラス表面に銀を析出する。この反応を何というか。（　　　　）反応

□(7) 2-プロパノールを酸化すると得られる物質を何というか。（　　　　）

□(8) アセトンやアセトアルデヒドに水酸化ナトリウムを加えて，ヨウ素を反応させると生ずる，特有な臭気をもつ黄色沈殿を何というか。
（　　　　）

□(9) エタノールと酢酸のうち，ヨードホルム反応を起こすものはどちらか。（　　　　）

□(10) 還元性をもち，フェーリング液で赤色沈殿を生じる官能基は何か。（　　　　）基

□(11) 第二級アルコールの酸化で得られるケトンは，酸化（されにくく・されやすく），還元性を示さないので，銀鏡反応を起こさない。

□(12) 酸化されるとカルボン酸を生ずるのは，（アルデヒド・ケトン）である。

□(13) 分子式 C_2H_4O で示されるアルデヒドの名称を記し，構造式を示せ。
名称（　　　　）　構造式

□(14) 分子式 C_3H_6O で示されるケトンの名称を記し，構造式を示せ。
名称（　　　　）　構造式

EXERCISE

▶190〈メタノールの酸化〉 次の文章を読み，下の問いに答えよ。

メタノールを試験管に入れ，この中に赤熱した銅線を入れると，刺激臭のある気体 A ができる。このとき，赤熱した銅線は，黒色から光沢のある金属銅に変化する。A の水溶液をフェーリング液に加えて加熱すると，赤色沈殿 B ができた。この反応で A は C に変化する。

(1) A，B，C の名称を記し，化学式を示せ。

A：名称(　　　　　　) 化学式(　　　　　　)

B：名称(　　　　　　) 化学式(　　　　　　)

C：名称(　　　　　　) 化学式(　　　　　　)

(2) A の約 37 %の水溶液を何というか。　(　　　　　　)

(3) 赤熱した銅線とメタノールの反応を化学反応式で示せ。

(　　　　　　)

▶191〈アルデヒドとケトン〉 次の図の A，B 2 種類の物質について，下の(　　)に適する語句を入れよ。

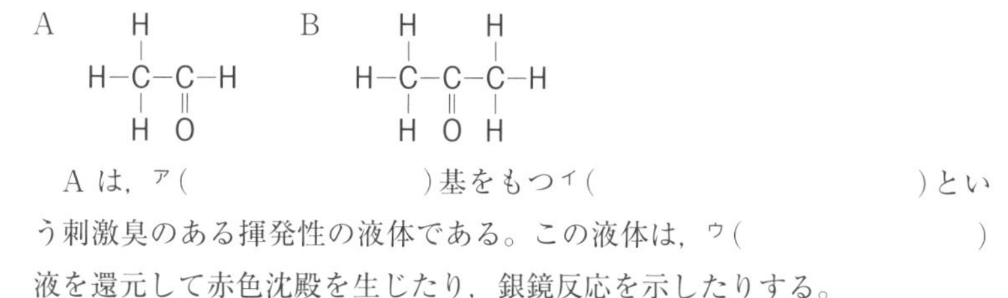

A は，ア(　　　　　　)基をもつイ(　　　　　　)という刺激臭のある揮発性の液体である。この液体は，ウ(　　　　　　)液を還元して赤色沈殿を生じたり，銀鏡反応を示したりする。

B は，エ(　　　　　　)基をもつオ(　　　　　　)という特有のにおいをもつ液体である。これらの物質は，どちらも塩基性の条件下でヨウ素と反応し，特有の臭気のカ(　　　　　　)を生ずる。

▶192〈アセトアルデヒドとアセトン〉 次の(1)～(5)の記述について，アセトアルデヒドにあてはまるものには A，アセトンにあてはまるものには B，両方にあてはまるものには C を記せ。

(1) 水に溶けやすい。　(2) 酸化されにくい。　(3) 銀鏡反応を示す。

(4) カルボニル基をもつ。　(5) フェーリング液を還元する。

(1)　　(2)　　(3)　　(4)　　(5)

▶193〈銀鏡反応〉 次の(ア)～(キ)の化合物のうち，銀鏡反応を示すものをすべて選べ。

(ア) $HCHO$　(イ) CH_3OH　(ウ) CH_3OCH_3

(エ) CH_3CHO　(オ) CH_3CH_2OH　(カ) CH_3COCH_3

(キ) CH_3CH_2CHO

(　　　　　　)

▶194〈ヨードホルム反応〉 次の(ア)～(ケ)の化合物のうち，ヨードホルム反応を示すものをすべて選べ。

(ア) CH_3OH　(イ) CH_3CH_2OH　(ウ) $CH_3CH(OH)CH_3$

(エ) CH_3CH_2CHO　(オ) CH_3CHO　(カ) $C_2H_5OC_2H_5$

(キ) CH_3COCH_3　(ク) $C_2H_5COC_2H_5$　(ケ) CH_3COOH

(　　　　　　)

アドバイス

▶190
フェーリング液は，銅(Ⅱ)イオンが還元されて酸化銅(Ⅰ)の赤色沈殿を生じる。

▶191
カルボニル基に結合している原子に注目する。

▶194
ヨードホルム反応は，次の構造をもつ化合物が示す。

$CH_3-C(=O)-R$　　$CH_3-CH(OH)-R'$

(R，R′ は水素または炭化水素)

(ア)～(ケ)の構造式を書いてみるとわかりやすい。

42 カルボン酸とエステル

1 カルボン酸 R−COOH

カルボキシ基 −COOH をもつ化合物。
R が鎖式炭化水素基(H の場合を含む)であるカルボン酸を**脂肪酸**という。

R−C(=O)−OH
カルボキシ基

酢酸	ギ酸	シュウ酸
CH_3COOH	HCOOH	$(COOH)_2$

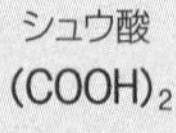

食酢に含まれる　アリの体内に含まれる　ホウレン草などの植物に含まれる

① 水溶液中で一部が電離して，弱い酸性を示す。

$$R-\overset{O}{\overset{\|}{C}}-OH \rightleftarrows R-\overset{O}{\overset{\|}{C}}-O^- + \boxed{H^+}$$
（酸性）

② 水溶液の酸の強さは，塩酸や硫酸より弱く，炭酸より強い。炭酸水素ナトリウムと反応して，二酸化炭素を発生する。

$NaHCO_3 + R-COOH \longrightarrow R-COONa + CO_2{}^* + H_2O^*$
弱い酸の塩　強い酸　強い酸の塩　弱い酸

＊炭酸は，H_2CO_3 とは書かずに $CO_2 + H_2O$ と書く。

③ カルボン酸の分類

分類			例
1価カルボン酸(−COOHが1個)	低級脂肪酸	飽和	酢酸 CH_3COOH
		不飽和	アクリル酸 $CH_2=CH-COOH$
	高級脂肪酸	飽和	ステアリン酸 $C_{17}H_{35}COOH$
		不飽和	オレイン酸 $C_{17}H_{33}COOH$ リノール酸 $C_{17}H_{31}COOH$
2価カルボン酸(−COOHが2個)	飽和(単結合のみ)		シュウ酸 $(COOH)_2$
	不飽和(二重結合を含む)		マレイン酸(シス形) HOOC(H)C=C(H)COOH
ヒドロキシ酸(−OHを含むカルボン酸)			乳酸 $CH_3-CH(OH)-COOH$

④ 鏡像異性体

例 乳酸の構造と鏡像異性体

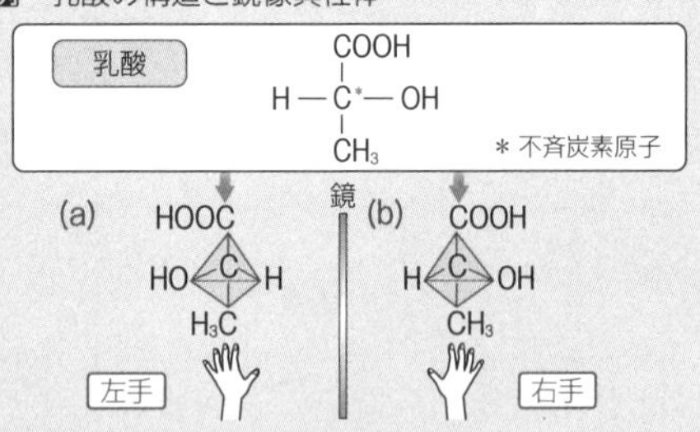

乳酸の(a)と(b)は，左手と右手の関係にある。
(a)を鏡にうつすと，その鏡像は(b)と同じになるので，(a)と(b)は実像と鏡像の関係でもある。

⑤ 酸無水物

カルボン酸2分子から水1分子がとれてできたもの

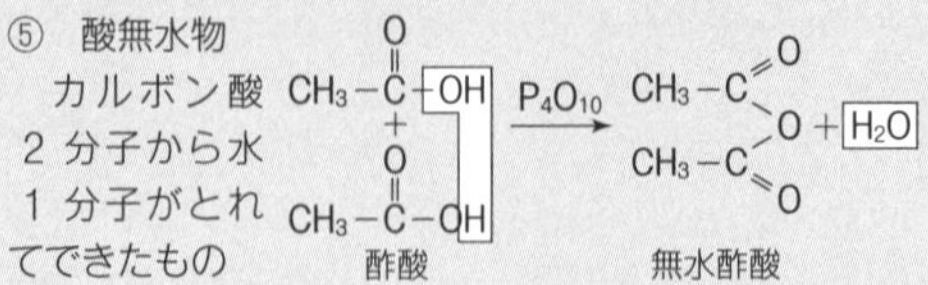

ポイントチェック

□(1) カルボン酸が共通してもっている官能基は何か。　(　　　　)基

□(2) R−COOH(R は鎖式炭化水素基)で表される1価のカルボン酸を特に何というか。　(　　　　)

□(3) 高級脂肪酸と低級脂肪酸は，何の数によって分類されるか。　(　　　　)

□(4) 食酢にはカルボン酸が含まれている。そのカルボン酸を何というか。　(　　　　)

□(5) 炭素数の(多い・少ない)カルボン酸は，水によく溶ける。

□(6) カルボン酸は，水に溶けるとわずかに電離して何性を示すか。　(　　　　)

□(7) ギ酸は還元性を示すが，これは分子中にどのような官能基をもっていることによるか。　(　　　　)基

□(8) ステアリン酸は，ア(1・2)価のイ(低級・高級)ウ(飽和・不飽和)脂肪酸に分類される。

□(9) 酢酸2分子から水1分子がとれて生じる物質は何か。　(　　　　)

□(10) 4種類の異なる原子や原子団が結合している炭素原子を何というか。　(　　　　)

□(11) カルボン酸とアルコールを混ぜて少量の硫酸を加えると脱水されて生じる有機化合物を一般的に何というか。　(　　　　)

□(12) エステル化の逆の反応を何というか。　(　　　　)

□(13) 酢酸とエタノールのエステル化によってできる物質を2つ書け。
ア(　　　　　)，イ(　　　　　)

2 エステル $R^1-COO-R^2$

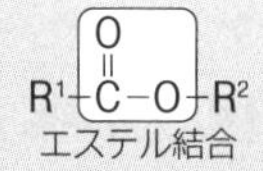

① カルボン酸とアルコールが縮合してできる。

② 水に溶けにくく，果物の香りをもつものがある。

③ 香料としても使われる。

$$R^1-\overset{O}{\overset{\|}{C}}-\boxed{OH + H}O-R^2 \underset{加水分解}{\overset{エステル化}{\rightleftarrows}} R^1-\overset{O}{\overset{\|}{C}}-O-R^2 + \boxed{H_2O}$$
カルボン酸　アルコール　エステル

EXERCISE

▶195〈カルボン酸の性質〉 次の(1)～(4)にあてはまるカルボン酸を，下の(ア)～(オ)から１つずつ選べ。

(1) 水に溶けにくい。　(2) アセトアルデヒドが酸化されてできる。
(3) 鏡像異性体をもつ。　(4) 還元性をもつ。

(ア) C_2H_5COOH　(イ) $HCOOH$　(ウ) $C_{15}H_{31}COOH$
(エ) $CH_3CH(OH)COOH$　(オ) CH_3COOH

(1)　(2)　(3)　(4)

▶196〈カルボン酸の分類〉 次の(1)～(7)のカルボン酸の名称を記し，適当な説明を下の(ア)～(キ)から１つずつ選べ。

(1) $H-COOH$　(2) CH_3-COOH
(3) $CH_2=CH-COOH$　(4) $C_{17}H_{33}-COOH$
(5) $HOOC-COOH$　(6) $HOOC-(CH_2)_4-COOH$
(7) $CH_3-CH(OH)COOH$

(ア) 刺激臭をもつ液体で，低級飽和脂肪酸であり，還元性を示さない。
(イ) 合成樹脂の原料として用いられる１価の不飽和脂肪酸である。
(ウ) 高級不飽和脂肪酸で，グリセリンとエステルをつくる。
(エ) ２価のカルボン酸で，二水和物は中和滴定の標準溶液に使用される。
(オ) ２価のカルボン酸で，ナイロンの原料になる。
(カ) １価のカルボン酸で，還元性を示す。
(キ) ヒドロキシ酸で，ヨーグルトに含まれる。

(1) 名称(　　)(　　)　(2) 名称(　　)(　　)
(3) 名称(　　)(　　)　(4) 名称(　　)(　　)
(5) 名称(　　)(　　)　(6) 名称(　　)(　　)
(7) 名称(　　)(　　)

▶197〈エステルの名称と生成〉 次のエステルの名称を記し，そのエステルを生成するときの反応を化学反応式を示せ。ただし，化学式は示性式で示せ。

(1) $HCOOC_2H_5$　名称(　　)
化学反応式(　　)
(2) CH_3COOCH_3　名称(　　)
化学反応式(　　)
(3) $CH_3COOC_2H_5$　名称(　　)
化学反応式(　　)

▶198〈エステルの性質〉 エステルに関する次の(ア)～(エ)の記述のうち，**誤りを含むもの**を１つ選べ。

(ア) 水に溶けにくい。　(イ) 果物の香りをもつものがある。
(ウ) カルボン酸とアルコールから H_2O をとった構造をもつ。
(エ) 水酸化ナトリウム水溶液と加熱すると，酸とアルコールが得られる。

(　　)

アドバイス

▶195
分子内に炭素数の大きい炭化水素基があると，水に溶けにくくなる。
不斉炭素原子をもつ物質は，鏡像異性体をもつ。
分子内にホルミル基をもつ物質は，還元性をもつ。

▶196
飽和脂肪酸…炭化水素基の結合がすべて単結合の脂肪酸
不飽和脂肪酸…炭化水素基の結合の中に二重結合がある脂肪酸
高級脂肪酸…炭素数の多い脂肪酸
低級脂肪酸…炭素数の少ない脂肪酸

▶197
エステルは，カルボン酸とアルコールの縮合反応によって生成する。

構造式決定のポイント

原子量　H＝1.0，C＝12，O＝16

例題 18 構造式の決定

▶199，200

ある有機化合物を元素分析したところ，炭素が 52.2％，水素が 13.0％，酸素が 34.8％であった。また，分子量は 46 と実測された。一方，この有機化合物にナトリウムを加えたところ，水素が発生した。この有機化合物の組成式，分子式を求め，構造式を示せ。

ここがポイント

C，H，O の質量比から，組成式を求める。
分子量は，組成式の整数倍であり，組成式から分子式を求める。
化合物のもつ性質の特徴から，官能基を推定して構造式を決定する。

◆解法◆

組成式は，質量を原子量で割った比であることから，

$$C : H : O = \frac{52.2}{12} : \frac{13.0}{1.0} : \frac{34.8}{16} \fallingdotseq 4.35 : 13.0 : 2.18$$

よって，組成式は，C_2H_6O となる。

分子量は，組成式の式量の整数倍であることから，組成式 C_2H_6O の式量は 46，分子量は 46 なので，組成式の 1 倍が分子式となる。

分子式が C_2H_6O である化合物の構造式としては，次のエタノールとジメチルエーテルが考えられるが，Na と反応して水素を発生することから，エタノールが答えとなる。

```
    H   H              H       H
    |   |              |       |
 H－C－C－OH        H－C－O－C－H
    |   |              |       |
    H   H              H       H
  エタノール         ジメチルエーテル
```

答 **組成式** C_2H_6O　**分子式** C_2H_6O

構造式

```
    H   H
    |   |
 H－C－C－OH
    |   |
    H   H
```

▶199〈分子式・構造式の決定〉 ある有機化合物を元素分析したところ，炭素が 40.0％，水素が 6.6％，酸素が 53.4％ であった。次の問いに答えよ。

(1) 分子式は，次の(ア)～(エ)のうちのどれか。

(ア) CH_4O　(イ) C_3H_8O　(ウ) $C_2H_4O_2$　(エ) $C_3H_4O_2$

(　　)

(2) 水溶液は酸性を示した。この物質の構造式を示せ。

▶200〈構造式の決定〉 分子式が C_3H_8O で表される化合物 A，B がある。A にナトリウムを加えると，水素が発生するが，B にナトリウムを加えても水素は発生しない。次の問いに答えよ。

(1) A について考えられる構造式を 2 種類示せ。

(2) B について考えられる構造式を示せ。

アドバイス

▶199
炭素と水素，酸素からなる有機化合物で酸性を示すものとして，カルボン酸が考えられる。

▶200
C_3H_8O で表される化合物は，アルコールとエーテルが考えられる。

▶201〈組成式・分子式・構造式の決定〉 炭素，水素，酸素からなる有機化合物の元素分析値は，炭素 64.9 %，水素 13.5 %，酸素 21.6 % であった。また，この化合物の分子量は 74 であった。次の問いに答えよ。

(1) この化合物の組成式を求めよ。

(　　　　　)

(2) この化合物の分子式を求めよ。

(　　　　　)

(3) この化合物には，鏡像異性体があるという。この化合物の構造式を示せ。

▶202〈脂肪酸の分子式〉 ある脂肪酸 5.8 mg を完全燃焼させたところ，二酸化炭素 13.2 mg と水が 5.4 mg 得られた。この脂肪酸の分子式を求めよ。

(　　　　　)

▶203〈エステルの構造決定〉 分子式 $C_3H_6O_2$ の化合物 A，B がある。A は中性で加水分解するとカルボン酸 C とアルコール D が得られ，C は還元性をもつカルボン酸で銀鏡反応を示した。B は 1 価のカルボン酸で，B に炭酸水素ナトリウム水溶液を加えると，二酸化炭素が発生した。化合物 A～D の構造式を示せ。

A	B
C	D

アドバイス

▶201
(1) 原子数の比
$=\dfrac{元素の質量}{原子量}$ の比から，組成式の原子数の比を求める。
(2) (組成式の式量)×n＝分子量
(3) 鏡像異性体があるということから，不斉炭素原子をもつ化合物を考える。

▶202
脂肪酸は，R−COOH
(R は水素，もしくは炭化水素)で表される。

▶203
エステルとカルボン酸は，互いに構造異性体である。

43 油脂とセッケン

1 油脂

油脂は，高級脂肪酸とグリセリンのエステル

$$
\begin{array}{lcl}
R^1COOH & & CH_2-OH & & R^1COO-CH_2 & \\
R^2COOH & + & CH-OH & \xrightarrow{\text{エステル化}} & R^2COO-CH & +\ 3H_2O \\
R^3COOH & & CH_2-OH & & R^3COO-CH_2 & \\
\text{高級脂肪酸} & & \text{グリセリン} & & \text{油脂} &
\end{array}
$$

油脂は，常温の状態で脂肪油(液体)，脂肪(固体)に区別する。

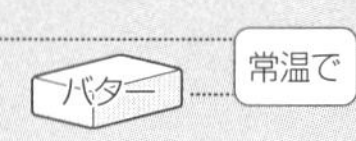

常温で ……液体のもの 脂肪油
……固体のもの 脂肪

2 セッケン

高級脂肪酸のナトリウム塩　R−COONa

油脂に水酸化ナトリウム水溶液を加えてけん化すると生成する。

$$
\begin{array}{lcll}
CH_2-O-COR^1 & & CH_2-OH & \quad R^1COONa \\
CH-O-COR^2 + 3NaOH & \xrightarrow{\text{けん化}} & CH-OH & +\ R^2COONa \\
CH_2-O-COR^3 & & CH_2-OH & \quad R^3COONa \\
\text{油脂} & & \text{グリセリン} & \quad \text{セッケン}
\end{array}
$$

① 水溶液中で，弱い塩基性を示す。

$$R-COO^- + H_2O \rightleftarrows R-COOH + OH^-$$

② Ca^{2+} や Mg^{2+} を含む溶液(硬水中)で沈殿する。

$$2R-COO^- + Ca^{2+} \longrightarrow (R-COO)_2Ca\downarrow$$

3 セッケンの作用

セッケンの分子構造は，疎水性の R−(炭化水素基)が汚れである油を取り囲むことによって汚れを落とす。

◉セッケンの分子構造

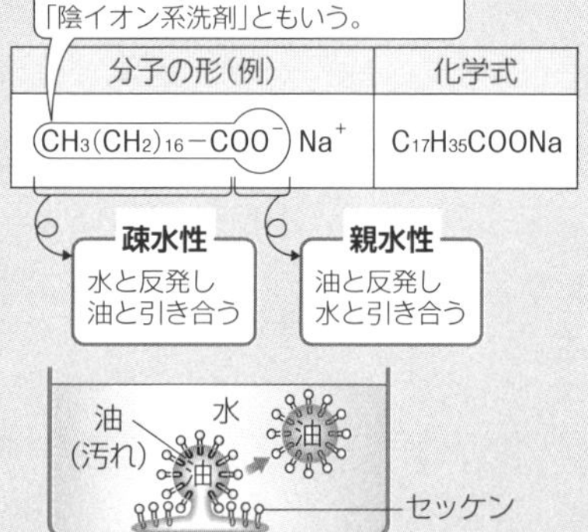

乳化…脂肪酸のイオン(セッケン)が汚れである油を取り囲み，水中に分散する現象

4 セッケンと合成洗剤の違い

	セッケン	合成洗剤
構造	$CH_3-CH_2-\cdots\cdots-CH_2-C(=O)O^-\ Na^+$	$CH_3-CH_2-\cdots\cdots-CH_2-O-SO_3^-\ Na^+$
液性	弱塩基性	中性
硬水中海水中での使用	Ca^{2+}，Mg^{2+} と反応してしまい，使用できない。	使用できる。(Ca^{2+}，Mg^{2+} と反応しない。)

ポイントチェック

□(1) 油脂は高級脂肪酸と何のエステルか。
(　　　　)

□(2) サラダ油など，常温で液体の油脂を何というか。
(　　　　)

□(3) バターやラードなど，常温で固体の油脂を何というか。
(　　　　)

□(4) パルミチン酸を示性式で示すと ア(　　　　)，ステアリン酸の示性式は イ(　　　　)であり，いずれも高級飽和脂肪酸である。

□(5) 油脂を水酸化ナトリウムと反応させて，グリセリンとともにできるものを一般に何というか。
(　　　　)

□(6) 油脂に水酸化ナトリウム水溶液を入れて加熱し，セッケンをつくる反応を何というか。
(　　　　)

□(7) 油脂 1 分子からグリセリンは ア(　　)分子，セッケンは イ(　　)分子できる。

□(8) アマニ油などのように空気中の酸素と反応して固まる油脂を何というか。
(　　　　)

□(9) オレイン酸やリノール酸などの不飽和結合をもつ液体の油に何を付加すると固体の油脂になるか。
(　　　　)

□(10) オレイン酸は，炭化水素基中に ア(　　)個，リノール酸は イ(　　)個，リノレン酸は ウ(　　)個の炭素間二重結合がある。

□(11) セッケンは ア(親水・疎水)性の炭化水素基と イ(親水・疎水)性のカルボン酸のナトリウム塩から構成されているので，水にも油にも溶ける。

□(12) セッケンは，油脂と強塩基との反応によって生成するが，セッケンを含む水溶液は何性を示すか。
(　　　　)

□(13) 水の中に少量の油があると，セッケンは親水基を(外側・内側)にして油を取り囲み，水の中に溶かし込むはたらきをもつ。

□(14) (13)のような現象を何というか。
(　　　　)

EXERCISE

原子量 H＝1.0，C＝12，O＝16，K＝39，I＝127

▶204〈油脂とアルカリの反応〉 次の化学反応式は，油脂と NaOH 水溶液を加熱したときの反応である。これについて下の問いに答えよ。

$C_3H_5(OCOC_{17}H_{33})_3$ ＋ [ア] NaOH ⟶ $C_3H_5(OH)_3$ ＋ 3[イ]

(1) この反応を何というか。 (　　　)

(2) アに入る係数とイに入る化学式を示せ。

ア(　　　) イ(　　　)

(3) $C_3H_5(OH)_3$ の物質名を記し，構造式を示せ。

構造式

物質名(　　　)

▶205〈油脂と高級脂肪酸〉 次の(ア)～(エ)の記述のうち，**誤りを含むもの**をすべて選べ。

(ア) 油脂は，高級脂肪酸とグリセリンまたはエチレングリコールのエステルである。

(イ) $C_nH_{2n+1}COOH$ は，飽和脂肪酸である。

(ウ) $C_{17}H_{33}COOH$ 1 分子の炭化水素基には，炭素原子間の二重結合が 2 個含まれる。

(エ) 油脂を加水分解すると，脂肪酸とグリセリンを生じる。

(　　　)

▶206〈セッケン〉 次の(ア)～(エ)の記述のうち，**誤りを含むもの**をすべて選べ。

(ア) セッケンは，油脂と弱酸のけん化によってつくられる。

(イ) 水の中に少量の油があると，セッケンの親水基を内側にして油を取り囲み，水の中に溶かし込む。

(ウ) 合成洗剤は中性で，ウールなどの動物性繊維にも使用できる。

(エ) セッケンの水溶液に，フェノールフタレイン溶液を滴下すると，色が変化する。

(　　　)

▶207〈けん化とヨウ素価〉 次の問いに答えよ。

(1) パルミチン酸 $C_{15}H_{31}COOH$ のみからなる油脂 100 g を完全にけん化するのに必要な水酸化カリウムの質量は何 g か。

(　　　)g

(2) 炭素原子間に二重結合をもつ油脂は，二重結合 1 個に対し，1 個のヨウ素分子が付加する。リノール酸 $C_{17}H_{31}COOH$ のみからなる油脂 100 g に付加するヨウ素は何 g か。

(　　　)g

アドバイス

▶204
セッケンをつくる反応である。油脂を水酸化ナトリウムでけん化すると，高級脂肪酸のナトリウム塩(セッケン)とグリセリンが生成する。

▶205
油脂の一般式は，

$$\begin{array}{l} R^1COO-CH_2 \\ \qquad\qquad | \\ R^2COO-CH \\ \qquad\qquad | \\ R^3COO-CH_2 \end{array}$$

である。

飽和脂肪酸：
・パルミチン酸
・ステアリン酸

▶206
セッケンは，弱酸と強塩基の塩である。
合成洗剤は，セッケンと同様の構造をもつが，強酸と強塩基の塩である。

▶207
(1) 油脂 1 分子には，3 個のエステル結合があるので，油脂 1 mol に対して 3 mol の水酸化カリウムが必要になる。
(2) 油脂に含まれる C=C 結合 1 個に対して，1 個のヨウ素分子が付加することから，油脂 1 分子に含まれる C=C 結合の数を考える。

44 芳香族炭化水素

1 ベンゼン(C_6H_6)の構造

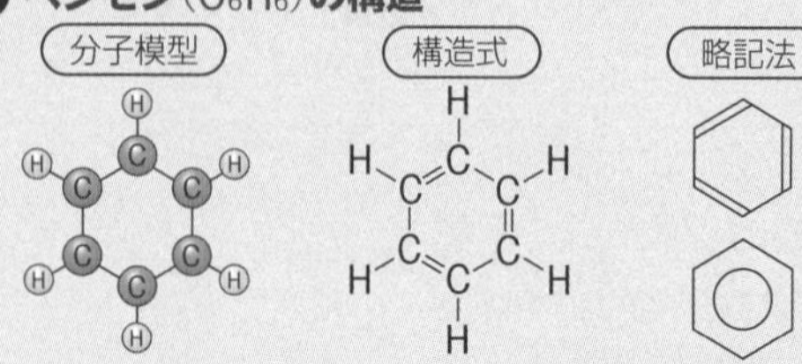

2 ベンゼンの性質

① 水より軽く(密度0.88 g/cm^3)，水にはほとんど溶けない。
② 芳香のある液体
③ 空気中で多量のすすを出して燃える。
④ 付加反応は起こりにくく，置換反応が起こりやすい。

ニトロ化　ベンゼン + HNO_3 —(濃硫酸)→ ベンゼン$-NO_2$ + H_2O
　ニトロベンゼン

スルホン化　ベンゼン + H_2SO_4 —(加熱)→ ベンゼン$-SO_3H$ + H_2O
　ベンゼンスルホン酸

塩素化　ベンゼン + Cl_2 —(Fe)→ ベンゼン$-Cl$ + HCl
　クロロベンゼン

そのほかの芳香族炭化水素

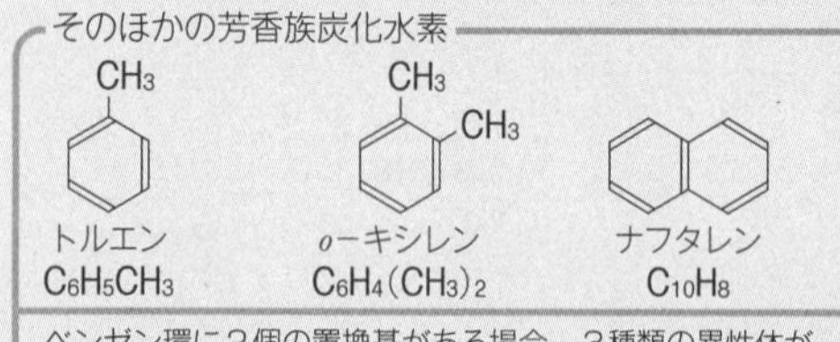

トルエン $C_6H_5CH_3$　*o*−キシレン $C_6H_4(CH_3)_2$　ナフタレン $C_{10}H_8$

ベンゼン環に２個の置換基がある場合，３種類の異性体がある。

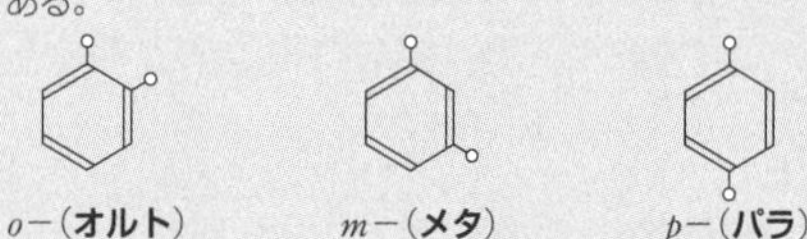

o−(**オルト**)　*m*−(**メタ**)　*p*−(**パラ**)

3 ベンゼンの付加反応

ベンゼンは，付加反応を起こしにくいが，触媒を用いて，高温・高圧下で反応させると，環式の飽和炭化水素に変化する。

ベンゼン + $3H_2$ —(触媒)→ シクロヘキサン

ベンゼン + $3Cl_2$ —(光)→ ヘキサクロロシクロヘキサン

ポイントチェック

□(1)　ベンゼンの炭素原子は，
(同一平面上・立体的)に配列している。

□(2)　ベンゼンの炭素原子の結合の長さは，
通常の炭素間の単結合より ア(長く・短く)，
二重結合より イ(長い・短い)。

□(3)　ベンゼンは，水に(溶ける・溶けにくい)。

□(4)　ベンゼンは，引火(しやすい・しにくい)。

□(5)　ベンゼン環をもつ化合物を一般に何というか。
(　　　　　)族炭化水素

□(6)　鉄粉を触媒にして，ベンゼンと塩素を反応させると，クロロベンゼンを生じる。クロロベンゼンの分子式を示せ。　(　　　　　)

□(7)　ベンゼンに濃硫酸を加えて熱すると生じる強酸を何というか。　(　　　　　)

□(8)　ベンゼンに濃硝酸と濃硫酸の混合物を反応させると生じる，特有な臭気のある黄色い液体を何というか。　(　　　　　)

□(9)　塩素化のように，ハロゲンによる置換反応を一般に何というか。　(　　　　　)

□(10)　ベンゼンの水素原子１個をメチル基で置換すると生じる物質は何か。　(　　　　　)

□(11)　ベンゼンの水素原子２個をメチル基で置換すると生じる物質を一般的に何というか。
(　　　　　)

□(12)　(11)のようにベンゼン環に置換基が２つあると何種類の異性体が存在するか。
(　　　　　)種類

□(13)　ナフタレンは，ベンゼン環が２つ結合した形になっており，分子式は $C_{10}H_8$ である。この構造式を示せ。

□(14)　アントラセンの分子式を示せ。

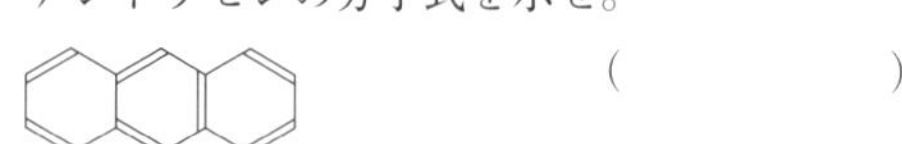

(　　　　　)

EXERCISE

原子量 H＝1.0，C＝12

▶208〈ベンゼンの構造と性質〉 ベンゼンに関する次の(ア)～(オ)の記述のうち，**誤りを含むもの**を1つ選べ。

(ア) 組成式はCHである。
(イ) 分子の各原子のうち，炭素原子のみが同一平面上にある。
(ウ) 結合している炭素原子間の距離は，すべて等しい。
(エ) 水と混ざりにくいが，種々の有機化合物を溶かす。
(オ) 空気中で多くのすすを出して燃える。 (　　　)

▶209〈ベンゼンの反応〉 次の文章中の(　　)には適する語句を，[　　]には化学式を入れよ。

ベンゼン分子の不飽和結合は，アルケンやア(　　　　　　)の不飽和結合と違って，イ(　　　　　)反応を起こしにくい。鉄を触媒として，ベンゼンに臭素を作用させると，ベンゼンのウ(　　　　　)原子がエ(　　　　　)原子に入れ換わる。

＋ Br_2 ⟶ オ[　　　　　] ＋ カ[　　　　　]

ベンゼンに濃硝酸と濃硫酸の混酸を作用させると，キ(　　　　　　　　　)を生じる。

＋ HNO_3 ⟶ ク[　　　　　] ＋ H_2O

また，ベンゼンに濃硫酸を作用させると，ケ(　　　　　　　　　　　)を生じる。

＋ H_2SO_4 ⟶ コ[　　　　　] ＋ H_2O

▶210〈ベンゼンの反応〉 ベンゼンが化学反応によって，次の(ア)～(エ)の物質に変化するとき，**ほかの反応と反応の種類が異なるもの**を1つ選べ。

(ア) $C_6H_6 \longrightarrow C_6H_5SO_3H$　(イ) $C_6H_6 \longrightarrow C_6H_5Br$
(ウ) $C_6H_6 \longrightarrow C_6H_5NO_2$　(エ) $C_6H_6 \longrightarrow C_6H_6Cl_6$ (　　　)

▶211〈異性体〉 次の(1)，(2)の異性体はそれぞれ何種類あるか。

(1) キシレン $C_6H_4(CH_3)_2$ の置換基の位置によるもの (　　　　　)
(2) C_8H_{10} の分子式で表される芳香族炭化水素 (　　　　　)

▶212〈芳香族炭化水素〉 次の(ア)～(オ)のうち，芳香族炭化水素の分子式として**適当でないもの**を1つ選べ。

(ア) C_7H_8　(イ) $C_{10}H_8$　(ウ) C_8H_{10}　(エ) C_6H_{12}　(オ) $C_{14}H_{10}$
(　　　)

▶213〈ベンゼンの炭素含有率〉 ベンゼンを空気中で燃やすと多量のすすを出して燃える。ベンゼンに含まれている炭素の質量含有率を求めよ。

(　　　　　　　　)％

アドバイス

▶208
ベンゼンは，正六角形の平面構造で，水より軽く，水にほとんど溶けない。

▶210
置換反応と付加反応で考える。
置換反応…分子中の原子がほかの原子と置き換わる反応
付加反応…分子中の不飽和結合にほかの原子が付加する反応

▶211
ベンゼン環に1つの置換基がある場合と2つの置換基がある場合で考える。

▶212
芳香族炭化水素は，ベンゼン環をもつ炭化水素である。まず，ベンゼン，ナフタレン，アントラセンを考え，次に結合している水素原子が炭化水素基に置換していることを考える。

▶213
炭素の質量含有率〔%〕

$$= \frac{\text{分子中の炭素の総式量}}{\text{分子量}} \times 100$$

45 酸素を含む芳香族化合物

1 フェノール類

ベンゼン環にヒドロキシ基 $-OH$ が**直接**結合した化合物を，**フェノール類**という。

例 フェノール C_6H_5OH

例 *o*-クレゾール *o*-$C_6H_4(OH)CH_3$

◉**フェノール** C_6H_5OH

性質：① 水溶液中でわずかに電離して，炭酸より弱い酸性を示す。

② NaOH と反応して，塩(ナトリウムフェノキシド)をつくる。

③ 塩化鉄(Ⅲ)水溶液を加えると，紫色の呈色反応を示す。

2 芳香族カルボン酸

ベンゼン環にカルボキシ基 $-COOH$ が直接結合した化合物を，**芳香族カルボン酸**という。

芳香族カルボン酸は，医薬品や染料，合成繊維の原料などに用いられる。

〈安息香酸とフタル酸〉

安息香酸 C_6H_5COOH

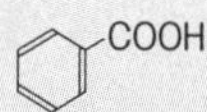

フタル酸 *o*-$C_6H_4(COOH)_2$

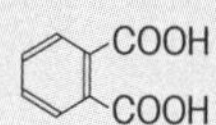

テレフタル酸 *p*-$C_6H_4(COOH)_2$　HOOC–⬡–COOH

◉**安息香酸**…熱水には溶けて弱酸性を示す。

◉**フタル酸**…加熱すると脱水して**無水フタル酸**になる。

◉**テレフタル酸**…ポリエステル(ポリエチレンテレフタラート)の原料になる。

3 サリチル酸

ベンゼン環のオルトの位置に $-OH$ と $-COOH$ をもつ化合物で，フェノール類の性質と芳香族カルボン酸の性質をあわせもつ。

サリチル酸 *o*-$C_6H_4(OH)COOH$

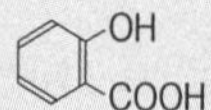

サリチル酸のヒドロキシ基をアセチル化してできるアセチルサリチル酸は，解熱鎮痛剤として使われる。

サリチル酸 + $(CH_3CO)_2O$ $\xrightarrow{H_2SO_4}$ アセチルサリチル酸 + CH_3COOH

サリチル酸のカルボキシ基をエステル化してできるサリチル酸メチルは，消炎鎮痛剤として使われる。

サリチル酸 + CH_3OH $\xrightarrow{H_2SO_4}$ サリチル酸メチル + H_2O

ポイントチェック

□(1) ベンゼン環にヒドロキシ基 $-OH$ が直接結合した構造の化合物を(　　　　　)という。

□(2) フェノール類の $-OH$ は，水溶液中でわずかに電離して何性を示すか。(　　　　)

□(3) フェノールが，NaOH などの強い塩基と反応して生成する塩の構造式を示せ。

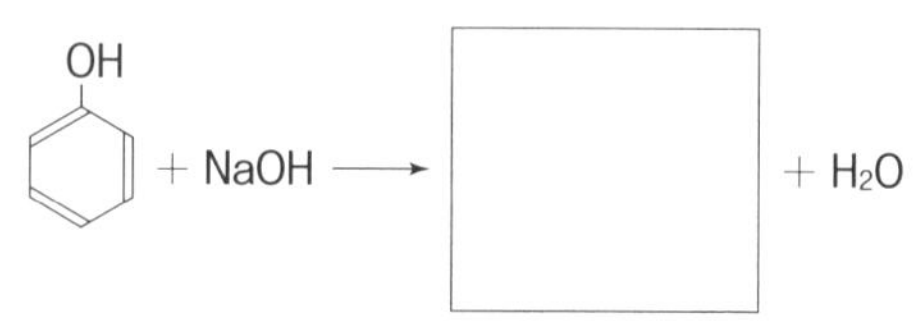

□(4) (3)の水溶液に二酸化炭素を通じると，炭酸水素ナトリウムと(　　　　　)を生じる。

□(5) フェノール類は，塩化鉄(Ⅲ)$FeCl_3$ 水溶液を加えると，特有な(呈色・沈殿・ガス発生)を示すので，この反応で検出できる。

□(6) ベンゼン環にカルボキシ基 $-COOH$ が直接結合した化合物を何というか。(　　　　　)

□(7) サリチル酸はベンゼン環にヒドロキシ基と何が結合しているか。(　　　　)基

□(8) トルエンを酸化して得られる物質は何か。(　　　　)

□(9) 次の物質を酸化すると，何ができるか。

CH_2-CH_3（ベンゼン環）エチルベンゼン (　　　　)

□(10) 安息香酸は，水にわずかに溶け，何性を示すか。(　　　　)

□(11) *o*-キシレンを酸化すると生じる 2 個の $-COOH$ をもつ芳香族化合物を何というか。(　　　　)

□(12) フタル酸を加熱すると，分子内で容易に(分解・脱水)して無水フタル酸になる。

□(13) テレフタル酸とエチレングリコールとの縮合重合によって得られ，繊維や樹脂など広く利用されている。この物質名を記せ。(　　　　　)

□(14) ベンゼン環のとなりあった位置に $-OH$ と $-COOH$ をもつ化合物を何というか。(　　　　)

EXERCISE

▶**214〈フェノールの反応〉** 次の(1)〜(3)のフェノールの反応を化学反応式で示せ。

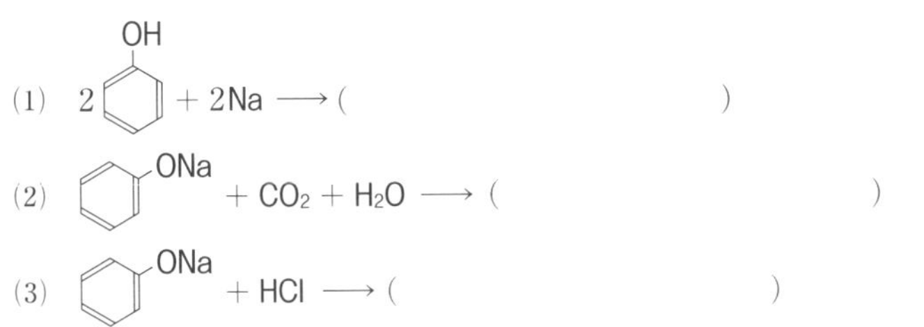

▶**215〈フェノールの製法〉** フェノールがベンゼンから製造されるときの工程を次の図に示した。工業的には何という方法で製造されているか，その名称を記せ。また，図の**ア**，**イ**にあてはまる化合物の名称を記し，構造式を示せ。

工業的製法(　　　　　　　)

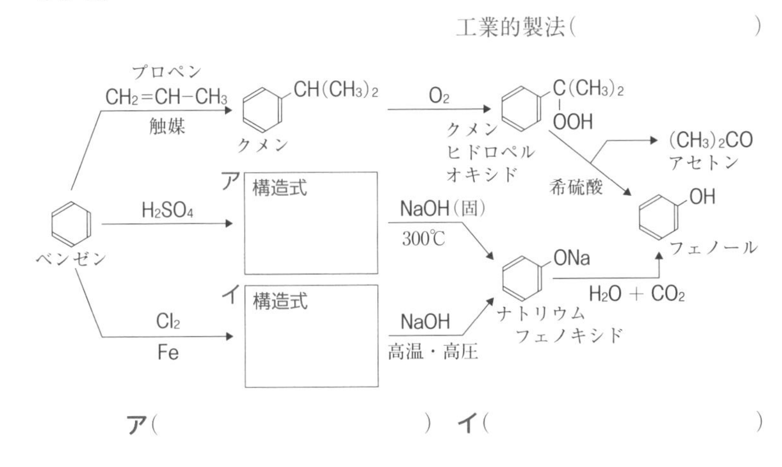

ア(　　　　　　　　) **イ**(　　　　　　　　)

▶**216〈サリチル酸〉** サリチル酸にメタノールと濃硫酸を作用させて得られる化合物の正しい構造式を，次の(ア)〜(エ)から１つ選べ。

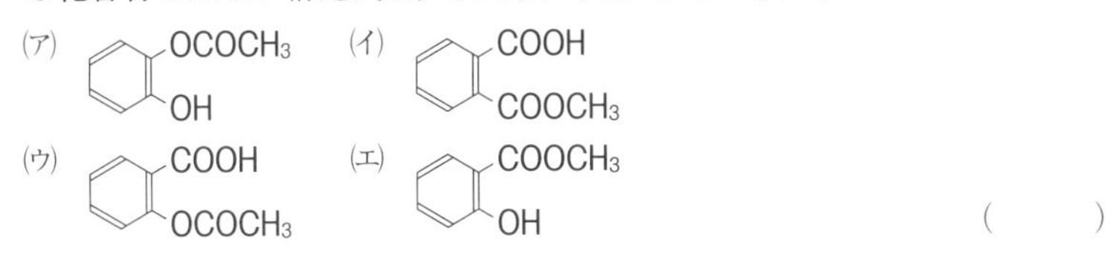

(　　)

▶**217〈アルコールとフェノール〉** 次の(1)〜(6)の記述について，エタノールに関係するものにはA，フェノールに関係するものにはB，両方に共通するものにはCを記せ。

(1) 水によく溶ける。(　　)

(2) 水酸化ナトリウム水溶液と反応して塩を生じる。(　　)

(3) エステルをつくる。(　　)

(4) ナトリウムと反応して水素を発生する。(　　)

(5) 水溶液は中性である。(　　)

(6) 塩化鉄(Ⅲ)水溶液で紫色になる。(　　)

アドバイス

▶**214**
(2) フェノールは，炭酸よりも弱い酸である。

▶**215**
ベンゼンは，濃硫酸によってスルホン化，塩素によって塩素化される。
フェノールの工業的製法により，副生成物としてアセトンが得られる。

▶**216**
硫酸存在下におけるサリチル酸とメタノールの反応は，エステル化で考える。

46 窒素を含む芳香族化合物

1 芳香族アミン

アミノ基 $-NH_2$ をもつ有機化合物を**アミン**といい，ベンゼン環に直接アミノ基が結合したものを**芳香族アミン**という。

◉**アニリン** $C_6H_5NH_2$

製法：

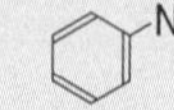

$\xrightarrow[\text{還元}]{HCl,\ Sn}$

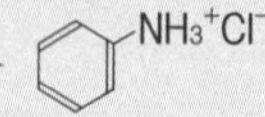

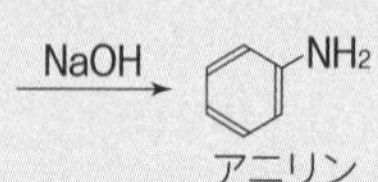

性質：① さらし粉水溶液に加えると**赤紫色**になる。

② 水には溶けにくいが，有機溶媒にはよく溶ける。

③ 酸化されやすい。空気やニクロム酸カリウムで酸化すると，黒色の**アニリンブラック**になる。

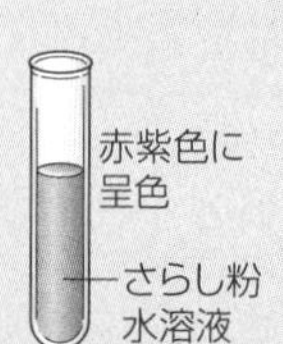

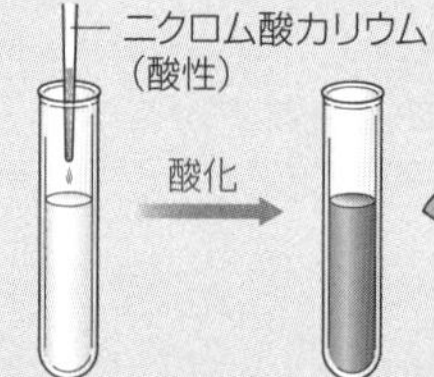

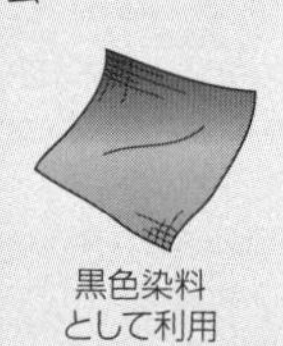

2 ジアゾ化とジアゾカップリング

アミノ基をもつ化合物からジアゾニウム塩を得る反応を，**ジアゾ化**という。

$C_6H_5-NH_2 + 2HCl + NaNO_2$

アニリン　亜硝酸ナトリウム

$\xrightarrow{0\sim5℃} C_6H_5-N_2^+Cl^- + NaCl + 2H_2O$

塩化ベンゼンジアゾニウム

ジアゾニウム塩にフェノール類などを加えてアゾ化合物（アゾ基 $-N=N-$ をもつ）を得る反応を，**ジアゾカップリング**という。

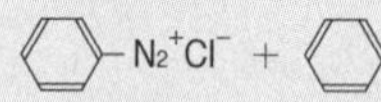
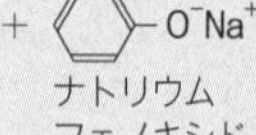
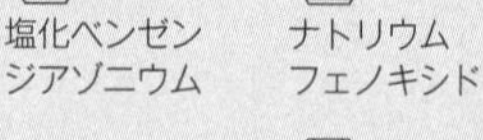

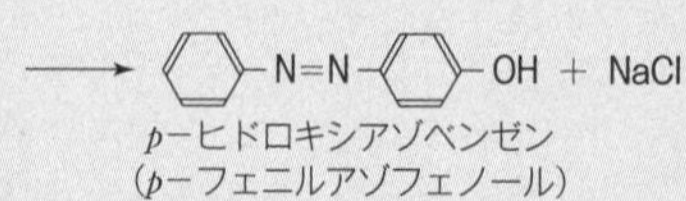

3 アゾ化合物

黄〜赤色の結晶で，染料や顔料，指示薬に用いられる。

例 メチルオレンジ

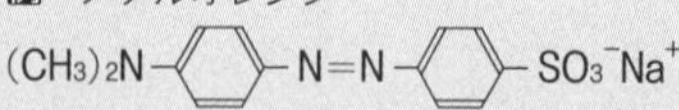

指示薬

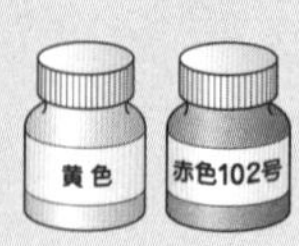

合成着色料

染料

ポイントチェック

□(1) ベンゼンに濃硫酸と何を加えて加熱すると，特有な臭いのするニトロベンゼンが得られるか。
（　　　　）

□(2) ニトロベンゼンをスズと塩酸で還元し，さらに水酸化ナトリウム水溶液を加えて得られる物質の構造式を示せ。

□(3) アニリンは，常温では特有の臭いをもつ無色の（固体・液体・気体）である。

□(4) アニリンは，芳香族アミンとよばれるが，これはベンゼン環にどのような官能基が直接結合したものか。（　　　　）基

□(5) アニリンは，さらし粉水溶液との反応で何色を呈するか。（　　　　）色

□(6) アニリンを強い酸化剤で酸化すると生じる黒色染料を何というか。（　　　　）

□(7) アニリンは，有機溶媒に（溶けやすい・溶けにくい）。

□(8) アニリンは，水に溶けにくいが塩酸には溶解する。これは，アミノ基が（酸性・中性・塩基性）を示すからである。

□(9) アニリンに塩酸を反応させると水に溶けるが，これはアニリンが何に変化したためか。
（　　　　）

□(10) (9)で反応した溶液を氷で冷却しながら亜硝酸ナトリウムを加えると生じる物質は何か。
（　　　　）

□(11) (10)で生じた物質に何を加えると，橙赤色の *p*-ヒドロキシアゾベンゼンを生じるか。
（　　　　）

□(12) (11)の反応を（　　　　）という。

□(13) $-N=N-$ の結合を何基というか。
（　　　　）基

□(14) 分子中にアゾ基をもつ化合物を何というか。
（　　　　）化合物

□(15) アゾ化合物で pH 指示薬として用いられる物質は何か。（　　　　）

□(16) アゾ化合物は，特に色が鮮やかなことから，（医薬品・洗剤・染料）として利用されている。

EXERCISE

▶218〈アニリン〉 次の文章中の（　　）には適する語句を記し，［　　］には化学式を示せ。

ニトロベンゼンをア（　　　　　）と塩酸でイ（　　　　　）した後，さらに水酸化ナトリウムと反応させるとアニリンができる。アニリンは，示性式ウ［　　　　　　　　　］で表される特異臭のある油状の液体で，水には溶けにくいが，塩酸にはよく溶ける。これは，分子内のアミノ基がエ（　　　　　）性のため，次のように反応して水溶性のアニリン塩酸塩をつくるからである。

オ［　　　　　　　　　］＋HCl ⟶ カ［　　　　　　　　　］

▶219〈ベンゼンの誘導体〉 ベンゼンの誘導体の反応系統図を次のように示す。化合物(ア)～(エ)について，物質名を記し，構造式を示せ。

(ア) ←（Br_2，鉄粉／置換）― ベンゼン ―（HNO_3，H_2SO_4／ニトロ化）→ (イ) ―（Sn，HCl／還元）→ (ウ)

ベンゼン ―（濃 H_2SO_4／スルホン化）→ (エ)

	(ア)	(イ)	(ウ)	(エ)
物質名				
構造式				

▶220〈アニリン〉 アニリンに関する次のA～Dの記述のうち，**誤っているもの**の組み合わせを下の(ア)～(オ)から1つ選べ。

A　アニリンは，ベンゼンからクメン法によってつくられる。
B　アニリンにさらし粉水溶液を加えると，赤紫色を呈する。
C　アニリン塩酸塩に希硝酸を反応させると，塩化ベンゼンジアゾニウムが生成する。
D　アニリンは，塩酸と塩を形成するので，塩基である。

(ア)　AとB　　(イ)　BとC　　(ウ)　AとC
(エ)　CとD　　(オ)　AとD　　（　　）

▶221〈アニリンの反応〉 次の(1)～(4)の変化について，下の(ア)～(ケ)からあてはまるものを1つずつ選べ。ただし，同じ選択肢を2回以上選択してはならない。

(1)　ニトロベンゼン ⟶ アニリン　（　　）
(2)　アニリン ⟶ アセトアニリド　（　　）
(3)　アニリン ⟶ 塩化ベンゼンジアゾニウム　（　　）
(4)　アニリン ⟶ アニリン塩酸塩　（　　）

(ア)　酸化　(イ)　還元　(ウ)　置換　(エ)　付加　(オ)　中和
(カ)　アセチル化　(キ)　カップリング　(ク)　ジアゾ化　(ケ)　エステル化

アドバイス

▶218
NH_3 のH1個がベンゼン環に置換されたものがアニリンであると考えて，化学反応式をつくると理解しやすい。

▶219
各分子式のどの部分（原子団，官能基）が反応するかを考える。

▶220
クメン法は，何を得るための工業的製法かを考える。さらし粉と反応する官能基は何かを考える。

▶221
それぞれの物質を化学式で表すと理解しやすい。

47 混合物の分離

1 有機化合物における混合物の分離方法

① 酸塩基反応を利用する。
酸や塩基と反応した物質は塩になって水層へ移動する。
有機化合物はそのままでは水に溶けにくいが，塩になったものは水に溶けやすい。

② 強酸による弱酸の遊離(強塩基による弱塩基の遊離)を利用する。
強い酸(塩基)が塩となり，弱い酸(塩基)が遊離する。

酸の強さ　塩酸＞カルボン酸＞二酸化炭素の水溶液＞フェノール

③ 分離方法の手順例

エーテル溶液
アニリン・安息香酸・フェノール・ニトロベンゼン
　↓ ＋HCl
- エーテル層(上層)：安息香酸・フェノール・ニトロベンゼン
　↓ ＋$NaHCO_3$
　- エーテル層(上層)：フェノール・ニトロベンゼン
　　↓ ＋NaOH
　　- エーテル層(上層)：ニトロベンゼン
　　- 水層(下層)：ナトリウムフェノキシド → ＋HCl → **フェノール**
　- 水層(下層)：安息香酸ナトリウム → ＋HCl → **安息香酸**
- 水層(下層)：アニリン塩酸塩 → ＋NaOH → **アニリン**

ポイントチェック

□(1) 酸性の有機化合物は，(安息香酸・アニリン)である。

□(2) ニトロベンゼンは(酸性・中性・塩基性)の化合物である。

□(3) 塩酸を加えると水に溶解するのは，(安息香酸・アニリン)である。

□(4) 酸として強いのは，(安息香酸・フェノール)である。

□(5) 水酸化ナトリウム水溶液と反応するのは，(アニリン・フェノール)である。

□(6) 炭酸水素ナトリウム水溶液と反応するのは，(安息香酸・フェノール)である。

□(7) 二酸化炭素を通じて反応するのは，(安息香酸ナトリウム・ナトリウムフェノキシド)である。

□(8) エーテルの密度は $0.71\,g/cm^3$ なので，分液ろうとの中では(上層・下層)である。

EXERCISE

▶222〈混合物の分離〉

安息香酸，ニトロベンゼン，アニリン，フェノールの混合物にエーテルを加えて，右図に示す操作を行い，分離した。A～D には各化合物がどのような状態で含まれているか。構造式で示せ。

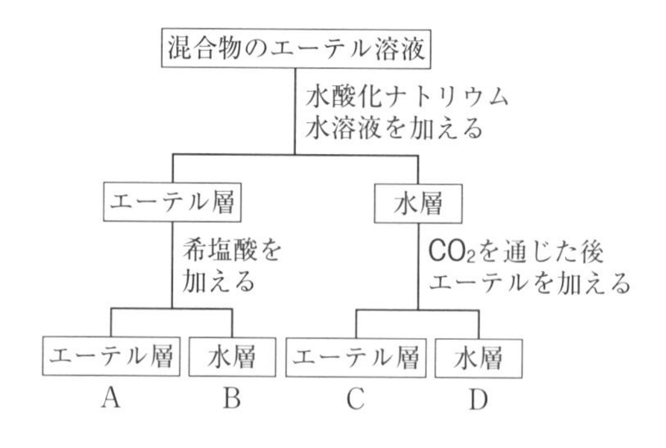

A	B	C	D

アドバイス

▶222
アニリンは塩基性物質
フェノール，安息香酸は酸性物質

章末問題

原子量　H＝1.0，C＝12，O＝16

1 次の文中の空欄（ a ・ b ）に当てはまる数の組合せとして最も適当なものを，下の①～⑥のうちから一つ選べ。

分子式 C_4H_8 で表される炭化水素の構造異性体には，鎖状のものが a 種類存在し，環状のものが b 種類存在する。

	a	b
①	2	1
②	3	1
③	4	1
④	2	2
⑤	3	2
⑥	4	2

[2015年センター試験・追試] ➲p.108 **3**，▶**185**

（　　）

2 異性体に関する記述として正しいものを，次の①～⑤のうちから二つ選べ。

① 2-ブタノールには，鏡像異性体が存在する。

② 2-プロパノール1分子から水1分子がとれると，互いに構造異性体である2種類のアルケンが生成する。

③ スチレンには，シス-トランス異性体（幾何異性体）が存在する。

④ 互いに異性体の関係にある化合物には，分子量の異なるものがある。

⑤ 分子式 C_3H_8O で表される化合物には，カルボニル基を含む構造異性体は存在しない。

[2015年センター試験] ➲p.104 **2**，p.106 **3**，p.108 **3**，p.114 **1**，▶**182**，**185**，**189**，**200**

（　　，　　）

3 エチレン（エテン）またはアセチレン（エチン）に関する反応の記述として最も適当なものを，次の①～⑤のうちから一つ選べ。

① エチレンが塩化水素と反応すると，塩化ビニルが生成する。

② エチレンが臭素と反応すると，1,2-ジブロモエタンが生成する。

③ 炭化カルシウム（カルシウムカーバイド）が水と反応すると，エチレンが生成する。

④ アセチレン 1mol が水素 2mol と完全に反応すると，エチレン 1mol が生成する。

⑤ アセチレンが水と反応すると，酢酸が生成する。

[2015年センター試験・追試] ➲p.108 **1**，**2**，▶**183**，**184**

（　　）

4 アルコールに関する記述として**誤りを含むもの**を，次の①～⑤のうちから一つ選べ。

① メタノールは，触媒を用いて一酸化炭素と水素から合成できる。

② エタノールは，触媒を用いてエチレン（エテン）と水から合成できる。

③ エタノールを，130～140℃に加熱した濃硫酸に加えると，ジエチルエーテルが生成する。

④ 1-プロパノールに二クロム酸カリウムの硫酸酸性水溶液を加えて加熱すると，アセトンが生成する。

⑤ 2-プロパノールにナトリウムを加えると，水素が発生する。

[2011年センター試験] ➲p.110 **1**，p.112 **1**，**2**，▶**186**，**190**

（　　）

5 アルデヒドに関する記述として下線部に**誤りを含むもの**を，次の①～⑤のうちから一つ選べ。

① アルデヒドを還元すると，第一級アルコールが生じる。

② アルデヒドをアンモニア性硝酸銀水溶液と反応させると，銀が析出する。

③ アセトアルデヒドを酸化すると，酢酸が生じる。

④ メタノールを，白金や銅を触媒として酸素と反応させると，アセトアルデヒドが生じる。

⑤ エチレン(エテン)を，塩化パラジウム(Ⅱ)と塩化銅(Ⅱ)を触媒として水中で酸素と反応させると，アセトアルデヒドが生じる。

[2015年センター試験] p.112 **1**，▶**186**，**190**，**193**

（　　）

6 次のアルコール**ア**～**エ**を用いた反応の生成物について，下の問い（A・B）に答えよ。

ア：$CH_3-CH(CH_3)-CH_2-CH_2-OH$

イ：$CH_3-CH_2-CH_2-CH(OH)-CH_3$

ウ：$CH_3-CH_2-CH(OH)-CH_2-CH_3$

エ：$CH_3-CH(OH)-CH(CH_3)-CH_3$

A **ア**～**エ**に適切な酸化剤を作用させると，それぞれからアルデヒドまたはケトンのどちらか一方が生成する。**ア**～**エ**のうち，ケトンが生成するものはいくつあるか。正しい数を，次の①～⑤のうちから一つ選べ。

① 1　② 2　③ 3　④ 4　⑤ 0

B **ア**～**エ**にそれぞれ適切な酸触媒を加えて加熱すると，OH 基の結合した炭素原子とその隣の炭素原子から，OH 基と H 原子がとれたアルケンが生成する。**ア**～**エ**のうち，このように生成するアルケンの異性体の数が最も多いアルコールはどれか。最も適当なものを，次の①～④のうちから一つ選べ。ただし，シス-トランス異性体(幾何異性体)も区別して数えるものとする。

① **ア**　② **イ**　③ **ウ**　④ **エ**

[2021年大学入学共通テスト] p.110 **1**，p.112 **2**，▶**190**

A（　　）　B（　　）

7 次の構造をもつアルケン A(分子式 C_6H_{12})のオゾン O_3 による酸化反応について調べた。

アルケン A：$(R^1)(H)C=C(R^2)(R^3)$

$R^1 = H,\ CH_3,\ CH_3CH_2$ のいずれか

$R^2 = CH_3,\ CH_3CH_2$ のいずれか

$R^3 = CH_3,\ CH_3CH_2$ のいずれか

気体のアルケン A と O_3 を二酸化硫黄 SO_2 の存在下で反応させると，下の式に示すように，最初に化合物 X(分子式 $C_6H_{12}O_3$)が生成し，続いてアルデヒド B とケトン C が生成した。

$$(R^1)(H)C=C(R^2)(R^3) \xrightarrow{O_3} C_6H_{12}O_3 \xrightarrow{SO_2} (R^1)(H)C=O + O=C(R^2)(R^3) + SO_3$$

アルケンA (C_6H_{12})　化合物X　アルデヒドB　ケトンC

(問) この式の反応で生成したアルデヒド B はヨードホルム反応を示さず，ケトン C はヨードホルム反応を示した。R^1，R^2，R^3 の組合せとして正しいものを，右の①～④のうちから一つ選べ。

	R^1	R^2	R^3
①	H	CH_3CH_2	CH_3CH_2
②	CH_3	CH_3	CH_3CH_2
③	CH_3	CH_3CH_2	CH_3
④	CH_3CH_2	CH_3	CH_3

[2022年大学入学共通テスト] p.112 **1**，**2**，▶**192**，**193**，**194**

（　　）

8 示性式 $C_mH_{2m+1}COOC_nH_{2n+1}$ で表されるエステル 1.0mol を完全に加水分解したところ，2 種類の有機化合物がそれぞれ 74g 生成した。このとき m および n の数の組合せとして最も適当なものを，次の①～⑥のうちから一つ選べ。

	m	n
①	2	2
②	2	4
③	3	2
④	3	4
⑤	4	2
⑥	4	4

[2015年センター試験] p.114 2

（　　）

9 次の文章を読み，下の問い(a・b)に答えよ。

分子式 $C_{10}H_{16}O_4$ で表されるエステル 1mol を酸を触媒として加水分解すると，化合物 A 1mol と化合物 B 2mol が生成する。A にはシス-トランス異性体が存在する。また，A を加熱すると脱水反応が起こり，分子式 $C_4H_2O_3$ で表される化合物 C が得られる。B はヨードホルム反応を示す。また，B を酸化するとアセトンになる。

a　A，C に関する記述として正しいものを，次の①～⑤のうちから一つ選べ。

① A は 2 価アルコールである。
② A はシス形の異性体である。
③ A の炭素原子間の二重結合に水素を付加させた化合物には，不斉炭素原子が存在する。
④ C には 6 個の原子からなる環が存在する。
⑤ C にはカルボキシ基が存在する。

b　B には，B 自身を含めて何種類の構造異性体が存在するか。正しい数を，次の①～⑤のうちから一つ選べ。

①　1　　②　2　　③　3　　④　4　　⑤　5

[2010年センター試験　改] p.112 2，p.114 2

a（　　）　b（　　）

10 炭素，水素，酸素のみからなり，炭素原子を 4 個もつ分子量 74 の第二級アルコール A がある。A を酸化すると分子量 72 のケトン B になる。A，B に関する記述として**誤りを含むもの**を，次の①～⑤のうちから一つ選べ。

① A には不斉炭素原子がある。
② A の構造異性体のうち，アルコールは A のほかに 3 種類ある。
③ A の構造異性体のうち，エーテルは 2 種類ある。
④ B の構造異性体のうち，アルデヒドは 2 種類ある。
⑤ B の構造異性体には，不斉炭素原子をもつものがある。

[2011年センター試験] p.110 1，p.112 2

（　　）

⑪ 1種類の不飽和脂肪酸(RCOOH, Rは鎖状の炭化水素基)からなる油脂A 5.00×10^{-2} mol に水素を反応させ，飽和脂肪酸のみからなる油脂を得た。このとき消費された水素は0℃，1.013×10^{5} Pa で6.72Lであった。この油脂A中のRの化学式として最も適当なものを，次の①～⑤のうちから一つ選べ。

$$\begin{array}{l}R-COO-CH_2\\ \quad\quad\quad\quad\ \ |\\ R-COO-CH\\ \quad\quad\quad\quad\ \ |\\ R-COO-CH_2\end{array}$$

油脂A

① $C_{15}H_{31}$　② $C_{15}H_{29}$　③ $C_{17}H_{33}$
④ $C_{17}H_{31}$　⑤ $C_{17}H_{29}$

[2016年センター試験]➲p.118 1

(　　)

⑫ フェノールを混酸(濃硝酸と濃硫酸の混合物)と反応させたところ，段階的にニトロ化が起こり，ニトロフェノールとジニトロフェノールを経由して2,4,6-トリニトロフェノールのみが得られた。この途中で経由したと考えられるニトロフェノールの異性体とジニトロフェノールの異性体はそれぞれ何種類か。最も適当な数を，下の①～⑥のうちから一つずつ選べ。ただし，同じものを繰り返し選んでもよい。

ニトロフェノールの異性体　(　ア　)種類
ジニトロフェノールの異性体　(　イ　)種類

① 1　② 2　③ 3　④ 4　⑤ 5　⑥ 6

[2022年大学入学共通テスト]➲p.120 2，▶211

ア(　　)　イ(　　)

⑬ 図は，ベンゼンから *p*-ヒドロキシアゾベンゼンを合成する反応経路を示したものである。化合物A～Dとして最も適当なものを，次の①～⑧のうちから一つずつ選べ。ただし，同じものを選んでもよい。

① ナトリウムフェノキシド C_6H_5ONa
② フェノール C_6H_5OH
③ ベンゼンスルホン酸 $C_6H_5SO_3H$
④ ベンゼンスルホン酸ナトリウム $C_6H_5SO_3Na$
⑤ アニリン塩酸塩 $C_6H_5NH_3Cl$
⑥ アニリン $C_6H_5NH_2$
⑦ ニトロベンゼン $C_6H_5NO_2$
⑧ 塩化ベンゼンジアゾニウム $C_6H_5N_2Cl$

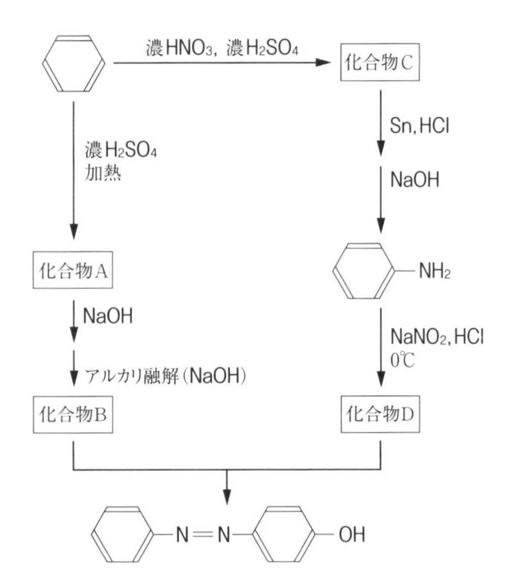

[2017年センター試験　改]➲p.120 2，p.124 1，2，▶219

A(　　)　B(　　)　C(　　)　D(　　)

⑭ ニトロベンゼン，フェノール，安息香酸，アニリンを含むジエチルエーテル(エーテル)溶液がある。これら4種類の芳香族化合物をそれぞれ分類するため，図の手順で実験を行い，水層A～Cとエーテル層Dを得た。しかし，図の手順が不適切であったため，A～Dのうち，ある層には2種類の芳香族化合物が含まれてしまった。その層と2種類の芳香族化合物の組合せとして最も適当なものを，次の①～⑧のうちから一つ選べ。ただし，層に含まれる芳香族化合物は，塩として存在することもある。

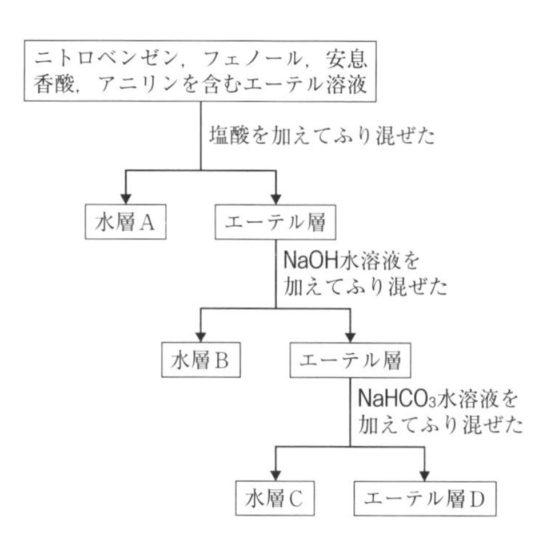

	層	2種類の芳香族化合物	
①	水層 A	フェノール	安息香酸
②	水層 A	ニトロベンゼン	アニリン
③	水層 B	フェノール	安息香酸
④	水層 B	ニトロベンゼン	アニリン
⑤	水層 C	フェノール	安息香酸
⑥	水層 C	ニトロベンゼン	アニリン
⑦	エーテル層 D	フェノール	安息香酸
⑧	エーテル層 D	ニトロベンゼン	アニリン

[2015年センター試験] ➲p.126 **1**，▶**222**

(　　)

⑮【補充問題】 次の文章を読み，(a)～(h)に入る適当なものを下の語群の中からそれぞれ選べ。また，(ア)～(ソ)に入る適当な数字を答えよ。

有機化合物の多くは，(　a　)および(　b　)を主に構成元素としている。骨格を形成する(a)の最外殻電子数は(　ア　)個であるが，このうち，(　イ　)個は(　c　)軌道に，残りの(　ウ　)個は(　d　)軌道に存在している。この状態では(c)軌道の電子は結合に関与できず，(d)軌道の電子による結合しか考えられないため，通常の有機化合物の構造をつくることはできない。

メタンを例にとってみると，(a)が等価な(　エ　)個の結合を持つのは，(c)軌道の電子のうち，(　オ　)個が(d)軌道に移り，(　カ　)個の(c)軌道と(　キ　)個の(d)軌道とで(　ク　)個の(　e　)混成軌道をつくるからである。このようにして，メタンは(a)の(e)混成軌道の電子と(b)の価電子との間の(　f　)結合によってつくられる。

エチレンの場合には，(　ケ　)個の(c)軌道と(　コ　)個の(d)軌道とで(　サ　)個の(　g　)混成軌道がつくられ，この混成軌道の電子(　シ　)個のうち，(　ス　)個は炭素どうしの結合につかわれる。一方，(　セ　)個は(a)と(b)間の結合につかわれる。このようにして，エチレンの(f)結合による骨格ができあがる。さらに，(g)混成軌道に関与していない(d)軌道の電子(　ソ　)個は，もう一つの炭素に存在する同種の電子との間に(　h　)結合をつくる。この(h)結合は，(f)結合より弱い結合であるためエチレンの付加反応が現れる原因となる。

【語群】 水素　炭素　1s　2s　2p　sp　sp^2　sp^3　σ　π

a(　　) b(　　) c(　　) d(　　) e(　　) f(　　) g(　　) h(　　)

ア(　　) イ(　　) ウ(　　) エ(　　) オ(　　)

カ(　　) キ(　　) ク(　　) ケ(　　) コ(　　)

サ(　　) シ(　　) ス(　　) セ(　　) ソ(　　)

48 高分子化合物の分類と特徴

1 高分子化合物とは　基礎

分子量がおよそ 1 万以上の化合物を**高分子化合物**(**高分子**)という。

高分子化合物の構成単位となる低分子化合物を**単量体**(**モノマー**)という。単量体が次々と結合する反応を**重合**といい，重合によりできた高分子化合物を**重合体**(**ポリマー**)という。

2 高分子化合物の分類

	有機高分子化合物	無機高分子化合物
天然高分子化合物	・デンプン ・セルロース ・タンパク質	・アスベスト(石綿) ・雲母 ・石英
合成高分子化合物	・ポリエチレン ・ナイロン ・合成ゴム	・シリコーン樹脂 ・炭素繊維

3 高分子化合物の特徴

(1) 高分子化合物はさまざまな分子量をもつ分子の混合物なので，高分子化合物の分子量は，**平均分子量**で表される。

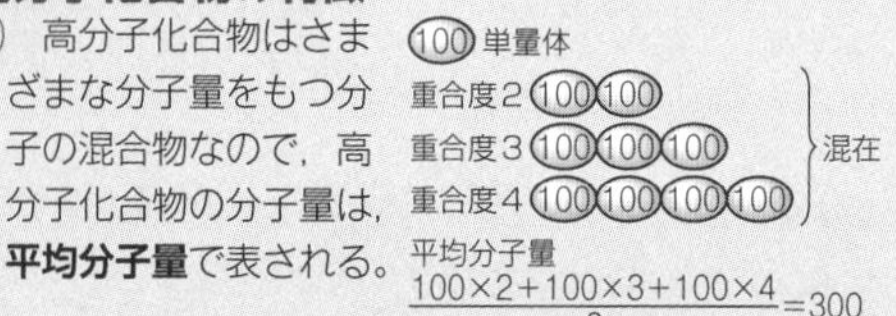

$$\frac{100\times2+100\times3+100\times4}{3}=300$$

(2) 規則正しく配列した結晶構造の部分と，無秩序な非結晶部分が混在している。また，結晶部分は非常に小さく，大きさにばらつきがあるため，明確な融点を示さず，ある温度を超えると，やわらかくなり，変形し始める(**軟化点**)。

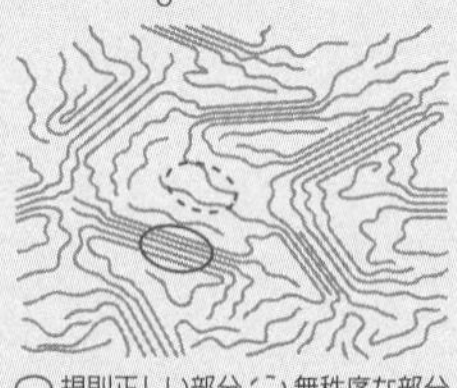

(3) 高分子化合物は，溶媒に溶けにくいものが多い。適切な溶媒に溶かすと，分子 1 個が大きいため，コロイド溶液(→p.34)となる。

ポイントチェック

基礎

□(1) 高分子化合物とは，分子量がおよそ(　　　　)以上の化合物である。

□(2) 高分子化合物の構成単位となる低分子化合物を何というか。(　　　　)

□(3) 多数の単量体が次々に結合する反応を何というか。(　　　　)

□(4) 重合体(ポリマー)を構成する単量体の数を何というか。(　　　　)

□(5) デンプンや石英などのように，天然に存在する高分子化合物を(　　　)高分子化合物という。

□(6) ナイロンなどのように，人工的に合成された高分子化合物を(　　　)高分子化合物という。

□(7) 骨格構造に炭素原子を含む高分子化合物を(　　　)高分子化合物という。

□(8) 高分子化合物は，重合度が一定ではなく，さまざまな分子量をもった分子の集合体であるため，分子量は(　　　　　　)として表す。

□(9) 高分子化合物は，一定の(　　　　)を示さず，加熱すると軟化するか分解する。

□(10) 単量体が二重結合を開きながら次々に重合する反応を何というか。(　　　　)

□(11) 1 分子中に 2 つ以上の官能基をもつ単量体が，水などの簡単な分子を脱離しながら重合する反応を何というか。(　　　　)

□(12) 環状の単量体が環を開きながら重合する反応を何というか。(　　　　)

4 高分子化合物の生成反応

付加重合	縮合重合	開環重合
二重結合を開きながら，次々に付加する反応	2 つの分子から水などの簡単な分子がとれて，重合(縮合)する反応	環状の単量体が環を開きながら重合する反応
$[\ \ ]_n$	$[\ \ ]_n$	$[\ \ ]_n$
ポリエチレン， ポリ塩化ビニル　など	ナイロン 66， ポリエチレンテレフタラート(PET)　など	ナイロン 6　など

※**重合度** n …重合体中の単量体の数

EXERCISE

アドバイス

▶223〈高分子化合物〉 次の(ア)〜(ク)の物質のうち，**高分子化合物でないもの**をすべて選べ。

(ア) セルロース　(イ) グルコース　(ウ) タンパク質　(エ) 油脂
(オ) エタノール　(カ) デンプン　(キ) ポリスチレン　(ク) 石英

(　　　　　)

▶224〈高分子化合物の分類〉 次の(ア)〜(シ)の高分子化合物を，下表の適切な位置に3つずつ分類せよ。

(ア) デンプン　(イ) タンパク質　(ウ) アスベスト
(エ) 炭素繊維　(オ) ナイロン　(カ) 雲母
(キ) 合成ゴム　(ク) シリコーン樹脂　(ケ) セルロース
(コ) ポリエチレン　(サ) ガラス　(シ) 石英

	有機高分子化合物	無機高分子化合物
天然高分子化合物	(　　), (　　), (　　)	(　　), (　　), (　　)
合成高分子化合物	(　　), (　　), (　　)	(　　), (　　), (　　)

▶225〈高分子化合物の特徴〉 次の(ア)〜(オ)の記述のうち，高分子化合物の特徴としてあてはまるものをすべて選べ。

(ア) 分子量がおよそ1万以上の分子からなる化合物である。
(イ) 小さな分子が多数重合した構造をしている。
(ウ) 分子量が一定であり，決まった分子式をもつものが多い。
(エ) 溶媒に溶けると，コロイド溶液となる。
(オ) 明確な融点を示す。　(　　　　　)

▶226〈重合反応〉 次の(1)〜(3)の記述が表す重合の形式をA群から，その反応によって生成する高分子の例をB群から，その反応を表すモデルをC群からそれぞれ1つずつ選べ。

(1) 複数の官能基をもつ単量体が，簡単な分子をつくりながら結合し，高分子化合物となる反応　(　　,　　,　　)
(2) 不飽和結合をもつ単量体が，付加して重合する反応
(　　,　　,　　)
(3) 環式の単量体が，環を開きながら重合する反応
(　　,　　,　　)

[A群] (ア) 付加重合　(イ) 縮合重合　(ウ) 開環重合
[B群] ① ポリプロピレン　② ポリエチレンテレフタラート
③ ナイロン6
[C群]

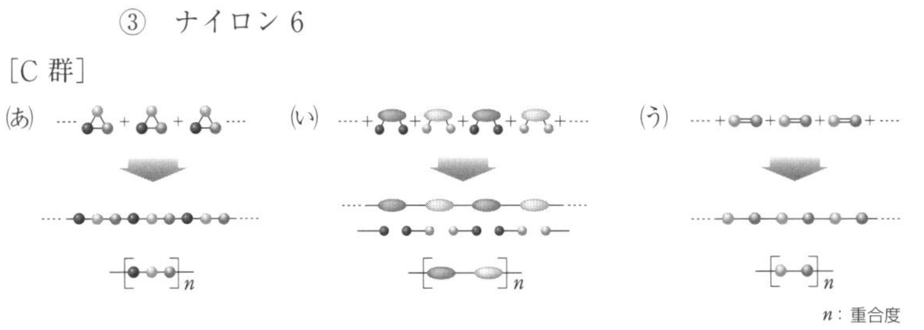

5章 高分子化合物

49 糖類

1 単糖 $C_6H_{12}O_6$

糖類の基本分子。これ以上加水分解されない。

(1) **グルコース(ブドウ糖)**

① 多くの生物のエネルギー源として重要である。

② **還元性あり**

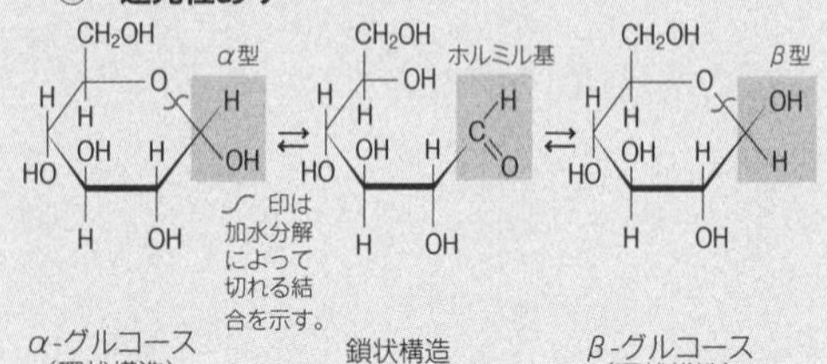

(2) **フルクトース(果糖)**

① 果物，はちみつなどに含まれる。

② 糖類の中で最も甘い。

③ **還元性あり**

2 二糖 $C_{12}H_{22}O_{11}$

二分子の単糖が脱水縮合した構造

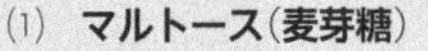

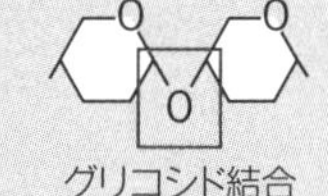

(1) **マルトース(麦芽糖)**

① 2分子のグルコースが縮合した構造

② 酵素マルターゼで加水分解される。

③ **還元性あり**

(2) **スクロース(ショ糖)**

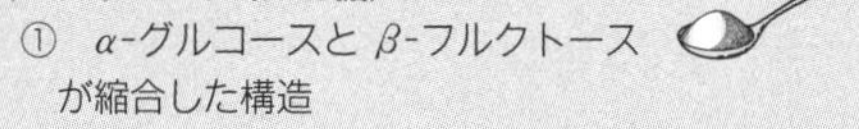

① α-グルコースとβ-フルクトースが縮合した構造

② 酵素スクラーゼ(インベルターゼ)で加水分解される。

③ **還元性なし**

3 多糖 $(C_6H_{10}O_5)_n$

多数の単糖が脱水縮合した構造

(1) **デンプン**

① α-グルコースが縮合重合した構造

② 直鎖状の**アミロース**と枝分かれの構造をもつ**アミロペクチン**がある。

米(デンプン)

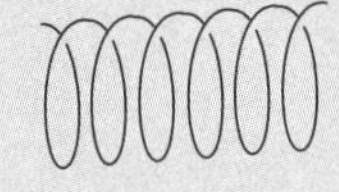
アミロース

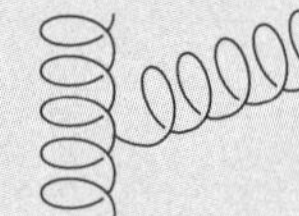
アミロペクチン

③ **還元性なし**

④ ヨウ素デンプン反応で青から青紫色を呈する。

(2) **セルロース**

① β-グルコースが縮合重合した構造

② 植物の細胞壁の主成分

③ 衣料用の繊維や紙の材料

④ **還元性なし**

⑤ ヨウ素デンプン反応を示さない。

木綿(セルロース)

4 半合成繊維と再生繊維

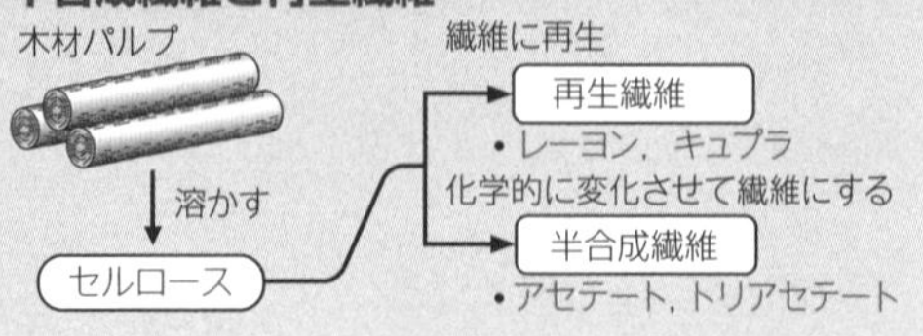

ポイントチェック

□(1) 糖類の構成単位で，それ以上加水分解されない糖を何というか。（　　　）

□(2) 多くの生物のエネルギー源となっている単糖は何か。（　　　）

□(3) 果物やはちみつ中に多量に含まれていて，糖類の中で最も甘味が強い糖は何か。（　　　）

□(4) 酵素群チマーゼによって，エタノールと二酸化炭素に分解される反応を何というか。（　　　）

□(5) グルコースには，ア(　　　)性があり，アンモニア性硝酸銀から銀を析出させるイ(　　　)反応を示す。

□(6) デンプンにアミラーゼを作用させたときに生じる二糖は何か。（　　　）

□(7) (6)を加水分解して得られる単糖は何か。（　　　）

□(8) サトウキビなどに多く含まれ，砂糖として用いられる二糖は何か。（　　　）

□(9) (8)を加水分解して得られる単糖の混合物を何というか。（　　　）

□(10) スクロースは，還元性を(示す・示さない)。

□(11) 加水分解で多数の単糖を生じる糖を何というか。（　　　）

□(12) デンプンは，(α-グルコース・β-グルコース)を構成単位とする多糖である。

□(13) α-グルコースの構造式を示せ。

□(14) 細胞壁の主成分で繊維状の多糖は何か。（　　　）

□(15) セルロースを一度溶解してから再生した，レーヨンのような繊維を何というか。（　　　）

□(16) 化学反応により，セルロースの構造の一部を変えてつくられた繊維を何というか。（　　　）

EXERCISE

▶227〈糖類の分類〉 次の(1)～(4)の糖類の性質としてあてはまる記述を，下の(ア)～(エ)からそれぞれすべて選べ。

(1) グルコース(ブドウ糖)　(　　　)
(2) フルクトース(果糖)　(　　　)
(3) スクロース(ショ糖)　(　　　)
(4) マルトース(麦芽糖)　(　　　)

(ア) 単糖である。
(イ) 二糖である。
(ウ) フェーリング液を還元する。
(エ) 希硫酸で加水分解すると，グルコースだけを生じる。

▶228〈糖類〉 次の文章中の(　　)に適する語句または化学式を記せ。

一般に，分子式が $C_mH_{2n}O_n$ で表される化合物をア(　　　)または炭水化物という。デンプンやセルロースはイ(化学式　　　)の化学式で示される高分子化合物でウ(　　　)とよばれる。デンプンやグリコーゲンを希硫酸と長時間加熱するとエ(　　　)されて，オ(　　　)が得られる。(**オ**)はそれ以上(**エ**)を受けず，(**ウ**)の構成単位と考えられ，このような物質をカ(　　　)という。

マルトース $C_{12}H_{22}O_{11}$ は，酵素マルターゼによって，(**エ**)され，(**オ**)を生じる。1分子から(**エ**)によって2分子の単糖を生じる糖をキ(　　　)という。またスクロースと同じ分子式で表されるから互いにク(　　　)である。

▶229〈グルコースの構造〉 次の文章中の空欄をうめ，下の問いに答えよ。

グルコースは，水溶液中において，右図の鎖状構造のほかに，環状構造のア(　　　)，イ(　　　)が平衡状態で存在する。デンプンは(**ア**)が，セルロースは(**イ**)が縮合重合した構造をもつ。グルコースの水溶液に酵母を加えると，酵素群チマーゼによってエタノールと二酸化炭素に分解される。これをウ(　　　)という。

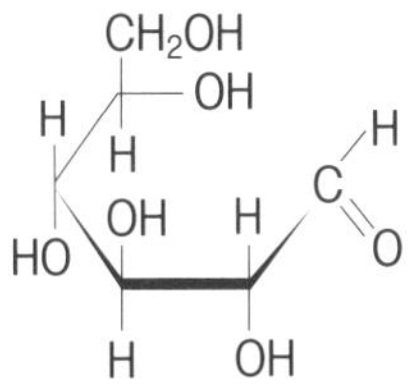

(1) (**イ**)の構造式を示せ。

(2) 図の鎖状構造において，不斉炭素原子は何個あるか。

(　　　)個

(3) 下線部の反応を化学反応式で示せ。

(　　　)

アドバイス

▶227
単糖はいずれも還元性を示すが，二糖のスクロースは還元性を示さない。

▶228
$C_mH_{2n}O_n$ は $C_m(H_2O)_n$ のように表すことができ，炭素と水の化合物の形をとる。

▶229
鎖状構造では，環をつくっている O 原子と右端の C 原子の間の結合が切れて，O 原子は −OH に，右端の C 原子は −CHO になる。

▶230〈グルコース〉 グルコースに関する次の(ア)～(オ)の記述のうち，**誤りを含むもの**を１つ選べ。

(ア) 水溶液中では，ホルミル基をもつ構造も含まれる。
(イ) 希硫酸を加えて加熱すると加水分解し，さらに小さい糖が生成する。
(ウ) フルクトースやガラクトースと互いに異性体の関係にある。
(エ) フェーリング液を還元して赤色沈殿を生じる。
(オ) α-グルコースと β-グルコースは，互いに立体異性体の関係にある。

（　　）

▶231〈二糖〉 次の(ア)～(カ)の糖類のうち，フェーリング液を還元する二糖で，希硫酸を加えて加熱すると加水分解されて，２種類の異なる単糖が生成するものを１つ選べ。

(ア) アミロース　(イ) スクロース　(ウ) セルロース
(エ) マルトース　(オ) ラクトース　(カ) フルクトース

（　　）

▶232〈デンプンとセルロース〉 次の(1)～(5)の記述のうち，デンプンに関するものには A，セルロースに関するものには B，どちらにもあてはまるものには C を記せ。

(1) 分子式が $(C_6H_{10}O_5)_n$ で表される天然高分子化合物である。（　　）
(2) アミラーゼで加水分解し，マルトース(麦芽糖)を生じる。（　　）
(3) 植物の細胞壁の主成分であり，温水にも溶けない。（　　）
(4) 温水に溶けて，ヨウ素溶液を加えると青紫色になる。（　　）
(5) 多数のグルコース分子の間で水がとれて結合した構造をもつ。

（　　）

▶233〈再生繊維と半合成繊維〉 次の文章中の（　　）に適する語句を入れて，文章を完成させよ。

セルロースの繊維を，一度溶解してから長い繊維として再生したものをア（　　　　）という。水酸化銅(Ⅱ)に濃アンモニア水を加えたイ（　　　　）試薬にセルロースを溶かし，細孔から希硫酸中に押し出したものがウ（　　　　）である。また，水酸化ナトリウムでアルカリセルロースにし，二硫化炭素に溶かした溶液をエ（　　　　）といい，これを希硫酸中に細孔から繊維状に押し出したものをオ（　　　　），フィルム状に押し出したものをカ（　　　　）という。

セルロースに濃硫酸を触媒として無水酢酸を作用させ(アセチル化)，一部を加水分解し，アセトンに溶かす。この溶液を細孔から空気中に押し出し，アセトンを蒸発させた繊維をキ（　　　　）という。このように，天然繊維を化学的に処理してから紡糸した繊維をク（　　　　）という。

アドバイス

▶233
パルプ(木材のくず)や綿花のくずなど，そのままでは繊維にならないものを，一度溶解させて紡糸したものが再生繊維と半合成繊維である。

例題 19 デンプンの加水分解

▶234

デンプン 48.6g を溶かした水溶液に，希硫酸を加えて長時間加熱し，完全に加水分解すると，何 g のグルコースが得られるか。

ここがポイント

化学反応式を書き，その量的関係から生成物の質量を求める。
デンプンはグルコースの重合体であり，その重合度を n とおき，デンプンの加水分解の化学反応式を書く。

◆解法◆
デンプンの加水分解は，次式で表される。

$(C_6H_{10}O_5)_n + nH_2O \longrightarrow nC_6H_{12}O_6$

デンプンの分子量は，162n であるから，デンプン 48.6g の物質量は，$\dfrac{48.6}{162n}$〔mol〕となる。

また，グルコースのモル質量は 180g/mol である。反応式より，デンプン 1mol からグルコース n〔mol〕が得られることがわかる。

よって，$\dfrac{48.6}{162n}$〔mol〕$\times n \times 180$ g/mol $= 54.0$ (g)

答 **54.0g**

▶234〈デンプンの加水分解〉 次の問いに答えよ。

(1) 平均分子量 4.86×10^5 のデンプンは平均何個のグルコース単位で構成されているか。有効数字 2 桁で答えよ。

(　　　　　　)個

(2) デンプン 108g を完全に加水分解してできるグルコースは何 g か。有効数字 2 桁で答えよ。

(　　　　　　)g

▶235〈糖類の識別〉 糖類の試薬棚に，A，B，C，D，E，F の 6 つの糖類のびんがある。それらは，グルコース，スクロース，フルクトース，マルトース，デンプン，セルロースのいずれかである。次の(1)〜(5)の文章を読み，A〜F の糖類の名称を記せ。

(1) A，B は水に溶けにくかったが，ほかの 4 つは水によく溶けた。
(2) A は熱水に溶けてコロイド溶液になった。B は熱水にも溶けなかったが，水酸化銅(Ⅱ)の濃アンモニア溶液には溶けてコロイド溶液になった。
(3) C，D，E，F の水溶液のうち，C の水溶液はフェーリング液を還元しなかったが，あとの 3 つは，フェーリング液を還元した。
(4) C を加水分解すると，D と F の 1：1 の混合物が得られた。
(5) E を加水分解すると，F のみが得られた。

A＿＿＿＿＿＿　B＿＿＿＿＿＿　C＿＿＿＿＿＿
D＿＿＿＿＿＿　E＿＿＿＿＿＿　F＿＿＿＿＿＿

アドバイス

▶234
(1) グルコースの単位あたりの分子量は，$C_6H_{10}O_5 = 162$ である。
(2) デンプンの加水分解は，次のようになる。
$(C_6H_{10}O_5)_n + nH_2O \longrightarrow nC_6H_{12}O_6$

50 タンパク質／核酸

1 α-アミノ酸

(1) 構造

同じ炭素原子に $-NH_2$ と $-COOH$ が結合している。

(2) 性質

① 酸とも塩基とも反応し，酸の水溶液中では陽イオン，塩基の水溶液中では陰イオンになる(**双性イオン**)。

② ニンヒドリン水溶液で赤紫色に呈色する(**ニンヒドリン反応**)。

両性の化合物

(3) 反応

① カルボキシ基がアルコールと反応してエステルに変化し，酸の性質がなくなる。

② アミノ基が無水酢酸などと反応してアミドに変化し，塩基の性質がなくなる。

2 タンパク質

タンパク質は，多数のペプチド結合でできている。

(1) タンパク質の変性

加熱，酸，アルコール，重金属イオンなどによって立体構造が変化し凝固する。

(2) **ビウレット反応**

トリペプチド以上のペプチドの検出

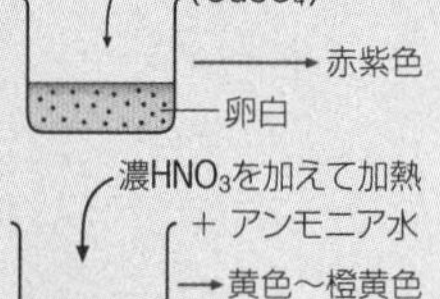

(3) **キサントプロテイン反応**

ベンゼン環を含むポリペプチドの検出

3 酵素

生体内の化学反応に触媒としてはたらくタンパク質

特定の基質にのみ作用(**基質特異性**)

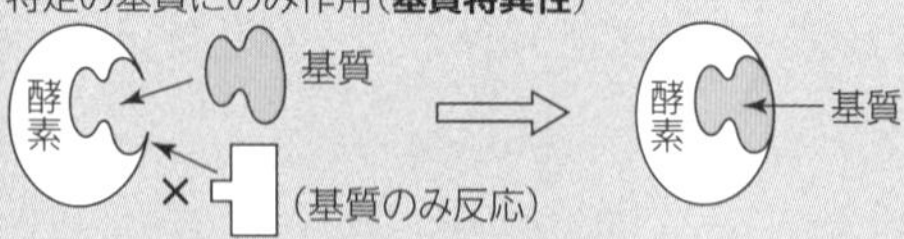

4 核酸

遺伝情報の伝達やタンパク質の合成に関与する高分子化合物

ポイントチェック

□(1) α-アミノ酸は，同一の炭素原子に塩基性を示すア(　　　　)基，酸性を示すイ(　　　　)基が結合している両性の化合物である。

□(2) α-アミノ酸のうち，最も分子量の小さいものは何か。(　　　　)

□(3) 鏡像異性体をもつ α-アミノ酸のうち，最も分子量の小さいものは何か。(　　　　)

□(4) アミノ酸の検出に使われる反応を何というか。(　　　　)

□(5) 水溶液中のアミノ酸分子の正と負の電荷が等しくなり，分子全体として電荷が0になるpHを何というか。(　　　　)

□(6) タンパク質は，多数の α-アミノ酸が(　　　　)結合によってできた，高分子化合物である。

□(7) 生体のタンパク質を構成する α-アミノ酸は，約何種類あるか。(　　　　)種類

□(8) アミノ酸2分子が縮合したものを何というか。(　　　　)

□(9) タンパク質を加熱したり，重金属を加えると凝固する。これを何というか。(　　　　)

□(10) トリペプチド以上のペプチドの検出に用いられる反応を何というか。(　　　　)

□(11) ベンゼン環を含むポリペプチドの検出に用いられる反応を何というか。(　　　　)

□(12) 酵素は，ある特定の物質に作用する。その特定の物質を(　　　　)という。

□(13) 酵素が触媒作用を示すとき，反応速度が最大になる温度をア(　　　　)，pHをイ(　　　　)という。

□(14) 核酸を構成するくり返し単位となる物質を何というか。(　　　　)

□(15) 核酸を構成する塩基はア(　　　　)種類あり，このうちDNAのみに存在するのはイ(　　　　)である。

EXERCISE

▶236〈アミノ酸の性質〉 次の文章を読み，下の問いに答えよ。

α-アミノ酸の一般式は $H_2N-CHR-COOH$ で表され，R が H のアミノ酸をア(　　　　　)という。(**ア**)以外の α-アミノ酸はすべて不斉炭素原子をもち，イ(　　　)異性体が存在する。

アミノ酸は水溶液中で，陽イオン，ウ(　　　　)イオン，陰イオンの構造をとることができ，水溶液の pH によってその割合が変化する。このため，アミノ酸水溶液に直流電流を流したとき，アミノ酸の移動方向は pH に左右される。水溶液中のアミノ酸分子の正と負の電荷が等しくなり，どちらの極へも移動しなくなる pH を等電点という。

(1)　文章中の(　　)に適する語句を入れよ。

(2)　アラニン $H_2N-CH(CH_3)-COOH$ は，等電点よりも低い pH と高い pH では，それぞれどのようなイオンの状態になっているか。構造式を示せ。

低い pH	高い pH

▶237〈アミノ酸の特徴〉 次の(1)～(5)の記述にあてはまるアミノ酸を，下の(ア)～(カ)から 1 つずつ選べ。

(1)　ベンゼン環をもつ。　(　　)

(2)　毛や爪に多く存在し，硫黄を含む。　(　　)

(3)　鏡像異性体をもたない。　(　　)

(4)　分子内に $-NH_2$ を 2 個もつ。　(　　)

(5)　小麦や大豆に広く存在し，分子内に $-COOH$ を 2 個もつ。(　　)

(ア)　グリシン　(イ)　アラニン　(ウ)　フェニルアラニン

(エ)　グルタミン酸　(オ)　リシン　(カ)　システイン

▶238〈アミノ酸の反応〉 次の問いに答えよ。

(1)　グリシンに無水酢酸を作用させたときに得られる化合物の構造式を示せ。

(2)　アラニンにエタノールを作用させたときに得られる化合物の構造式を示せ。ただし，鏡像異性体は考慮しないものとする。

(3)　グリシン 2 分子が脱水縮合した分子の構造式を示せ。

アドバイス

▶237

特徴あるアミノ酸の式・名称は覚えておこう。

名称	−R
グリシン	$-H$
アラニン	$-CH_3$
フェニルアラニン	$-CH_2-C_6H_5$
グルタミン酸	$-(CH_2)_2-COOH$
リシン	$-(CH_2)_4-NH_2$
システイン	$-CH_2-SH$

▶238

(1)　アミノ酸の $-NH_2$ は，無水酢酸と反応し，アセトアミド $-NH-COCH_3$ をつくる。

(2)　アミノ酸の $-COOH$ は，エタノールと反応し，エチルエステル $-COO-C_2H_5$ をつくる。

(3)　アミノ酸どうしは，脱水縮合してペプチド結合をつくる。

▶239〈タンパク質〉 次の(ア)～(オ)の記述のうち，**誤りを含むもの**を１つ選べ。

(ア) タンパク質は，成分元素として炭素，水素，酸素および窒素の４元素を必ず含んでいる。

(イ) タンパク質は，アミノ酸がペプチド結合してできた高分子化合物である。

(ウ) タンパク質は，熱や酸によって変性することがある。

(エ) タンパク質に濃い水酸化ナトリウム水溶液を加えて加熱すると，酸素が発生する。

(オ) タンパク質に水酸化ナトリウム水溶液と硫酸銅(Ⅱ)水溶液を加えると，赤紫色を呈する。

(　　　)

▶240〈アミノ酸とタンパク質の呈色反応〉 卵白水溶液を使って，タンパク質の性質を確認する次の実験１～６を行った。これについて，下の問いに答えよ。

実験１　卵白水溶液に塩酸を加えると，白く濁った。

実験２　卵白水溶液に水酸化ナトリウムを加えて加熱すると，刺激臭のある気体が発生した。

実験３　実験２の水溶液に酢酸鉛(Ⅱ)水溶液を加えると，ア(　　　)色沈殿を生じた。

実験４　卵白水溶液に水酸化ナトリウム水溶液と硫酸銅(Ⅱ)水溶液を加えると，イ(　　　)色になった。

実験５　卵白水溶液に硝酸を加え加熱すると，ウ(　　　)色になり，さらにアンモニア水を加えると，エ(　　　)色になった。

実験６　卵白水溶液にニンヒドリン水溶液を加えて加熱すると，オ(　　　)色になった。

(1) 文章中の(　　)にあてはまる色を記せ。

(2) 実験１で，立体構造が変化して凝固することを何というか。

(　　　　　)

(3) 実験２で発生した気体の化学式を示せ。　(　　　　　)

(4) 実験２，実験３で検出される元素名を記せ。

実験２(　　　　　)　実験３(　　　　　)

(5) 実験４，実験５，実験６の呈色反応をそれぞれ何というか。

実験４(　　　　　)　実験５(　　　　　)

実験６(　　　　　)

(6) 実験４，実験５，実験６で検出される構造はどのようなものか。

実験４(　　　　　)

実験５(　　　　　)

実験６(　　　　　)

アドバイス

▶239

タンパク質の反応

・ビウレット反応
（ペプチド結合に由来）

・キサントプロテイン反応
（ベンゼン環に由来）

・NH_3 発生（窒素に由来）

・PbS 沈殿（硫黄に由来）

▶240

ニンヒドリン反応は，α-アミノ酸の検出だけでなく，ペプチドのアミノ基とも反応する。

▶241〈タンパク質とアミノ酸〉 次の文章を読み，下の問いに答えよ。

タンパク質は多数のカルボキシ基とアミノ基が脱水縮合してペプチド結合でつながった高分子化合物で，酵素の主成分である。酵素は生体内でさまざまな化学反応を促進するア(　　　　)として作用する。酵素は生体内反応で特定の物質のみ作用する。この性質をイ(　　　　　　　)とよぶ。

(1) 文章中の(　　)に適する語句を入れよ。

(2) グリシン1分子とアラニン1分子からなるジペプチドの構造式をすべて示せ。ただし，鏡像異性体は考慮しないものとする。

▶242〈酵素〉 次の記述の反応の触媒としてはたらく酵素の名称を記せ。

(1) デンプン → マルトース　(　　　　　　　)

(2) マルトース → グルコース　(　　　　　　　)

(3) スクロース → グルコース＋フルクトース　(　　　　　　　)

(4) 脂肪 → 脂肪酸＋モノグリセリド　(　　　　　　　)

(5) タンパク質 → ペプチド　(　　　　　　　)

▶243〈酵素〉 次の文章中の(　　)に適する語句を記せ。ただし，**キ・ケ・コ**については適する数値を｛　｝内より選べ。

酵素はおもにア(　　　　　　)から構成され，生体内の反応のイ(　　　)として働き，温和な条件でも反応を速やかに進行させることができる。

一つの酵素は，ある特定の化学反応にしか(**イ**)作用を示さない。酵素が働きかける物質をウ(　　　　)といい，特定の(**ウ**)にだけ作用する性質を酵素のエ(　　　　　　　)という。また，(**ア**)からできている酵素は，熱や酸によって変性し，(**イ**)作用を示さなくなる。これを酵素のオ(　　　)という。

働きが活発になる条件は酵素によってそれぞれ異なり，最も活発に働く温度をカ(　　　　　　　)といい，人間の体内で働く酵素の場合，キ｛15℃・36℃・60℃｝付近で反応速度が最大になる。最も活発に働くpHをク(　　　　　　　)といい，多くの酵素はpH＝7～8のとき活性が高くなり，だ液に含まれるアミラーゼはpH＝ケ｛2・7・11｝，胃液に含まれるペプシンはpH＝コ｛2・7・11｝で反応速度が最大になる。

▶244〈核酸〉 次の文章中の(　　)に適する語句を入れよ。

生物体を構成する高分子化合物には，遺伝情報を担う核酸がある。核酸を構成するくり返し単位となる物質はア(　　　　　　　　　)とよばれるイ(　　　　　　　)，ウ(　　　　　　　)，エ(　　　　　　　)からなる化合物であり，(**ア**)どうしが(**イ**)部分の －OH と(**ウ**)部分とで縮合重合している。核酸には，DNA と RNA が存在し，DNA と RNA では(**イ**)と4種ある(**エ**)の1種が異なる。

アドバイス

▶241
グリシンとアラニンが脱水縮合する方法は2通りある。

▶244
DNA(デオキシリボ核酸)を構成する糖は，デオキシリボース，RNA(リボ核酸)を構成する糖は，リボースである。

51 合成繊維

1 縮合重合による合成繊維

◉ナイロン 66

- 世界初の合成繊維
- 絹に似た肌ざわりや光沢
- 吸湿性は少ない
- 熱に弱い

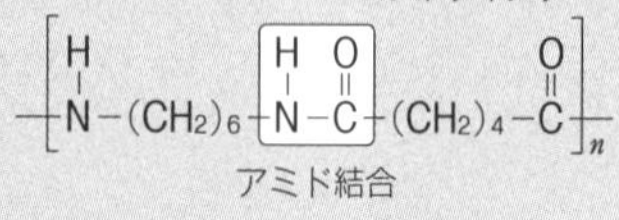

◉ポリエチレンテレフタラート（PET）

- 乾きやすく，しわになりにくい（ポリエステル）
- 樹脂としても利用（PET 樹脂）

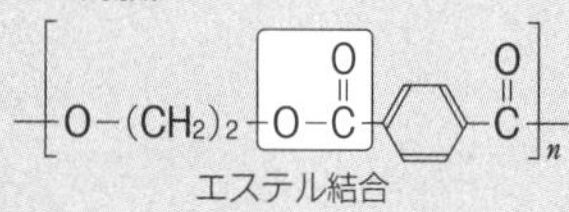

2 開環重合による合成繊維

◉ナイロン 6

- 日本で開発
- ポリアミドの一種
- ナイロン 66 に似ている

$$-\!\!\left[\mathrm{N(H)-(CH_2)_5-C(=O)}\right]_n\!\!-$$

3 付加重合による合成繊維

◉ポリビニル系繊維*

$$-\!\!\left[\mathrm{CH_2-CH(X)}\right]_n\!\!-$$

X＝H	**ポリエチレン**
X＝$OCOCH_3$	**ポリ酢酸ビニル**
X＝Cl	**ポリ塩化ビニル**
X＝CN	**ポリアクリロニトリル**

＊アクリロニトリルを主成分とする合成繊維は，**アクリル繊維**とよばれている。

◉ビニロン

- 日本初の国産合成繊維
- 適度な吸湿性をもつ
- 耐摩耗性，耐薬品性，保温力にすぐれ，衣料，魚網，ロープなどに用いられる

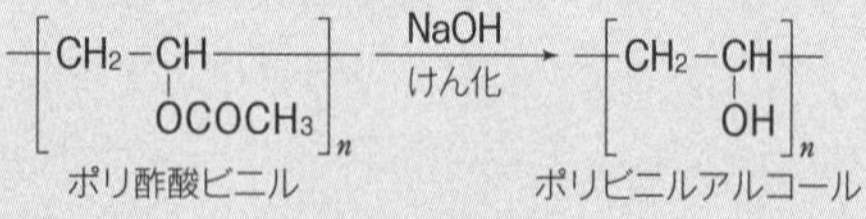

$$\xrightarrow[\text{アセタール化}]{\mathrm{HCHO}} \cdots\mathrm{-CH_2-CH(OH)-CH_2-CH-CH_2-CH-}\cdots \quad (\text{後の2つのCHは }\mathrm{O-CH_2-O}\text{ で結ばれる})$$

ビニロン

ポイントチェック

□(1) アジピン酸 1 分子には，何個の炭素原子が含まれているか。（　　　）個

□(2) ヘキサメチレンジアミン 1 分子にアミノ基は何個あるか。（　　　）個

□(3) ナイロン 66 は，アジピン酸とヘキサメチレンジアミンの（縮合重合・付加重合）によってつくられる合成繊維である。

□(4) ナイロン 66 には，（エステル結合・アミド結合）が含まれている。

□(5) テレフタル酸は，ベンゼン環に 2 つのカルボキシ基を（オルト・メタ・パラ）位にもつ化合物である。

□(6) ポリエチレンテレフタラートの原料となる 2 価のアルコールを何というか。（　　　　　）

□(7) テレフタル酸とエチレングリコールを縮合重合して得られる合成繊維を何というか。（　　　　　）

□(8) ナイロン 66 は，絹に似た肌ざわりがあり，吸湿性が（多い・少ない）繊維である。

□(9)（ナイロン・ポリエチレンテレフタラート）は，乾きやすくしわになりにくいため，ワイシャツなどに利用されている。

□(10) ε-カプロラクタム 1 分子は，何個の炭素原子を含んでいるか。（　　　）個

□(11) ナイロン 6 は，ε-カプロラクタムの（付加重合・開環重合）によってつくられる。

□(12) アクリロニトリルの重合体を主成分とする合成繊維を何というか。（　　　　　）

□(13) ポリビニル系繊維は，単量体の（付加重合・開環重合）によって合成される。

□(14) ポリ酢酸ビニルを加水分解したものを，ホルムアルデヒド水溶液で処理してつくる合成繊維は何か。（　　　　　）

□(15) エチレンの付加重合でできるものは（　　　　　）である。

□(16) ビニロンが適度な吸湿性を示すのは，親水性の何基をもつためか。（　　　）基

EXERCISE

▶245〈付加重合〉 次の(1)～(3)の単量体が付加重合してできる重合体の化学式とその名称を記せ。

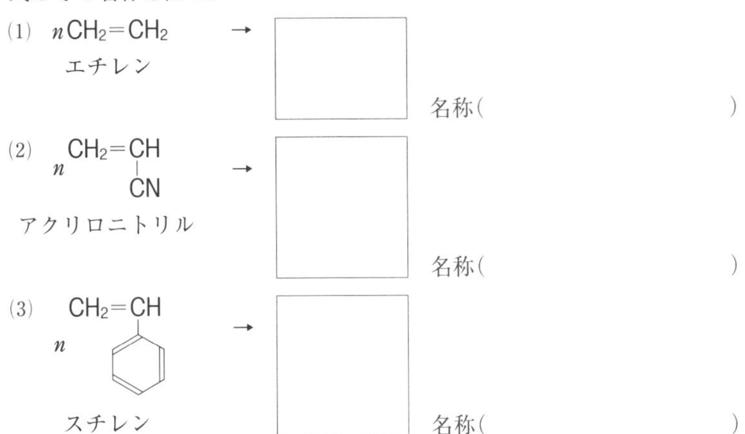

アドバイス

▶245
ビニル基 $CH_2=CH-$ をもつ化合物の付加重合は次のようになる。

$$n\,CH_2=CH(X) \longrightarrow \left[CH_2-CH(X) \right]_n$$

▶246〈合成繊維の構造〉 次の(1)～(4)は，合成繊維のくり返しの単位構造を示している。これらの合成繊維の名称を記せ。

(1) $-CH_2-CHCl-$　(　　　　　　　　　　)

(2) $-CO-C_6H_4-COO-(CH_2)_2-O-$　(　　　　　　　　　　)

(3) $-CO-(CH_2)_4-CO-NH-(CH_2)_6-NH-$　(　　　　　　　　　　)

(4) $-CH_2-CH(CN)-$　(　　　　　　　　　　)

▶247〈縮合重合による合成繊維〉 次の(ア)～(オ)の合成繊維のうち，2 種類の異なる単量体(モノマー)の縮合重合によってつくられるものを 1 つ選べ。

(ア) ポリエチレン　(イ) ポリ塩化ビニル　(ウ) ポリ酢酸ビニル
(エ) ナイロン 6　(オ) ポリエチレンテレフタラート(PET)

(　　　)

▶247
ポリビニル系繊維は，ビニル基をもち，単量体の付加重合によって合成する。

▶248〈縮合重合〉 次の文章の(　　)に適する化合物名または語句を入れよ。

2 価のカルボン酸であるアジピン酸とヘキサメチレンジアミンを加熱して反応させると，アジピン酸のア(　　　　　　　)基とヘキサメチレンジアミンのイ(　　　　　　)基から水がとれる。このように，分子と分子の間から水のような簡単な分子がとれて結合することをウ(　　　　　　)という。アジピン酸とヘキサメチレンジアミンを原料としてつくられた合成繊維は，ともに 1 分子中に炭素原子 6 個を含むのでエ(　　　　　　)といわれている。

▶249〈重合反応〉 次の(1)～(5)の合成繊維のうち，縮合重合によってできたものには A，付加重合によってできたものには B，開環重合によってできたものには C を記せ。

(1) ポリエチレンテレフタラート　(2) ナイロン 6
(3) ポリアクリロニトリル　(4) アラミド繊維　(5) ナイロン 66

(1)	(2)	(3)	(4)	(5)

▶249
アラミド繊維とは，芳香族化合物が多数のアミド結合によって重合したもの。

5章 高分子化合物

▶250〈ナイロン〉 次の文章を読み，下の問いに答えよ。

代表的な合成繊維であるナイロンには，ナイロン 66 やナイロン 6 などがある。ナイロンは，単量体の炭素原子の数に応じて数字をつけて命名される。アミンとカルボン酸からつくられるナイロンでは，アミンの炭素原子の数を先に書くのが一般的である。ナイロン 610（ろくじゅう）では，アミンである(A)とカルボン酸である(B)とのア(　　　　)重合でつくられる。一方，ナイロン 6 は，ε-カプロラクタムをイ(　　　　)重合することにより得られる。

(1)　文章中の(A)，(B)に適する構造式を示せ。

(A)	(B)

(2)　文章中の(ア)，(イ)に適する語句を記せ。

▶251〈ポリビニル系合成繊維〉 次の文章中の（　　　）に適する語句を入れよ。また，(ア)～(エ)の構造式を示せ。

ポリビニルアルコール(PVA)に対応する単量体はア(　　　　　　　)であるが，(**ア**)は不安定であるため，PVA を(**ア**)から合成することができない。このため，PVA は，イ(　　　　　　　)の付加重合により得られるウ(　　　　　　　)を，水酸化ナトリウムで加水分解することにより得られる。得られた PVA の水溶液にエ(　　　　　　　)の水溶液と酸を加え，アセタール化すると，合成繊維であるオ(　　　　　　　)が得られる。

(ア)	(イ)
(ウ)	(エ)

▶252〈合成繊維〉 芳香族骨格のみで構成されるポリアミドは，アラミドとよばれる。テレフタル酸 $HOOC-C_6H_4-COOH$ と *p*-フェニレンジアミン $H_2N-C_6H_4-NH_2$ を脱水縮合させて生成するアラミドの構造式を示せ。

アドバイス

▶251
合成繊維の多くは，吸湿性に乏しいが，ビニロンは，適度に −OH をもち，吸湿性を示す。

例題 20 ポリエチレンテレフタラートの重合度 ▶253, 254

ポリエチレンテレフタラートの平均分子量を測定したところ，28800 であった。次の問いに答えよ。

(1) この高分子(構成単位の式量 192)の平均重合度 n はいくらか。

(2) この高分子 1 分子中には平均して何個のエステル結合があるか。

ここがポイント

(1) 平均重合度を n としたとき，重合体の平均分子量は，構成単位の式量を n 倍したものに等しい。この関係より，n を求める。

(2) 1 分子中のエステル結合の数＝くり返し単位中にあるエステル結合の数×平均重合度 n

◆解法◆

(1) ポリエチレンテレフタラートの構造式は平均重合度を n とすると，

$$\left[CO-C_6H_4-COO-(CH_2)_2-O \right]_n$$

分子量 $M=192n=28800$ より，$n=150$

(2) ポリエチレンテレフタラートは，くり返し単位中に 2 個のエステル結合をもつ。よって，このポリエチレンテレフタラート 1 分子は，

$2\times n=300$(個)

300 個のエステル結合をもつ。

答 (1) 150 (2) 300 個

▶253〈ナイロン 66 の重合度〉 ナイロン 66 の平均分子量を測定したところ，3.4×10^4 であった。次の問いに答えよ。

(1) この高分子(構成単位の式量 226)の平均重合度はいくらか。

(　　　　　　)

(2) この高分子 1 分子中には平均して何個のアミド結合があるか。

(　　　　　　)個

▶254〈重合反応計算〉 アジピン酸 $HOOC(CH_2)_4COOH$ (分子量 146)とヘキサメチレンジアミン $H_2N(CH_2)_6NH_2$ (分子量 116)との縮合重合によって ナイロン 66 が生成する。ナイロン 66 の平均分子量を測定したところ，4.50×10^4 であった。ナイロン 66 を 1mol 生成するためには，少なくとも何 mol のアジピン酸が必要か。有効数字 2 桁で答えよ。

(　　　　　　)mol

アドバイス

▶253
平均重合度を n としたとき，
分子量
＝(構成単位の式量)× n

▶254
アジピン酸 n〔mol〕とヘキサメチレンジアミン n〔mol〕から水が $2n$〔mol〕とれて ナイロン 66 を 1 mol生じる。

5章 高分子化合物

52 合成樹脂

1 合成樹脂の分類

熱可塑性樹脂	熱硬化性樹脂
・鎖状の高分子からなる ・付加重合，縮合重合で合成 ・加熱すると，軟化し，成形・加工しやすい (イメージ) モノマー 二重結合を利用して結合する付加重合 ポリマー [○—○]_nと書く。	・高分子間に結合のできた三次元の網目構造 ・付加縮合で合成 ・熱により，硬化し，再び軟化しない ・溶媒に溶けにくい (イメージ)

2 おもな熱可塑性樹脂

(1) **付加重合**による合成樹脂

-X=-H：ポリエチレン　　-CH₃：ポリプロピレン

ポリエチレンの袋

入浴用具

-Cl：ポリ塩化ビニル　　$-C_6H_5$：ポリスチレン

配管

簡易食器

(2) **縮合重合**による合成樹脂

ナイロン 66

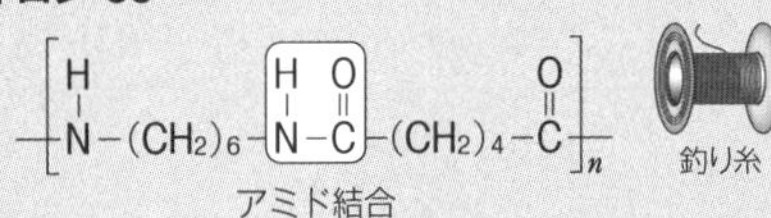

ポリエチレンテレフタラート(PET)

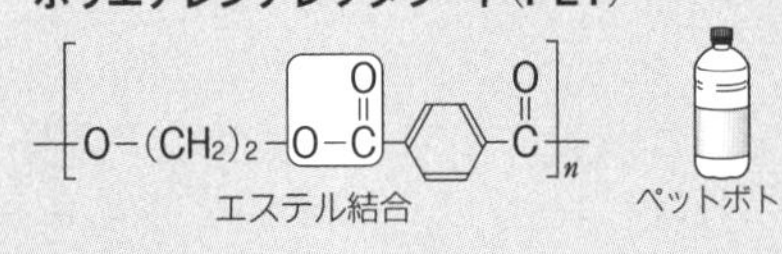

3 おもな熱硬化性樹脂

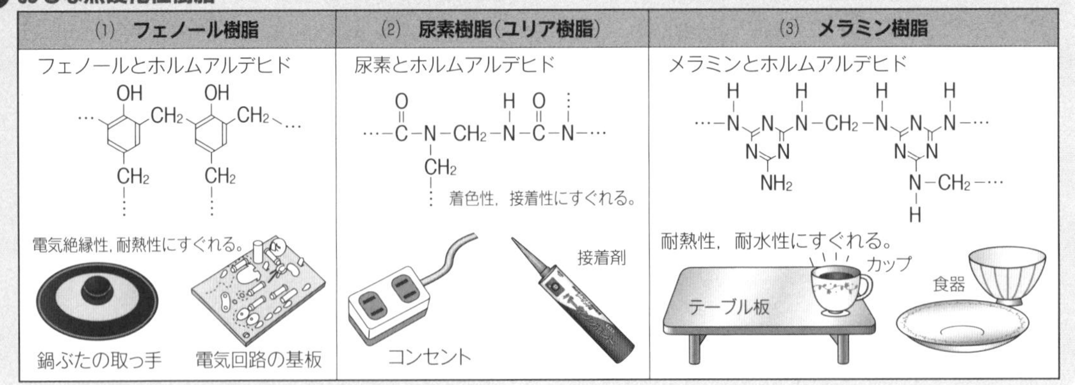

(1) フェノール樹脂	(2) 尿素樹脂(ユリア樹脂)	(3) メラミン樹脂
フェノールとホルムアルデヒド	尿素とホルムアルデヒド	メラミンとホルムアルデヒド
電気絶縁性，耐熱性にすぐれる。	着色性，接着性にすぐれる。	耐熱性，耐水性にすぐれる。
鍋ぶたの取っ手　電気回路の基板	コンセント　接着剤	テーブル板　カップ　食器

ポイントチェック

□(1) 加熱すると軟化し，冷やすと再び固まる樹脂を何というか。　(　　　　　)

□(2) (1)の樹脂は(鎖状・三次元網目状)の分子構造をもつ。

□(3) ポリエチレンの単量体を構造式で示せ。

□(4) ポリ塩化ビニルの単量体を構造式で示せ。

□(5) ナイロン66の単量体を構造式で示せ。

□(6) ポリエチレンテレフタラートの単量体を構造式で示せ。

□(7) 加熱すると硬化する樹脂を何というか。　(　　　　　)

□(8) (7)の樹脂は(鎖状・三次元網目状)の分子構造をもつ。

□(9) フェノール樹脂は，フェノールとホルムアルデヒドの(付加重合・付加縮合)によって得られる。

□(10) 尿素樹脂の原料は，尿素ともう1つは何か。　(　　　　　)

□(11) (ナイロン66・メラミン樹脂)は，耐熱性にすぐれ，傷がつきにくいため，食器や建材に用いられる。

EXERCISE

▶255〈合成樹脂の性質〉 次の(1)～(5)の記述のうち，熱可塑性樹脂に関するものには A，熱硬化性樹脂に関するものには B，どちらにもあてはまるものには C を記せ。

(1) 加熱によって硬化する。 (　　)
(2) 加熱するとやわらかくなるが，冷やすとかたくなる。 (　　)
(3) 2 種類の原料を重合させる。 (　　)
(4) 立体的な構造で，網目状に分子が結合している。 (　　)
(5) 鎖状に分子が結合している。 (　　)

▶256〈合成樹脂〉 下の表の(1)～(6)の合成樹脂の原料を次の(ア)～(ケ)から，その反応様式を①～③から，その性質を(A)，(B)からそれぞれ選び，表を完成させよ。

［原料］ (ア) スチレン　(イ) ホルムアルデヒド
(ウ) アジピン酸　(エ) 尿素
(オ) ヘキサメチレンジアミン　(カ) フェノール
(キ) 塩化ビニル　(ク) エチレングリコール
(ケ) テレフタル酸

［反応様式］ ① 縮合重合　② 付加重合　③ 付加縮合

［性質］ (A) 熱硬化性樹脂　(B) 熱可塑性樹脂

合成樹脂	原料	反応様式	性質
(1) ポリスチレン樹脂			
(2) フェノール樹脂			
(3) ポリ塩化ビニル樹脂			
(4) 尿素樹脂			
(5) ポリエチレンテレフタラート樹脂			
(6) ナイロン 66			

▶257〈合成樹脂の特徴〉 次の(1)～(4)の記述にあてはまる合成樹脂を，下の(ア)～(カ)からそれぞれ［　］内に示した数だけ選べ。

(1) 原料にホルムアルデヒドが用いられている。[2] (　　)，(　　)
(2) 原料にアジピン酸が用いられている。[1] (　　)
(3) 酸素原子が含まれている。[3] (　　)，(　　)，(　　)
(4) 付加重合により得られる。[3] (　　)，(　　)，(　　)

(ア) ポリプロピレン　(イ) フェノール樹脂　(ウ) ポリ塩化ビニル
(エ) 尿素樹脂　(オ) ナイロン 66　(カ) ポリスチレン

アドバイス

▶255
おもな熱可塑性樹脂
・ポリエチレン
・ナイロン
・ポリエチレンテレフタラート
おもな熱硬化性樹脂
・フェノール樹脂
・尿素樹脂
・メラミン樹脂

▶256
(1) $\left[CH_2-CH(C_6H_5) \right]_n$
(3) $\left[CH_2-CH(Cl) \right]_n$

▶257
(ア) $\left[CH_2-CH(CH_3) \right]_n$
(オ) $\left[C(=O)-(CH_2)_4-C(=O)-N(H)-(CH_2)_6-N(H) \right]_n$

5章 高分子化合物

53 合成ゴム

1 天然ゴム(生ゴム)

ゴムの木から採取した乳白色の樹液(**ラテックス**)に，酢酸などの有機酸を加えて凝固させると得られる。

主成分はポリイソプレンで，乾留により**イソプレン**が得られる。

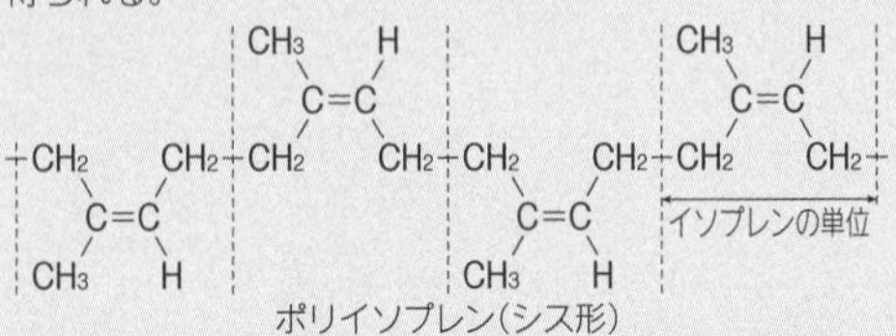

ポリイソプレン(シス形)

2 加硫

天然ゴムに硫黄を加えて加熱すると，**弾性ゴム**ができる。

生ゴムを加硫し，硫黄含有量が 30～40%のゴム製品を**エボナイト**という。

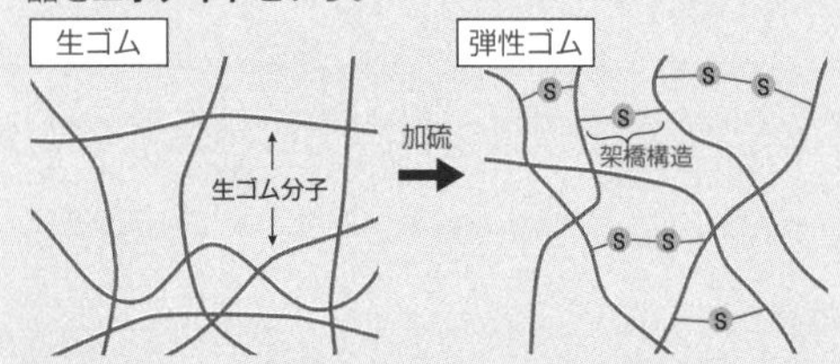

3 合成ゴム

ブタジエン系の化合物の付加重合により合成される。

$$n\,CH_2{=}CX{-}CH{=}CH_2 \longrightarrow \left[CH_2{-}CX{=}CH{-}CH_2\right]_n$$

(1) 付加重合による合成ゴム

例 ブタジエンゴム，クロロプレンゴム など

(2) 共重合*による合成ゴム

例 スチレン-ブタジエンゴムなど

* 2 種類以上の単量体を混合させて重合させる方法

4 合成ゴムの例

名称(略称)	特徴	用途
ブタジエンゴム(BR)	耐摩耗性，ガス不透過性	チューブなど
クロロプレンゴム(CR)	耐油性，耐熱性	ケーブルなど
スチレン-ブタジエンゴム(SBR)	耐摩耗性，耐水性，耐老化性	タイヤなど
アクリロニトリル-ブタジエンゴム(NBR)	耐油性，耐衝撃性	耐油ホースなど
フッ素ゴム(FKM)	耐熱性，耐老化性，耐薬品性	宇宙機器など
シリコーンゴム(Q)	耐寒性，耐熱性，耐老化性，耐薬品性	耐薬品性パッキンなど

シリコーンゴムの構造

```
     R    CH2   R    R
    -Si-O-Si-O-Si-O-Si-O-
     R    R    R    CH2
     R    R    R    CH2
    -Si-O-Si-O-Si-O-Si-O-
     CH2  R    R    R
```

ポイントチェック

□(1) ゴムの木の樹皮に傷をつけて得られる乳液を何というか。（　　　）

□(2) (1)に酸を加えて凝固したものを何というか。（　　　）

□(3) 天然ゴムを乾留して得られる物質は何か。（　　　）

□(4) 天然ゴムは，(3)が(シス形・トランス形)に重合した立体配置をもつ。

□(5) (3)を空気中に放置すると，ア(単結合・二重結合)の部分がイ(酸化・還元)され，劣化して弾性を失う。

□(6) 生ゴムは弾性がア(強く・弱く)，熱によって変形イ(しやすい・しにくい)ため，実用性に乏しい。

□(7) 天然ゴムに硫黄を加えて弾性をもたせる操作を何というか。（　　　）

□(8) (7)によって得られる高弾性・耐熱性のゴムをなんというか。（　　　）ゴム

□(9) 生ゴムを加硫し，硫黄含有率が 30～40％のゴム製品をなんというか。（　　　）

□(10) 1, 3-ブタジエンを付加重合させた物質を何というか。（　　　）

□(11) 2 種類以上の単量体を混合させて重合させる方法を何というか。（　　　）

□(12) クロロプレンゴムは，クロロプレンを(付加重合・縮合重合・共重合)して得られる合成ゴムである。

□(13) スチレン-ブタジエンゴムはスチレンとブタジエンを(付加重合・縮合重合・共重合)して得られる合成ゴムである。

□(14) 最も多く生産されている合成ゴムで，自動車のタイヤなどに利用されているものは何か。（　　　）

□(15) 炭素原子ではなく，ケイ素と酸素の結合(−Si−O−Si−)を導入して弾性をもたせたゴムを何というか。（　　　）

□(16) 共重合によってできる合成ゴムのくり返し単位は，(規則正しい・規則正しいわけではない)。

EXERCISE

▶258〈天然ゴムとイソプレン〉 次の(ア)～(オ)の記述のうち，**誤りを含むもの**を１つ選べ。

(ア) 天然ゴムは，炭化水素である。

(イ) 天然ゴムは，高分子化合物である。

(ウ) イソプレンは，不飽和炭化水素である。

(エ) イソプレンは，低分子化合物である。

(オ) イソプレンには二重結合があるが，天然ゴムには二重結合がない。

（　　）

▶259〈天然ゴムと合成ゴム〉 生ゴムの主成分はポリイソプレンで，イソプレンごとに^ア（　　　）形の二重結合が存在する。生ゴムは弾性が弱く，数％の硫黄を加えて加熱することで，高弾性の弾性ゴムとなる。この操作を^イ（　　　）という。<u>イソプレンに似た構造の単量体を^ウ（　　　）重合させると，弾性をもった^エ（　　　）ゴムが得られる</u>。

(1) **ア～エ**に適する語句を記せ。

(2) 下線部の記述の例として，単量体として1, 3-ブタジエンからブタジエンゴムが得られる。1, 3-ブタジエンとブタジエンゴムの構造式を書け。

1, 3-ブタジエン	ブタジエンゴム

▶260〈合成ゴム〉 次の(1)～(4)の構造式で示されるゴムの名称と特徴を，下の選択群から１つずつ選べ。

(1) $\left[CH_2-C(CH_3)=CH-CH_2\right]_n$

名称（　　）　特徴（　　）

(2) $\left[CH_2-CH=CH-CH_2\right]_n$

名称（　　）　特徴（　　）

(3) $\left[CH_2-C(Cl)=CH-CH_2\right]_n$

名称（　　）　特徴（　　）

(4) $\left[CH_2-CH(C_6H_5)\right]_m\left[CH_2-CH=CH-CH_2\right]_n$

名称（　　）　特徴（　　）

［名称］

(ア) スチレン-ブタジエンゴム　(イ) クロロプレンゴム

(ウ) ブタジエンゴム　(エ) イソプレンゴム

(オ) アクリロニトリル-ブタジエンゴム

［特徴］

① 耐熱性，耐老化性にすぐれ，反発弾性率が高く，ゴルフボールの中心球に利用される。

② ラテックスからつくられる。硫黄を加えて加熱すると弾性ゴムとなる。

③ 耐摩耗性，耐老化性にすぐれ，自動車のタイヤに用いられる。

④ 耐寒性，難燃性があり，絶縁材料や長靴などに用いられる。

アドバイス

▶258
天然ゴムの単量体は，イソプレン
$CH_2=C(CH_3)-CH=CH_2$

▶259
イソプレン
$CH_2=C(CH_3)-CH=CH_2$
ポリイソプレン
$\left[CH_2-C(CH_3)=CH-CH_2\right]_n$

▶260
合成ゴムでは，特性をもたせるために，２種類以上の単量体を共重合した高分子も用いられる。

54 機能性高分子化合物

1 機能性高分子化合物

合成高分子化合物に新たな置換基を導入するなどすると，特殊な機能を示すようになる。

2 イオン交換樹脂

陽イオン交換樹脂

樹脂中にスルホ基のような酸性の基をもち，水溶液中の陽イオンと結合して水素イオン H^+ を放出する樹脂

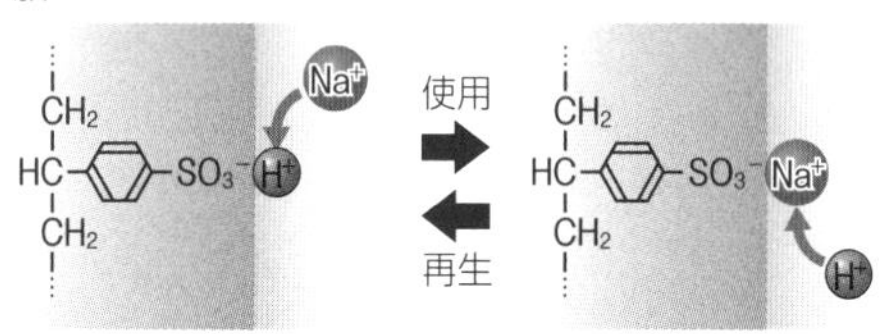

陰イオン交換樹脂

樹脂中に $-CH_2-N^+(CH_3)_3OH^-$ のような塩基性の基をもち，水溶液中の陰イオンと結合して水酸化物イオン OH^- を放出する樹脂

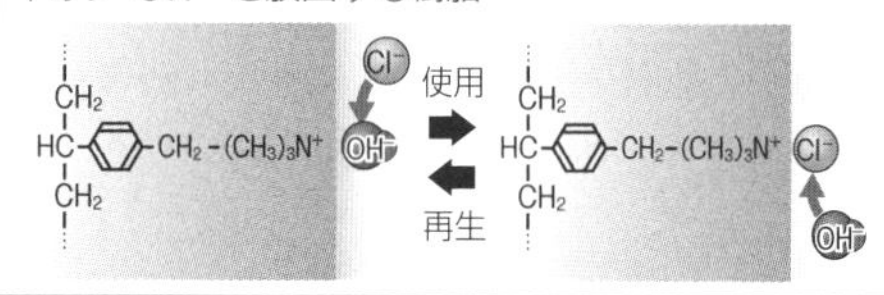

イオン交換樹脂を利用することで，海水から純水をつくりだすことができる。

3 吸水性高分子

アクリル酸塩の重合体。それ自体の質量の数百～千倍の質量の水を吸収・保持することができる。

吸水性高分子では，高分子内で生じる陰イオン $-COO^-$ どうしの反発によって，網目の空間が広がり，その隙間に水分子を閉じ込める。

紙おむつの材料や，砂漠の緑地化の土壌改良剤などに利用されている。

紙おむつ

4 導電性高分子

金属並の電気伝導性をもつ高分子化合物で，白川英樹博士らによって発見された。

携帯電話などの高性能電池やタッチパネルなどに利用されている。

5 生分解性高分子

微生物などによって分解され水と二酸化炭素になる。

手術用の縫合糸などに利用されており，また，廃プラスチック問題の解決策としても注目されている。

6 感光性高分子

光の作用によって物理的・化学的変化を生じる。光を当てることにより硬化するものを光硬化性樹脂という。

歯科治療，印刷用の刷版，3D プリンターなどに利用されている。

ポイントチェック

□(1) 陽イオン交換樹脂をガラス管に詰め，食塩水を流したときに得られる水溶液は，(酸性・中性・塩基性)を示す。

□(2) 陰イオン交換樹脂をガラス管に詰め，食塩水を流したときに得られる水溶液は，(酸性・中性・塩基性)を示す。

□(3) 海水中の NaCl は陽イオン交換樹脂によって ア(Na^+・H^+・Cl^-・OH^-)が イ(Na^+・H^+・Cl^-・OH^-)に置き換えられ，陰イオン交換樹脂によって ウ(Na^+・H^+・Cl^-・OH^-)が エ(Na^+・H^+・Cl^-・OH^-)に置き換えられ，純水をつくりだすことができる。

□(4) 陽イオン交換樹脂の機能を再生させるには，(塩酸・水酸化ナトリウム水溶液)を用いる。

□(5) 陰イオン交換樹脂の機能を再生させるには，(塩酸・水酸化ナトリウム水溶液)を用いる。

□(6) 樹脂中の $-COO^-$ どうしの反発により，網目が広がり，そのすきまに水分子を閉じ込めるのは(　　　　　　)高分子である。

□(7) 白川英樹博士らによって発明され，電気伝導性をもつのは(　　　　　　)高分子である。

□(8) 微生物や酵素によって分解されたり，生体内で分解・吸収されたりするのは(　　　　　　)高分子である。

□(9) 光を照射すると，光の当たった部分のみ溶媒に不溶となるのは(　　　　　　)高分子である。

□(10) 紙おむつの材料に利用されているのは(　　　　　　)高分子である。

□(11) タッチパネルに利用されているのは(　　　　　　)高分子である。

□(12) 海洋プラスチックなどの環境汚染の解決策として期待されているのは(　　　　　　)高分子である。

□(13) 3D プリンターに利用されているのは(　　　　　　)高分子である。

□(14) 乳酸を重合して得られた高分子(ポリ乳酸)は(　　　　　　)高分子である。

□(15) ポリアセチレンにヨウ素を添加して得られる高分子は(　　　　　　)高分子である。

章末問題

❶ 二糖類に関する記述として下線部に**誤りを含むもの**を，次の①～⑤のうちから一つ選べ。

① 二糖は，単糖 2 分子が脱水縮合したもので，この反応でできた C−O−C の構造をグリコシド結合という。

② スクロースとマルトースは，互いに異性体である。

③ スクロースを加水分解して得られる，2 種類の単糖の等量混合物を，転化糖という。

④ マルトースの水溶液は，還元性を示す。

⑤ 1 分子のラクトースを加水分解すると，2 分子のグルコースになる。

[2019年センター試験] ➲p.134 **2**，▶**227**，**228**

（　　　）

❷ 高分子化合物に関する記述として下線部に**誤りを含むもの**を，次の①～④のうちから一つ選べ。

① アセテート繊維は，トリアセチルセルロースの一部のエステル結合を加水分解してつくられる。

② セロハンは，セルロースに化学反応させてつくったビスコースから，薄膜状にセルロースを再生させてつくられる。

③ 木綿(綿)の糸は，タンパク質からなる繊維をより合わせてつくられる。

④ 天然ゴム(生ゴム)は，ゴムノキ(ゴムの木)の樹皮を傷つけて得られたラテックスに酸を加え，凝固させたものである。

[2019年センター試験] ➲p.134 **3**，**4**，p.148 **1**，▶**233**

（　　　）

❸ タンパク質およびタンパク質を構成するアミノ酸に関する記述として下線部に**誤りを含むもの**を，次の①～④のうちから一つ選べ。

① 分子中の同じ炭素原子にアミノ基とカルボキシ基が結合しているアミノ酸を，α-アミノ酸という。

② アミノ酸の結晶は，分子量が同程度のカルボン酸やアミンに比べて，融点の高いものが多い。

③ グリシンとアラニンからできる鎖状のジペプチドは 1 種類である。

④ 水溶性のタンパク質が溶解したコロイド溶液に多量の電解質を加えると，水和している水分子が奪われ，コロイド粒子どうしが凝集して沈殿する。

[2021年大学入学共通テスト] ➲p.34 **4**，p.138 **1**，**2**，▶**236**，**241**

（　　　）

❹ 天然高分子化合物の構造に関する記述として下線部に**誤りを含むもの**を，次の①～④のうちから一つ選べ。

① タンパク質の三次構造の形成に関与している結合には，ジスルフィド結合 −S−S− がある。

② タンパク質のポリペプチド鎖は，右巻きのらせん構造をとることがあり，この構造を β-シートという。

③ 核酸は，ヌクレオチドの糖部分の −OH とリン酸部分の −OH の間で脱水縮合してできた直鎖状の高分子化合物である。

④ RNA の糖部分はリボースであり，DNA の糖部分とは構造が異なる。

[2020年センター試験] ➲p.138 **2**，**4**，▶**244**

（　　　）

5 高分子化合物に関する記述として**誤りを含むもの**を，次の①～⑤のうちから一つ選べ。

① ナイロン 6 は，繰り返し単位の中にアミド結合を二つもつ。
② ポリ酢酸ビニルを加水分解すると，ポリビニルアルコールが生じる。
③ 尿素樹脂は，熱硬化性樹脂である。
④ 生ゴムに数%の硫黄を加えて加熱すると，弾性が向上する。
⑤ ポリエチレンテレフタラートは，合成繊維としても合成樹脂としても用いられる。

[2021年大学入学共通テスト] ➲p.142 **1**, **2**, **3**, p.146 **3**, ▶**247, 251, 256**

(　　　　)

6 高分子化合物に関する記述として下線部に**誤りを含むもの**を，次の①～⑤のうちから一つ選べ。

① 高密度ポリエチレンは，低密度ポリエチレンに比べて枝分かれが少なく，透明度が低い。
② フェノール樹脂は，ベンゼン環の間をメチレン基 $-CH_2-$ で架橋した構造をもつ。
③ イオン交換樹脂がイオンを交換する反応は，可逆反応である。
④ 二重結合の部分がシス形の構造をもつポリイソプレンは，トランス形の構造をもつものに比べて室温で硬く弾性に乏しい。
⑤ ポリ乳酸は，微生物によって分解される。

[2020年センター試験] ➲p.142 **3**, p.146 **3**, p.148 **1**, p.150 **2**, **5**

(　　　　)

7 天然高分子化合物および合成高分子化合物に関する記述として下線部に**誤りを含むもの**を，次の①～⑤のうちから一つ選べ。

① タンパク質は α-アミノ酸 $R-CH(NH_2)-COOH$ から構成され，その置換基 R どうしが相互にジスルフィド結合やイオン結合などを形成することで，各タンパク質に特有の三次構造に折りたたまれる。
② タンパク質が強酸や加熱によって変性するのは，高次構造が変化するためである。
③ アセテート繊維は，トリアセチルセルロースを部分的に加水分解した後，紡糸して得られる。
④ 天然ゴムを空気中に放置しておくと，分子中の二重結合が酸化されて弾性を失う。
⑤ ポリエチレンテレフタラートとポリ乳酸は，それぞれ完全に加水分解されると，いずれも 1 種類の化合物になる。

[2022年大学入学共通テスト] ➲p.138 **2**, p.142 **1**, p.148 **1**

(　　　　)

8 高分子化合物に関する記述として最も適当なものを，次の①～④のうちから一つ選べ。

① ポリプロピレンは，加熱すると軟化し，冷却すると硬くなる。
② 紙おむつに用いられる樹脂が高い吸水性を示すのは，エステル結合が加水分解されるためである。
③ すべての多糖は，単糖が直線状（鎖状）につながっている。
④ アラミド繊維は，付加重合によって得られる。

[2019年センター試験・追試] ➲p.134 **3**, p.146 **2**, p.150 **3**

(　　　　)

原子量 O＝16，Cu＝64

9 次のアミノ酸 A，B に関する次の記述の空欄 ア ・ イ に入る語句の組合せとして最も適当なものを，下の①～⑨のうちから一つ選べ。

アミノ酸 A は，pH6.0 において主に ア イオンとして存在する。

アミノ酸 B は，pH7.0 で電気泳動を行った場合， イ 。

H_2N-CH_2-COOH

A（等電点　6.0）

$H_2N-CH((CH_2)_4-NH_2)-COOH$

B（等電点　9.7）

	ア	イ
①	陽	陽極側に移動する
②	陽	移動しない
③	陽	陰極側に移動する
④	双性（両性）	陽極側に移動する
⑤	双性（両性）	移動しない
⑥	双性（両性）	陰極側に移動する
⑦	陰	陽極側に移動する
⑧	陰	移動しない
⑨	陰	陰極側に移動する

［2020年センター試験］➲p.138 **1**，▶**236**

（　　　　）

10 平均分子量が 8.1×10^3 であるデキストリン $(C_6H_{10}O_5)_n$（繰り返し単位の式量 162）1.0×10^{-3} mol を，アミラーゼ（β-アミラーゼ）で完全に加水分解したところ，マルトースのみが得られた。十分な量のフェーリング液に，得られたマルトースをすべて加えて加熱したとき，生じる酸化銅（Ⅰ）Cu_2O は何 g か。最も適当な数値を，次の①～⑤のうちから一つ選べ。ただし，還元性のある糖 1 mol あたり Cu_2O 1 mol が生じるものとし，反応は完全に進行したものとする。

① 1.8　② 2.0　③ 3.6　④ 4.0　⑤ 7.2

［2020年センター試験］➲p.134 **2**，**3**，▶**例題 19**，**234**

（　　　　）

11 次の高分子化合物（a・b）の合成には，下に示した原料（単量体）ア～カのうち，どの二つが用いられるか。その組合せとして最も適当なものを，下の①～⑧のうちから一つずつ選べ。

a　ナイロン 66　　b　合成ゴム（SBR）

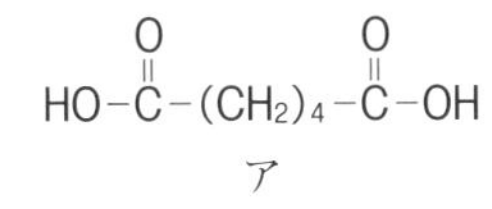

ア

$CH_2=CH-CH=CH_2$

イ

$H_2N-(CH_2)_6-NH_2$

ウ

C_6H_5-OH

エ

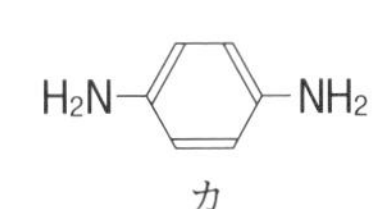

オ

$H_2N-C_6H_4-NH_2$

カ

① アとウ　② アとエ　③ アとカ　④ イとエ
⑤ イとオ　⑥ ウとエ　⑦ エとオ　⑧ オとカ

［2020年センター試験］➲p.142 **1**，p.148 **4**，▶**248**，**260**

a（　　　　）　b（　　　　）

⓬ 右に示すビニル基をもつ化合物 A を，単量体(モノマー)として付加重合させた。0.130 mol の A がすべて反応し，平均分子量 2.73×10^4 の高分子化合物 B が 5.46 g 得られた。B の平均重合度(重合度の平均値)として最も適当なものを，次の①～④のうちから一つ選べ。ただし，A の構造式中の X は，重合反応に関係しない原子団である。

$CH_2=CH-X$

① 42　② 65　③ 420　④ 650

[2021年大学入学共通テスト] ➲p.142 3，▶例題 20，▶253，254

(　　　　)

⓭ 次の高分子化合物 A は両端にカルボキシ基をもち，テレフタル酸とエチレングリコールを適切な物質量の比で縮合重合させることによって得られた。1.00 g の A には 1.2×10^{19} 個のカルボキシ基が含まれていた。A の平均分子量はいくらか。最も適当な数値を，下の①～⑥のうちから一つ選べ。ただし，アボガドロ数を 6.0×10^{23} とする。

$$HO-[CO-C_6H_4-CO-O-(CH_2)_2-O]_n-CO-C_6H_4-COOH$$

高分子化合物A

① 2.5×10^4　② 5.0×10^4　③ 1.0×10^5　④ 2.5×10^5　⑤ 5.0×10^5
⑥ 1.0×10^6

[2019年センター試験] ➲p.142 1，▶例題 20，▶253，254

(　　　　)

⓮ 次に示す繰り返し単位をもつ合成高分子化合物(平均分子量 1.78×10^4)について元素分析を行ったところ，炭素原子と塩素原子の物質量の比は 3.5：1 であった。m の値として最も適当な数値を，下の①～⑥のうちから一つ選べ。

$$-[CH_2-CH(CN)]_m-[CH_2-CH(Cl)]_n-$$

繰り返し単位の式量 53.0　繰り返し単位の式量 62.5

① 50　② 100　③ 130　④ 170　⑤ 200　⑥ 250

[2020年センター試験] ➲p.146 2，▶例題 20，▶253，254

(　　　　)

❶ 浸透圧から非電解質 Y のモル質量を決定するために，下図のように実験を行った。装置内の半透膜は水分子のみを通し，断面積が一定の U 字管の中央に固定されている。次の**実験Ⅰ〜Ⅲ**の結果から得られる Y のモル質量は何 g/mol か。最も適当な数値を，下の①〜⑤のうちから一つ選べ。ただし，気体定数は $R = 8.3 \times 10^3$ Pa·L/(K·mol) である。

実験Ⅰ　U 字管の左側には純水を 10mL 入れ，右側には非電解質 Y が 0.020g 溶解した 10mL の水溶液を入れた(図，ア)。

実験Ⅱ　大気圧 1.0133×10^5 Pa，温度 27℃で静置したところ，水溶液の液面は純水の液面よりも高くなった(図，イ)。

実験Ⅲ　ピストンを用いて U 字管の右側から空気を入れて，非電解質 Y の水溶液側に圧力をかけ，左右の液面を同じ高さにした。このとき，U 字管の右側の圧力は，1.0153×10^5 Paになった(図，ウ)。

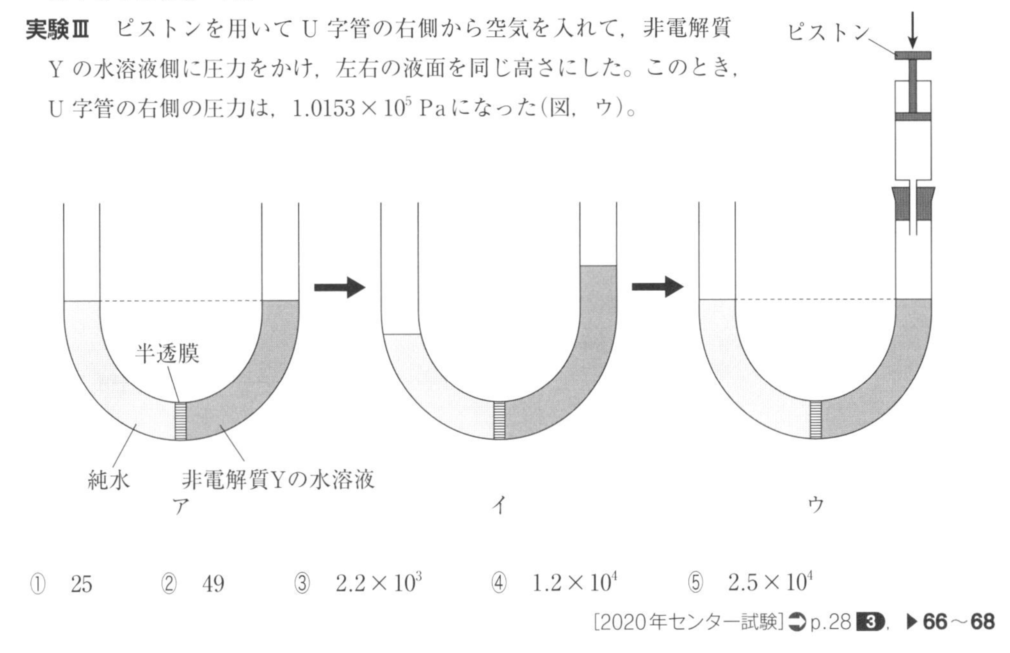

①　25　　②　49　　③　2.2×10^3　　④　1.2×10^4　　⑤　2.5×10^4

[2020年センター試験] ➲p.28 3，▶66〜68

(　　　　)

❷ 次の化学反応式(1)に示すように，シュウ酸イオン $C_2O_4^{2-}$ を配位子として 3 個もつ鉄(Ⅲ)の錯イオン $[Fe(C_2O_4)_3]^{3-}$ の水溶液では，光をあてている間，反応が進行し，配位子を2個もつ鉄(Ⅱ)の錯イオン $[Fe(C_2O_4)_2]^{2-}$ が生成する。

$$2[Fe(C_2O_4)_3]^{3-} \xrightarrow{光} 2[Fe(C_2O_4)_2]^{2-} + C_2O_4^{2-} + 2CO_2 \quad \cdots\cdots \quad (1)$$

この反応で光を一定時間あてたとき，何%の $[Fe(C_2O_4)_3]^{3-}$ が $[Fe(C_2O_4)_2]^{2-}$ に変化するかを調べたいと考えた。そこで，式(1)にしたがって CO_2 に変化した $C_2O_4^{2-}$ の量から，変化した $[Fe(C_2O_4)_3]^{3-}$ の量を求める**実験Ⅰ〜Ⅲ**を行った。この実験に関する以下の問い(a〜c)に答えよ。ただし，反応溶液の pH は実験Ⅰ〜Ⅲにおいて適切に調整されているものとする。

実験Ⅰ　0.0109mol の $[Fe(C_2O_4)_3]^{3-}$ を含む水溶液を透明なガラス容器に入れ，光を一定時間あてた。

実験Ⅱ　実験Ⅰで光をあてた溶液に，鉄の錯イオン $[Fe(C_2O_4)_3]^{3-}$ と $[Fe(C_2O_4)_2]^{2-}$ から $C_2O_4^{2-}$ を遊離(解離)させる試薬を加え，錯イオン中の $C_2O_4^{2-}$ を完全に遊離させた。さらに，Ca^{2+} を含む水溶液を加えて，溶液中に含まれるすべての $C_2O_4^{2-}$ をシュウ酸カルシウム CaC_2O_4 の水和物として完全に沈殿させた。この後，ろ過によりろ液と沈殿に分離し，さらに，沈殿を乾燥して 4.38 g の $CaC_2O_4 \cdot H_2O$(式量 146)を得た。

実験Ⅲ　実験Ⅱで得られたろ液に，(a)Fe^{2+} が含まれていることを確かめる操作を行った。

a　実験Ⅲの下線部(a)の操作として最も適当なものを，次の①～④のうちから一つ選べ。

① H_2S 水溶液を加える。　② サリチル酸水溶液を加える。
③ $K_3[Fe(CN)_6]$ 水溶液を加える。　④ KSCN 水溶液を加える。

b　1.0 mol の $[Fe(C_2O_4)_3]^{3-}$ が，式(1)にしたがって完全に反応するとき，酸化されて CO_2 になる $C_2O_4^{2-}$ の物質量は何 mol か。最も適当な数値を，次の①～④のうちから一つ選べ。

① 0.50　② 1.0　③ 1.5　④ 2.0

c　実験Ⅰにおいて，光をあてることにより，溶液中の $[Fe(C_2O_4)_3]^{3-}$ の何%が $[Fe(C_2O_4)_2]^{2-}$ に変化したか。最も適当な数値を，次の①～④のうちから一つ選べ。

① 12　② 16　③ 25　④ 50

[2021年大学入学共通テスト] ➲p.46 2，p.90 2，3

a(　　　)　b(　　　)　c(　　　)

? 3　Ag^+，Zn^{2+}，Al^{3+} のイオンを含む水溶液(酸性条件下)から，それぞれの金属イオンを分離する実験を行いたい。はじめに下の A の操作を行ったとすると，その後はどのような順に操作をすべきか。B～H から 4 回分の操作を選び，適切な順に並べよ。ただし，最後のろ液には亜鉛を含むイオンが残るものとする。また，同じ操作を複数回選んでもよい。

A：水溶液に水酸化ナトリウム水溶液を過剰に加える
B：水溶液にアンモニア水を過剰に加える
C：水溶液に希塩酸を過剰に加える
D：水溶液に少量の希硫酸を加える
E：水溶液に硫化水素を通じる
F：水溶液を煮沸する
G：水溶液をろ過し，沈殿物とろ液に分ける
H：ろ液から分離した沈殿物に光を当てる

➲p.96 1，▶167，169

(A⇒　　⇒　　⇒　　⇒　　)

4 酢酸エチルの合成に関する次の**実験Ⅰ・Ⅱ**について，下の問い(a・b)に答えよ。

実験Ⅰ 丸底フラスコに酢酸 10mL とエタノール 20mL を取って混ぜ合わせ，濃硫酸を 1.0mL 加えた。次に，このフラスコに沸騰石を入れ，図1のように冷却管を取り付け，80℃の湯浴で10分間加熱した。反応溶液を冷却したのち，過剰の炭酸水素ナトリウム水溶液を加えてよく混ぜた。このとき気体が発生した。フラスコ内の液体を分液ろうとに移し，ふり混ぜて静置すると，図2のように二層に分離した。

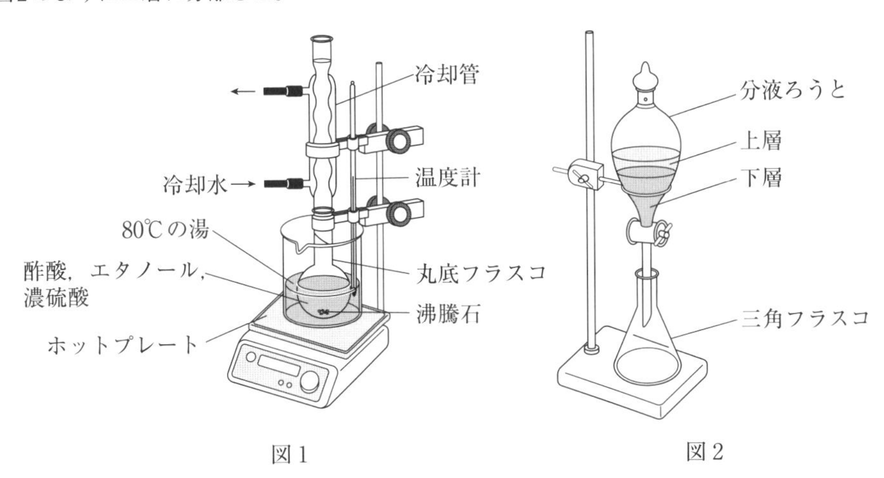

図1　　図2

実験Ⅱ エステル化の反応のしくみを調べるため，実験Ⅰのエタノールの代わりに，酸素原子が同位体 ^{18}O に置き換わったエタノールのみを用いて酢酸エチルを合成した。生成した酢酸エチルの分子量は，実験Ⅰよりも2大きくなった。

a 実験Ⅰに関する記述として**適当でないもの**を，次の①～④のうちから一つ選べ。

① 濃硫酸は，エステル化の触媒としてはたらいた。
② 炭酸水素ナトリウム水溶液を加えたとき，二酸化炭素の気体が発生した。
③ 酢酸エチルは，図2の下層として得られた。
④ 得られた酢酸エチルは，果実のような芳香のある液体だった。

b 実験Ⅱに関する次の文章中の ア ・ イ に当てはまる語と数値の組合せとして最も適当なものを，下の①～④のうちから一つ選べ。

得られた結果から，エステル化の反応では下の構造式の ア があらたに形成されることが分かった。また，生成した水の分子量は イ と推定される。

結合X　結合Y

$CH_3-C(=O)-O-CH_2CH_3$（結合X：C–O間，結合Y：O–CH_2間）

	ア	イ
①	結合 X	18
②	結合 X	20
③	結合 Y	18
④	結合 Y	20

[2020年センター試験] ➲ p.114 2，▶198

a(　　　)　b(　　　)

実験問題

5 グルコースは，水溶液中で主に環状構造の α-グルコースと β-グルコースとして存在し，これらは鎖状構造の分子を経由して相互に変換している。グルコースの水溶液について，平衡に達するまでの α-グルコースと β-グルコースの物質量の時間変化を調べた以下の**実験Ⅰ**に関する問い(a・b)と**実験Ⅱ**に関する問い(c)に答えよ。ただし，鎖状構造の分子の割合は少なく無視できるものとする。また，必要があれば右の方眼紙を使うこと。

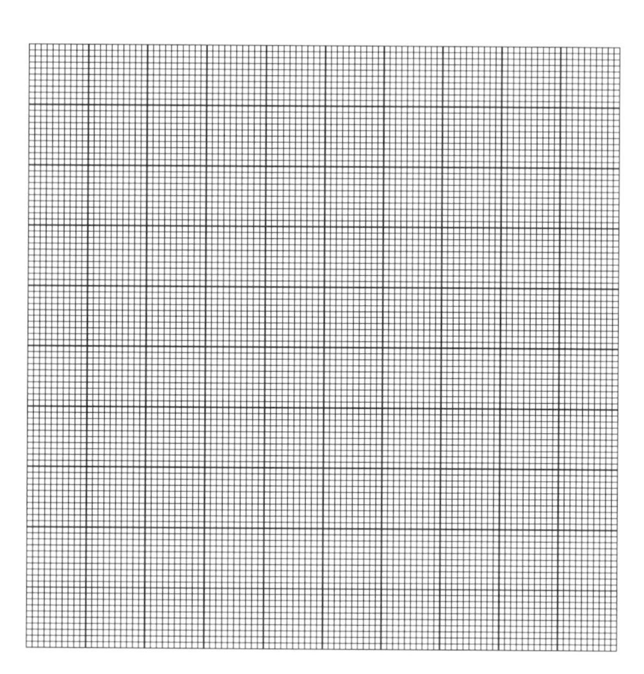

実験Ⅰ　α-グルコース 0.100 mol を20℃の水 1.0 L に加えて溶かし，20℃に保ったまま α-グルコースの物質量の時間変化を調べた。下表に示すように α-グルコースの物質量は減少し，10時間後には平衡に達していた。こうして得られた溶液を溶液 A とする。

表　水溶液中での α-グルコースの物質量の時間変化

時間(h)	0	0.5	1.5	3.0	5.0	7.0	10.0
α-グルコースの物質量(mol)	0.100	0.079	0.055	0.040	0.034	0.032	0.032

a　平衡に達したときの β-グルコースの物質量は何 mol か。最も適当な数値を，次の①～⑤のうちから一つ選べ。

①　0.016　②　0.032　③　0.048　④　0.068　⑤　0.084

b　水溶液中の β-グルコースの物質量が，平衡に達したときの物質量の 50 %であったのは，α-グルコースを加えた何時間後か。最も適当な数値を，次の①～⑥のうちから一つ選べ。

①　0.5　②　1.0　③　1.5　④　2.0　⑤　2.5　⑥　3.0

実験Ⅱ　溶液 A に，さらに β-グルコースを 0.100 mol 加えて溶かし，20℃で10時間放置したところ新たな平衡に達した。

c　新たな平衡に達したときの β-グルコースの物質量は何 mol か。最も適当な数値を，次の①～⑤のうちから一つ選べ。

①　0.032　②　0.068　③　0.100　④　0.136　⑤　0.168

a（　　　）　b（　　　）　c（　　　）

[2021年大学入学共通テスト] ➲p.62 **2**，p.134 **1**，▶**115**，**229**

計算問題のこたえ

1　物質の構造と融点・沸点　〈p.2〉

4　(1)　(ア)　16　(イ)　30　(ウ)　44

2　状態間の平衡と熱運動　〈p.4〉

ポイントチェック　(4)　1013　(5)　760
(6)　(ア)　1.013×10^5 Pa × h〔mm〕　(イ)　760
(7)　9.12×10^4

5　(1)　1.2(気圧)　(2)　8.0×10^4(Pa)
(3)　9.1×10^2(mmHg)　(4)　1.1×10^5(Pa)
(5)　0.95(気圧)

6　(3)　1.0×10^5(Pa)，760(mmHg)

3　固体の構造　〈p.6〉

ポイントチェック

(5)　②　(ア)　1　(イ)　$\frac{1}{8}$　(ウ)　2

(6)　②　(ア)　$\frac{1}{2}$　(イ)　$\frac{1}{8}$　(ウ)　4

10　(1)　6　(2)　8

11　体心立方格子：$(r=)\frac{\sqrt{3}}{4}a$

面心立方格子：$(r=)\frac{\sqrt{2}}{4}a$

12　(1)　1.8×10^{-22}(g)　(2)　4(個)　(3)　27

13　原子半径：1.2×10^{-8}(cm)
アボガドロ定数：5.8×10^{23}(/mol)

14　(1)　5.7×10^{21}(個)　(2)　2.3×10^{22}(個)
(3)　2.3×10^{22}(個)　(4)　6.0×10^{23}(/mol)

15　体心立方格子：67.9(%)，面心立方格子：73.8(%)

4　ボイル・シャルルの法則　〈p.10〉

ポイントチェック　(2)　5.0　(7)　300　(9)　20
(12)　7.5

16　2.0×10^4(Pa)

17　(1)　273(K)　(2)　400(K)
(3)　−273(℃)　(4)　27(℃)

18　4.1(L)

19　(1)　0.46(L)　(2)　1.5×10^5(Pa)

21　1.4(L)

5　気体の状態方程式　〈p.12〉

ポイントチェック　(3)　8.31×10^3　(5)　nRT

(7)　$\frac{wRT}{pV}$　(9)　(ア)　2.0　(イ)　3.0

22　0.80(mol)

23　(1)　9.7×10^4(Pa)　(2)　73

24　74

25　(1)　二酸化炭素：5.0×10^{-2}(mol)
一酸化炭素：7.5×10^{-2}(mol)
(2)　6.0×10^4(Pa)

26　(1)　メタン：2.0×10^{-2}(mol)
アルゴン：5.0×10^{-3}(mol)
窒素：1.0×10^{-2}(mol)
(2)　0.42(L)　(3)　3.5×10^5(Pa)

27　酸素：1.2×10^5(Pa)　窒素：1.2×10^5(Pa)
全圧：2.4×10^5(Pa)

28　窒素：8.0×10^4(Pa)　酸素：4.0×10^4(Pa)
全圧：1.2×10^5(Pa)

29　29

30　浮かぶ

31　(1)　酸素：1.2×10^5(Pa)　窒素：2.0×10^5(Pa)
(2)　3.2×10^5(Pa)　(3)　30

32　(1)　2.0×10^4(Pa)　(2)　2.6×10^4(Pa)

33　(1)　9.8×10^4(Pa)　(2)　1.2×10^{-2}(mol)

7　溶解度　〈p.20〉

ポイントチェック　(14)　14

40　(3)　58(g)　(4)　75(g)　(5)　31(g)
(6)　90(g)

41　(1)　144(g)　(2)　16(g)

42　(1)　20(g)　(2)　15(g)

43　71(g)

44　(1)　124(g)　(2)　44(g)

45　23(g)

46　2.0×10^2(g)

47　1.3×10^{-2}(mol)

48　(1)　0.011(L)　(2)　0.033(L)

49　(1)　物質量：1.5×10^{-2}(mol)　体積：0.11(L)
(2)　物質量：1.5×10^{-2}(mol)　体積：0.34(L)

50　酸素：2.8×10^{-4}(mol)　窒素：5.7×10^{-4}(mol)

51　3.3×10^{-2}(g)

52　(1)　0.048(g)　(2)　0.024(g)

8　溶液の濃度　〈p.26〉

ポイントチェック　(7)　1.5　(8)　0.200
(9)　0.50　(10)　①　$1000d$　②　$10dx$
③　$\frac{10dx}{M}$　④　$\frac{10dx}{M}$

53　(1)　6.0(%)　(2)　0.50(mol/L)
(3)　0.25(mol/kg)

54　(1)　1.20×10^3(g)　(2)　240(g)
(3)　1.15(mol)　(4)　1.15(mol/L)

55　(1)　3.4(mol/L)　(2)　4.0(mol/kg)

9　希薄溶液の性質　〈p.28〉

56　(1)　(ウ)>(イ)>(ア)　(2)　(ア)>(イ)>(ウ)

57　(1)　(ア)　(2)　(オ)

59　(3)　5.0(℃)

60　(1)　100.10(℃)　(2)　100.21(℃)

61 (1) 180　(2) 1.5(g)
62 (1) −0.37(℃)　(2) −1.48(℃)
63 (1) 342　(2) 58.5
64 (1) 1.27(K)　(2) 129
65 (1) 1.9(K·kg/mol)　(2) 60
66 (1) 3.7×10^5(Pa)　(2) 180
67 8.0×10^4
68 7.5×10^5(Pa)

章末問題 〈p.36〉
❷ ②　❹ ⑤　❺ ④　❼ ③　❽ ③
❾ ②　❿ ⑥　⓫ ⑤　⓬ ②

11 化学反応と熱エネルギー 〈p.40〉
76 (1) 591(kJ)
(2) 炭素：42(g)　二酸化炭素：78.4(L)

12 ヘスの法則と結合エネルギー 〈p.42〉
77 −46(kJ/mol)
78 −891(kJ/mol)
79 −2221(kJ/mol)
80 −46(kJ/mol)
81 1118(kJ/mol)
82 $a+2b-c$〔kJ〕
83 41(℃)
84 (2) 1.00(mol)
(3) 酸素：269(L)　二酸化炭素：7.00(mol)

15 実用電池 〈p.50〉
ポイントチェック (8) 2
92 (1) 0.50(mol)　(2) 1.0(mol)

17 電気分解の法則 〈p.54〉
ポイントチェック (6) (ア) 9.65×10^4(96500)
(イ) 1.00　(9) (ア) 0.5　(イ) 1
(10) (ア) 1　(イ) 0.5
100 (4) 1.0×10^2(kg)
101 (2) 112(mL)
102 (1) (ア) 965　(イ) 4.8×10^3
(5) (ケ) O_2　(コ) 0.25　(サ) Ag
(シ) 1
(6) (ス) 0.28　(セ) 5.4
103 (1) 3.86×10^3(C)　(2) 0.224(L)
(3) 12(分)52(秒)
104 (2) 塩素：448(mL)　水素：448(mL)
(3) 1.6(g)
105 (1) 193(C)
(2) 銅板：63.5(mg)増加　亜鉛板：65(mg)減少

18 反応の速さ 〈p.58〉
ポイントチェック (13) (ア) 0.50　(イ) 2.0
(ウ) 0.25
106 (1) 5.0×10^{-2}(mol/(L·min))
(2) 3.0×10^{-2}(mol/(L·min))
108 $(v=)4.0[A][B]^2$
109 (1) $(v=)k[A]^2[B]$　(2) 27(倍)

19 反応のしくみ 〈p.60〉
111 (1) E_3-E_2　(2) E_2-E_1　(3) E_3-E_1

20 可逆反応と化学平衡 〈p.62〉
113 (ア) −0.75　(イ) −0.75　(ウ) +0.75
(エ) +0.75　(オ) 0.25　(カ) 0.25
(キ) 0.75　(シ) 9.0
114 (2) 64　(3) 14(mol)
115 (2) 65

22 電離平衡 〈p.66〉
ポイントチェック (6) $c\alpha$　(7) $\sqrt{cK_a}$
(12) 1　(13) 13
119 (1) $[H^+]=1.6\times10^{-3}$(mol/L), pH = 2.8
(2) $[H^+]=7.7\times10^{-12}$(mol/L), pH = 11.1
120 1.6×10^{-3}(mol/L)

23 塩の加水分解と溶解度積 〈p.68〉
124 (2) 1.7×10^{-6}(mol)
(3) 1.3×10^{-5}(mol/L)

章末問題 〈p.70〉
❶ ③　❷ ④　❸ ①　❹ a ④ b ③
❺ a ②　❽ ②　❾ ②

章末問題 〈p.98〉
⓬ ⑦

37 有機化合物の構造式の決定 〈p.104〉
ポイントチェック (10) 12　(11) 2.0
175 (2) C：60(mg)　H：10(mg)　O：40(mg)

42 カルボン酸とエステル 〈p.114〉
199 (1) (ウ)
201 (1) $C_4H_{10}O$
202 $C_6H_{12}O_2$

43 油脂とセッケン 〈p.118〉
207 (1) 21 g　(2) 174 g

44 芳香族炭化水素 〈p.120〉
213 92(%)

章末問題 〈p.127〉
❽ ②

49 糖類 〈p.134〉
234 (1) 3.0×10^3(個)　(2) 1.2×10^2(g)

51 合成繊維 〈p.142〉
253 (1) 1.5×10^2　(2) 3.0×10^2(個)
254 2.0×10^2mol

章末問題 〈p.151〉
❿ ③　⓬ ④　⓭ ③　⓮ ②

実験問題 〈p.155〉
❶ ⑤　❷ b ① c ④
❺ a ④ b ② c ④

アクセスノート化学

表紙デザイン——難波邦夫
本文基本デザイン——エッジ・デザインオフィス

●編　者 — 実教出版編修部

●発行者 — 小田　良次

●印刷所 — 株式会社太洋社

●発行所 — 実教出版株式会社
〒102-8377
東京都千代田区五番町5
電話〈営業〉(03) 3238-7777
〈編修〉(03) 3238-7781
〈総務〉(03) 3238-7700
https://www.jikkyo.co.jp/

0024023　ISBN 978-4-407-35718-9

有機化合物の系統図

脂肪族化合物

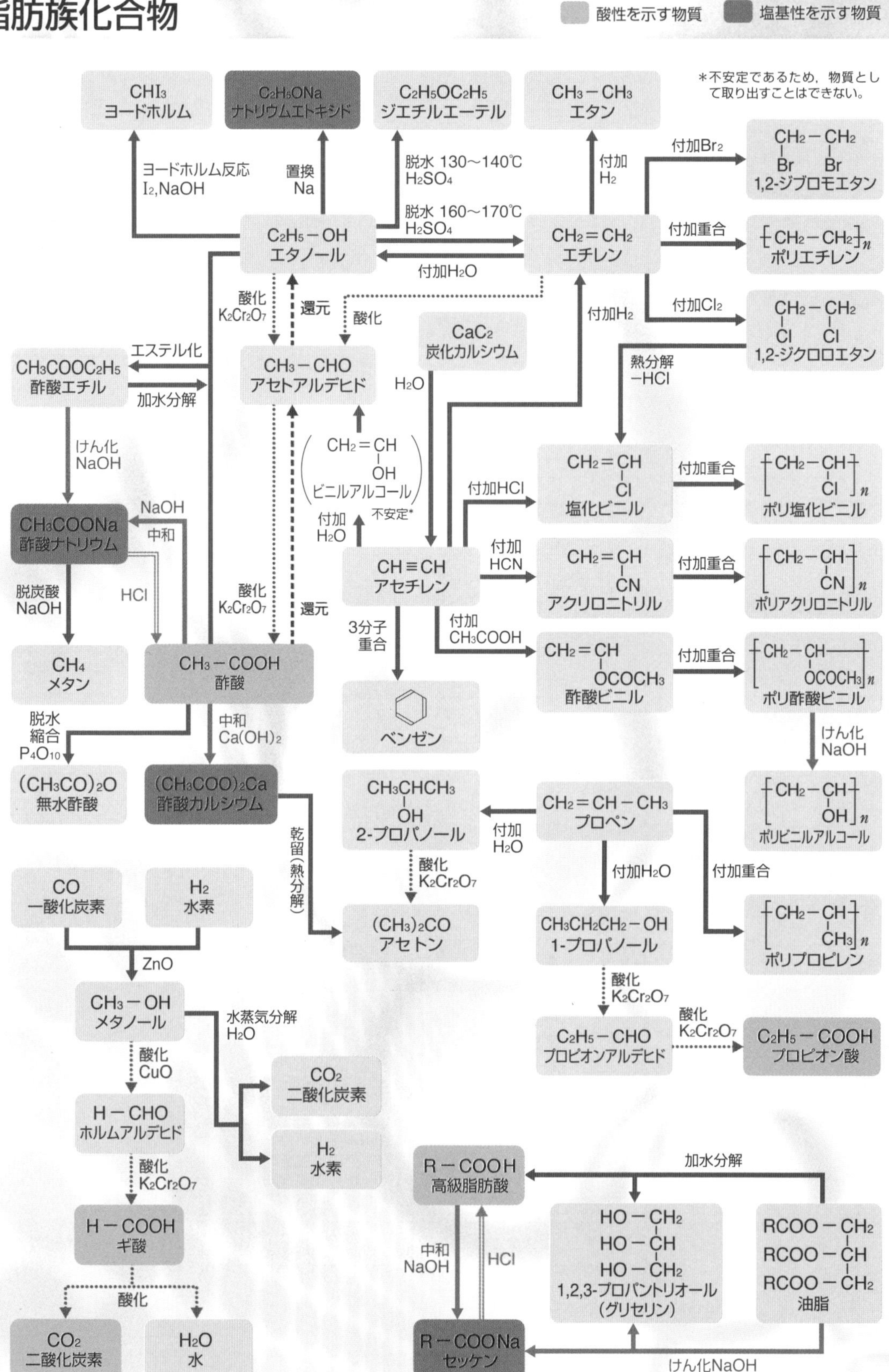